本书受江苏省社会科学基金（20HQ011）资助出版，同时是"十四五"江苏省重点学科B类（南京审计大学理论经济学）、"研究阐释省第十四次党代会精神"江苏省社科基金重大项目（22ZDA001）、江苏高校"青蓝工程"优秀教学团队"经济学专业TMPP教学团队"（苏教师函[2020]10号）、江苏高校一流本科专业（经济学专业）的重要成果之一。

# 数字化视角下农村家庭金融资产选择及消费研究

王晓青 著

南京大学出版社

**图书在版编目(CIP)数据**

数字化视角下农村家庭金融资产选择及消费研究 /
王晓青著. —南京：南京大学出版社，2023.1
　　ISBN 978 - 7 - 305 - 25956 - 2

　　Ⅰ. ①数… Ⅱ. ①王… Ⅲ. ①农村—家庭—金融资产
—配置—研究—中国 Ⅳ. ①TS976.15

中国版本图书馆 CIP 数据核字(2022)第 128924 号

出版发行　南京大学出版社
社　　址　南京市汉口路 22 号　　　　　邮　　编 210093
出 版 人　金鑫荣
**书　　名　数字化视角下农村家庭金融资产选择及消费研究**
著　　者　王晓青
责任编辑　武　坦　　　　　　　　编辑热线 025 - 83592315
照　　排　南京开卷文化传媒有限公司
印　　刷　苏州市古得堡数码印刷有限公司
开　　本　787×960　1/16　印张 15.75　字数 258 千
版　　次　2023 年 1 月第 1 版　　2023 年 1 月第 1 次印刷
ISBN　978 - 7 - 305 - 25956 - 2
定　　价　68.00 元

网　　址：http://www.njupco.com
官方微博：http://weibo.com/njupco
官方微信号：njupress
销售咨询热线：(025)83594756

# 前　言

对有需求的家庭而言,合理进行金融资产选择,不仅可以促使家庭财富获得保值增值,还可以满足和引导家庭成员的健康消费需求,由此实现家庭长期效用最大化,进而推动国民经济的健康发展。根据中国家庭金融调查(CHFS,2017)结果,尽管我国资本市场已有所发展,但家庭的金融市场参与率较低,银行存款依然是家庭最主要的投资渠道,城乡之间差异较大,农村家庭主要以无风险的储蓄现金资产为主,金融市场参与率仅为 2.2%,远低于城市水平,非正规金融行为主要是参与具有不确定风险的民间借出。要优化农村家庭金融资产选择行为,进而提高这部分农村家庭的消费及福利水平,迫切需要加强农村金融的支持,促进有金融资产需求的农村家庭资源优化和资产财富积累。

已有研究认为,由于农村金融交易频次低、设立网点成本高,金融机构供给意愿不足,使得农村地区金融覆盖广度不高;而考虑到农村家庭和低收入家庭自身资源禀赋水平较低,提供金融服务难以形成规模经济,加之普遍存在的信息不对称等问题,进一步降低了金融机构的供给积极性。在需求方面,弱势家庭自身也存在着较严重的自我抑制问题,由于对正规金融机构贷款流程缺乏了解或由于距离远、交易成本高等原因,很大一部分有潜在需求的农村家庭最终放弃了从金融机构获得正规金融服务。

从国家政策层面看,自 2004 年起,中央一号文件连续十八年高度关注农村金融服务发展,做出一系列农村金融重大工作部署,为农村地区广大农民生产生活提供了有力的金融支持。另一方面,当前农村金融仍然是我国金融体系中相对薄弱的环节,农村正规金融服务的可得性在不少地方还是问题,与"三农"领域日益增加的多元化农村金融需求相比,还面临着不少矛盾和挑战。就农村家庭层面而言,只有从农村金融服务需求主体——有金融资产需求的农村家庭着手,以多层次和多元化为目标,为有金融资产选择能力和配置意愿的农村家庭提供充分、方便、快捷的现代金融服务支持，才能更有效地深化农村金融改革，推进各类涉农金融机构服务"三农"目标的实现。

值得注意的是，基于信息通信技术的互联网金融创新对缓解偏远农村地区的地理金融排斥方面的作用逐渐为人关注。随着数字技术水平的提高和应用普及，大量便捷灵活的移动终端设备的使用，为实现基础性金融服务供给的"脱媒化"提供了有利条件。截至 2021 年 12 月，我国农村网民规模达到 2.84 亿人，农村地区互联网普及率达到 57.6%，以电子支付、手机银行、网络购物为主要媒介的数字金融在农村地区得到推广。2021 年中央一号文件首次提出发展农村数字普惠金融，作为互联网与普惠金融融合发展形成的新业态，数字普惠金融成为乡村振兴战略实施的重要推动力量，对农村农业发展具有重要价值。与传统金融相比，数字金融普惠的优势体现在三个方面，即增加金融覆盖面和便利性、降低金融服务的交易成本和实践成本、提升金融服务质量和满意度。

本书正是在这样的背景下，试图探讨和解释以下问题：在农村地区正规渠道金融资产供给受限的条件下，如何对农村家庭无风险储蓄资产选择偏好进行合理的经济学解释？富有理性的农村家庭为什么选择非正规渠道的风险金融资产？农村家庭在什么情况下提供民间借出款？对农村正规信贷市场有何影响？农村家庭运用数字化信息技术工具，是否带动了家庭金融资产配置意愿，进而影响其参与金融市场及资产选择行为？在数字信息化趋势下，农村家庭的不同金融资产通过何种机制和路径影响其消费？对家庭不同类型消费的影响是否存在差异？围绕这些问题，本书基于数字化视角，对在信贷约束和金融资产配置渠道供给受限的双重约束下农村家庭金融资产选择行为及其对消费的影响进行了理论分析和实证考察。本书主要研究内容与基本结论如下：

**研究内容一 农村家庭金融资产选择行为特征分析**

以有金融资产需求的农村家庭为研究对象，重点从资产结构、配置渠道、风险程度、参与规模等方面，分析我国农村家庭金融资产基本情况，奠定农村家庭金融资产决策行为分析的基础。研究结果发现：总体上，农村居民家庭户均金融资产占总资产比重较低，且农村家庭之间的分布很不均匀。分地区来看，东部和中西部农村家庭金融资产地区间差距较为显著,呈现出从东部到西部依次递减的趋势。从金融资产结构和规模来看,我国农村家庭金融资产结构单一,主要以现金、储蓄存款和借出款为主。从配置渠道来看,农村家庭正规金融资产总量远大于非正规金融资产总量,但总体上以中低水平为主,非正规金融行为主要表现为参与民间借入市场,农村家庭参与股票、债券、基金等正规金融市场的比率和参与程度总体表现出非常低的水平。从风险程度来看,农村家庭无风险金融资产总量远大于风险金融资产总量,尤其是由正规金融机构提供的风险金融资产的参与比率和程度均非常低。

**研究内容二　农村家庭无风险金融资产选择的理论分析和实证检验**

基于农村家庭经济理论,构造农村家庭无风险金融资产选择与家庭效用函数模型,从理论上阐明农村家庭单一无风险金融资产选择现象的深层次原因,构建计量经济模型实证分析影响农村家庭无风险金融资产选择行为的主要因素。研究结果发现:面对供给受限的农村正规信贷市场和正规金融资产配置渠道,以及收入相对较低、风险承受能力较弱、普遍缺少风险投资意识和金融知识等有限自身条件,农村家庭只能以无风险的储蓄存款和现金等有限形式持有其金融资产;无论是参与选择还是使用无风险金融资产,都是农村家庭在既定内在资源禀赋和外部约束条件下的一种理性选择结果,其行为决策目标是家庭长期效用最大化。收入财富水平较高、风险厌恶、储蓄意愿较高的农村家庭,往往更偏好无风险金融资产;而信贷约束则使得有金融资产积累的农村家庭倾向于减少无风险金融资产,以弥补家庭生产经营所需资金和平滑消费;此外,金融服务可得性提高会增加家庭金融资产选择的便利性。

**研究内容三　农村家庭风险金融资产选择的理论分析和实证检验**

以农村家庭经济理性为基本前提,通过构建风险金融资产选择的数理模型,从理论上剖析家庭社会网络影响农村家庭风险金融资产选择的作用机制,由此构建计量经济模型,量化农村家庭社会网络特征,实证检验决定农村家庭民间借出款参与率和参与程度的主要因素。研究结果发现:以血缘和地缘为纽带的社会网络可以起到信息甄别的作用,有助于降低资金借出和借入家庭之间的借贷信息不对称,显著影响了借出款决策者风险偏好,表现出更弱的不确定性规避,使得借出款成为农村家庭在既定约束条件下做出的最优风险金融资产选择。同时增加了网络内部的信贷供给,缓解了借款家庭流动性约束和面临的信贷约束问题。

**研究内容四 数字信息技术影响农村家庭金融市场参与及资产选择的理论分析和实证检验**

结合我国数字化信息技术高速发展及其与金融供给紧密结合的现实背景,从理论上阐明数字信息技术对农村家庭金融资产选择的影响机理,并构建实证模型分别检验数字信息渠道及使用对家庭金融市场参与及资产选择的影响。研究结果发现:农村家庭自身的数字信息化程度越高,越有助于激发其潜在多元化金融资产配置需求和参与金融市场,其本身也是对传统社会网络渠道的一种重要补充;而数字普惠金融发展可以提高家庭获得风险金融资产服务的可得性,促进农村家庭风险金融资产配置程度,同时,考虑到数字普惠金融程度的提升能在一定程度上提高部分农村家庭的信贷可得性,即在借出方层面上,降低农村家庭借出款概率。

**研究内容五 数字化视角下农村家庭金融资产选择影响消费的理论分析和实证检验**

以生命周期—持久收入理论为基础,并结合跨期消费决策模型,综合运用农村家庭经济理论和家庭金融资产组合理论,构建附加约束的农村家庭跨期金融资产选择—消费决策的一般均衡模型,并将数字信息渠道及相关成本纳入分析框架,从理论上阐释数字化视角下农村家庭金融资产选择行为影响消费的作用机制,进而构建多元回归计量模型,实证分析数字信息化趋势下农村家庭金融资产选择对总消费和不同类型消费的影响程度和影响方向,并比较其差异。研究结果发现:农村家庭金融资产对消费具有"总量效应"和"价格效应",其中,农村家庭金融资产总量对总消费增长具有正向影响,无风险金融资产、民间借出款和股票基金理财等风险金融资产对于不同类型消费均有显著促进作用;储蓄存款利息对农村家庭发展型消费和享受型消费的增长具有正向影响,而对总消费和生存型消费的增长具有一定负面作用;礼金等借出款收益对农村家庭总消费和不同类型消费均具有明显的增长作用;风险金融资产收益对总消费有一定的促进作用,但对不同类型消费的影响呈现差异,并且由于农村家庭有限参与金融市场和风险资产收益的不确定性等原因,其影响效应并不显著。而随着农村家庭自身的数字信息化水平提高,金融资产对家庭总消费以及不同类型层次消费的影响效应趋向逐步增强。

# 目　　录

# 图目录

# 表目录

# 第1章 导　　言

## 1.1　研究背景和问题的提出

作为社会结构基本单元的家庭,也是在微观层次上承担社会经济活动的主体,其资产是家庭最重要的物质组成成分。十八大提出的让家庭资产保值增值以实现中国梦,对居民家庭的资产合理配置提出了新的研究课题。作为我国农村地区的微观经济主体和基本单位,农村家庭在社会经济中有着重要而特殊的地位,因此微观层面的农村居民家庭经济行为特征以及与之相关联的农村金融改革始终是农村金融问题的重点研究内容之一。近年来,在这一领域也有着丰富的研究结果,尤其是从家庭负债角度展开的农户正规信贷与非正规信贷行为等方面研究,形成较多共识,为农村金融改革提供了重要参考(秦建群等,2011;王定祥等,2011;刘西川等,2014;王睿,2016)。随着我国农村地区经济金融的发展,农村居民家庭收入资产水平逐步提高①,这就为农村家庭金融行为研究提出了新要求,有必要从家庭资产角度关注农村家庭金融行为及其影响效应。当有金融资产需求时,如果农村家庭金融行为决策受金融市场的约束较大,那么势必会影响农村家庭生产投资及消费决策,导致家庭既有资源的低效配置,不利于提升其效用福利水平。

在上述背景下,优化农村家庭金融资产选择行为,提高家庭通过农村

---

① 自 20 世纪 90 年代以来,我国农村居民人均纯收入、住房资产和消费支出均出现显著增长(中国住户调查年鉴,2013)。国家统计局《2019 年国民经济运行情况》数据显示,2019 年全国居民人均可支配收入 30 733 元,增长 8.9%。城镇居民人均可支配收入 42 359 元,比上年实际增长 5%;农村居民人均可支配收入 16 021 元,比上年实际增长 6.2%。城乡居民人均收入倍差 2.64,比上年缩小 0.02。

正规金融市场配置资源的效率,成为农村金融改革的合理政策目标之一。然而在现实中,由于农村地区普遍存在信贷约束现象(Stiglitz 等,1981),且农村正规金融资产配置渠道的供给受到一定约束,有金融资产需求的农村家庭所面对的农村金融市场环境并不宽松。一方面,金融机构向农村地区家庭所提供的基础性金融供给远远不足[①],金融创新意愿不强;另一方面,农村家庭普遍获得的金融资产服务资源较为匮乏、层次不高,与其日益增长的多样化金融需求不相匹配,这已成为制约农村家庭收入及消费水平提高的重要因素之一。根据中国家庭金融调查(CHFS,2017)结果,我国农村家庭金融资产表现为以储蓄存款为主的单一资产结构,股票市场、基金、理财等参与率仅为 2.2%,远低于全国和城市水平,农村家庭风险金融资产以民间借出款为主,正规金融风险市场参与率极低,但参与民间借贷较为活跃(卢建新,2015)。因此,要优化农村家庭金融资产选择行为,进而提高这部分农村家庭的消费及福利水平,迫切需要加强农村金融的支持,降低农村家庭在正规金融市场的准入门槛,切实提高农村正规金融服务可得性,促进有金融资产需求的农村家庭资源优化和资产财富积累。

已有研究认为,由于农村金融服务存在交易频次低、网点成本高、风险难控等现实问题,金融机构供给意愿不足,使得农村地区金融覆盖率普遍较低(Chaia,et al.,2009;田杰等,2014);同时鉴于农村家庭自身禀赋资源相对较低,难以形成金融服务的规模经济效应,加之普遍存在的信息不对称等问题,进一步抑制了金融机构的供给积极性(Gale,1990;程恩江等,2010)。在需求方面,一些家庭也会因自身存在的"天然劣势",而极易对其金融需求实行较严重的自我抑制(荀琴等,2014;王性玉等,2016)。而事实上,即便是财富水平相对较低的农村家庭也同样有着资产增值、提高财产收益的金融需求,从金融机构融通资金以弥补生产生活缺口、获得多元化资产管理等服务成为他们的潜在金融需求,但往往由于信息获取渠道受限、金融知识匮乏、交易成本较高、附加交易条件等原因而被自我抑制。在现实中,农村金融机构也囿于传统金融供给渠道而缺少服务意

---

[①] 根据中国社会科学院 2018 年发布的《中国"三农"互联网金融发展报告》数据,我国农村金融供给不足,每万人拥有的银行类金融服务数量不到城镇的三百分之一,农户信用数据缺失严重,农村居民信用档案建立量仅为城镇的四分之一,"三农"金融缺口高达 3.05 亿元。

识,从长期来看将不利于激发农村家庭潜在金融需求向实际金融服务获得的转化。一些研究结果表明,正是由于不了解金融服务相关信息或地理距离远、交易成本高等原因,相当一部分有潜在需求的农村家庭最终放弃了从正规金融渠道获得信贷资金(程郁等,2009)。

从政策层面看,我国政府历来重视农村金融发展问题,积极探索金融体系创新路径,引导和鼓励金融机构依托新技术创新服务和产品(张宁宁,2016)。自 2004 年起,连续十八年的中央一号文件都涉及这一领域的问题,并做出一系列农村金融重大工作部署,为农村地区广大农民生产生活提供了有力的金融支持。2013 年 11 月,十八届三中全会正式提出"发展普惠金融,鼓励金融创新,丰富金融市场层次和产品",首次将"普惠金融"作为金融体系建设的主要核心内容。与此同时,学界汲取以往改革的实践经验,提出新时期发展普惠金融的目标方向和具体要求,即,充分考虑经济主体潜在的、多层次的金融需求,积极探索高效率的金融资源配置方式,以及创新提供全功能、多元化的金融服务和产品(贝多广等,2016)。另一方面,当前农村金融仍然是我国金融体系中相对薄弱的环节,农村正规金融服务的可得性在不少地方还是问题,与"三农"领域日益增加的多元化农村金融需求相比,仍然面临着不少矛盾和挑战。

同一时期,互联网技术优势正在突破传统金融领域的信息壁垒,为改变金融业竞争格局带来新的思路,并在缓解农村地区地理金融排斥方面凸显出优势。例如,依托信息技术的无网点银行试点,成为提高金融覆盖广度的重要推力(Gates,2015)。随着互联网技术水平提高和应用普及,以智能手机和平板设备为代表的移动终端的迅速普及,为实现金融服务"脱媒化"提供了有利条件。CNNIC 数据显示,截至 2016 年年末,中国信息化水平已超过 G20 集团平均水平;2018 年年底,我国网民规模为 8.29亿,互联网普及率达 59.6%,手机网民规模达 8.17 亿,其中农村网民 2.22亿,占整体网民的 26.7%[1]。据人民银行统计数据,截至 2018 年年末,农村地区网上银行开通累计 6.12 亿户,增长 15.29%,发生网银支付业务102.08 亿笔,移动支付业务快速发展,并成为网络支付的主导方式[2]。

---

[1] 数据来源:中国互联网信息中心(CNNIC)发布第 43 次《中国互联网络发展状况统计报告》。

[2] 数据来源:中国人民银行发布的《2018 年农村地区支付业务发展总体情况》。

2021 年中央一号文件首次提出发展农村数字普惠金融,作为互联网与普惠金融融合发展形成的新业态,数字普惠金融成为实施乡村振兴战略的重要推动力量[①],对农村农业发展具有重要价值。与传统金融相比,数字金融普惠的优势体现在三个方面,即增加金融覆盖面和便利性,降低金融服务的交易成本和实践成本,提升金融服务质量和满意度(焦瑾璞等,2015)。

在这种背景下,对于农村金融服务的发展规模、发展速度、风险程度等具体问题的认识,不能仅满足于宏观层面的定性趋势研判,而是有必要从农村地区社会经济更微观的农村家庭层次进行科学统计分析,研究其经济金融行为特征以及与农村金融改革发展的关系,对农村金融问题和农村家庭金融问题的研究将会具有重要参考和决策支持价值。同时,随着互联网、移动终端设备的迅速普及,家庭可以接触、了解更多相关知识信息,提高了信息精确度和筛选效率,从而激发其原本潜在的金融需求(Hong Harrison,2004)。就农村家庭层面而言,通过对互联网信息技术和工具的运用,能够接触、了解到更多经济金融相关信息,有利于丰富自身金融知识,同样能带动一部分潜在家庭金融需求转变为实际金融服务的获取。因此,只有从农村金融服务需求主体——有金融资产配置需求的农村家庭着手,以多层次和多元化为目标,为有金融资产选择能力和意愿的农村家庭提供充分、方便、快捷的现代数字金融服务支持,并推进各类涉农金融机构服务"三农",更有效地深化农村金融改革,提升我国农村地区数字普惠金融的发展水平。

近年来,农村家庭金融资产选择行为受到研究者的较多关注,并取得了系列研究成果。整理综合已有研究文献后发现:一是研究内容较为丰富,涉及范围也较广泛,对于农村家庭金融资产选择行为特征普遍形成共识,成为后续理论和实证研究的重要参考;二是研究方法相对单一,对农村家庭金融资产选择行为的描述性统计分析和实证研究较多,而从理论上讨论其内在原因并进行相应的经济学解释相对偏少,尤其是将农村家庭不同种类金融资产选择行为纳入统一分析框架的不多,有待进一步挖

---

① 中国社会科学院农村发展研究所发布的《中国县域数字普惠金融发展指数研究报告2020》指出,2017 年至 2019 年三年间,我国县域数字普惠金融发展水平总体上得到了快速提升,服务于县域小微经营者和"三农"群体的数字化授信作为基础的金融服务发展较快,增长最为显著,服务广度和服务深度有了明显改善。

掘其政策含义;三是研究深度有待延伸,主要体现在农村家庭金融资产选择行为如何影响消费的研究中,尽管目前其影响作用机制已形成一个基本分析框架,但仍需进一步详细阐释,为农村家庭金融资产选择行为的相关实证研究提供理论基础;四是研究广度有待扩展,现有文献对城市家庭金融资产选择行为的关注远甚于农村家庭,而随着农村家庭收入资产水平的逐步提高,农村地区互联网普及率和移动智能手机使用率快速增加,金融机构通过大数据、云计算、人工智能等高新技术促进互联网金融创新,农村数字普惠金融的发展空间十分巨大;此外,基于中国居民家庭金融调查的微观数据也在不断丰富,相关研究亟待跟进补充。

基于上述分析,我国农村家庭的金融资产选择行为与城市家庭相比具有其自身特点:结构单一,风险程度不高,对家庭消费具有影响效应;农村家庭通过互联网信息技术和工具的运用,能够接触了解到比传统金融供给更多的金融服务渠道,同样能带动家庭潜在金融需求,获取数字普惠金融带来的多样化实际金融服务。在研究农村家庭金融资产选择行为时,首先要明确的问题是区分研究对象,辨析有金融资产需求和没有金融资产需求的农村家庭,本文的重点研究对象是"有金融资产需求的农村家庭",而农村家庭金融资产选择及其对消费的影响也是最重要且最有意义的方面。与农户的有意愿有能力"借贷需求"不同的是,金融资产需求主要取决于农村家庭的金融资产选择能力,理性的具有金融资产选择能力的家庭通常具有配置意愿。为此,本文拟在借鉴已有研究文献的基础上,运用理论研究和实证检验相结合的方法,着重讨论和解释以下四个问题:第一,在农村地区正规金融资产供给渠道普遍受限的现实条件下,如何从理论上对农村家庭无风险金融资产选择进行相应的经济学解释,探究其内在行为逻辑,并运用大样本微观数据进行实证检验? 如何有针对性地设计相应的农村金融政策和社会公共政策,形成有效金融服务供给,以提高农村家庭对风险金融资产的偏好? 第二,作为具有经济理性的农村家庭,为什么选择非正规的风险金融资产——民间借出款? 农村家庭在什么情况下借出自有闲置资金? 对农村正规信贷市场有何影响? 特别地,农村家庭选择较难实现财产性收入且归还期限不确定的民间借出款,如何从经济学理论上进行解释,以便更系统深入地考察其非正规风险金融资产选择的理性经济人行为动机? 第三,与传统供给模式下的金融服务所不同的是,农村家庭运用互联网信息技术工具,能够接触了解到更多的金融服务渠道,是否带动了家庭金融资产配置意愿,进而影响其金融市场参与及资产选择行为? 第四,在农村家庭生产经营规模和方式、收入来源和水平等差异日趋显著的现实背景下,以促进农村家庭消费、提升福利为核心目标,应如何从理论上认识农村家庭金融资产选择行为对消费的影响机制,即农村家庭的不同金融资产究竟通过哪些路径和机制影响其消费,它对农村家庭不同类型消费是否存在影响差异,考虑到我国数字农村发展的现实进程,其影响机制是否发生变化,与之对应的政策含义如何?

　　本文的研究意义主要在于:一方面,在学理上,基于经济理性这一假定前提,从理论上对传统金融模式下的农村家庭金融资产选择行为进行经济学分析,并阐述作为农村家庭重要资源的社会网络在其金融资产配置渠道选择过程中的运行机制和规律,进而通过构建数字信息技术对金融普惠影响的理论分析框架,着重从家庭层面上阐述对农村家庭金融资产选择的影响机理,以及在数字化视角下基于家庭预防性储蓄动机和流动性约束的农村家庭金融资产选择对其消费的作用机制,为提高农村正规金融服务可得性、优化农村家庭金融资产结构、提高农村家庭消费水平提供理论支持。另一方面,在现实中,充分考虑我国农村经济金融发展实际情况,基于理论分析结果,结合数字化信息技术高速发展及其与金融供给紧密结合的现实背景,运用全国范围农村家庭微观调查数据,试图将农村家庭金融资产选择行为与样本地区经济金融环境相联系,深入考察我国农村家庭金融资产行为的基本特征,基于此构建计量模型实证检验理论分析结果,并总结与之对应的政策含义,为构建体现农村家庭这一金融服务需求主体的数字普惠金融改革提供经验参考,从而优化农村家庭金融资产结构,发挥农村金融市场对农村家庭消费的引导和促进作用。

## 1.2　核心概念界定

### 1.2.1　农村家庭

　　家庭是社会的细胞,是人们社会生活的基本单位,家庭与户不同(邓伟志等,2006)。一般情况下,农民以户籍为判别标准;农户是以户籍登记为准、家庭拥有剩余控制权并主要依靠家庭劳动力从事农业生产的经济组织形式(尤小文,1999);而农村家庭的本质是农村居民通过婚姻、血缘或收养关系而联结组成的同居共财的社会生活共同体(杜正胜,2005)。农村家庭满足了农民多方面的需要,是许多复杂多样的乡村组织的起点和基础,是"乡村社会的细胞"。农村家庭必须具备三个要素:① 至少有两个人且相互帮助和保护;② 具有婚姻、血缘或收养关系;③ 长期经营,共同生活。

传统社会中,农户和农民家庭的概念重叠较多,但随着城镇化进程加快、社会流动增加,农户不再是主要依靠家庭劳动力从事农业生产的自给自足经济组织形式,以农户的属性来解释生产生活、资产负债、收入支出等重大经济事务的分析策略不符合现实;同时,收入增长和社会流动增加促使农民家庭突破地域共居的限制,原有家庭概念外延扩大,已不能概括当下农村社会现实(杜云素,2013)。农村家庭的各类功能发生了相应的变化:传统家庭的生产功能逐渐趋于萎缩,经济生产功能日益社会化;家庭社会网络的血缘、地缘的初级关系重要性有所下降,但由于现阶段城镇化率仍有待提高、传统文化等原因,其他次级关系尚未成为主导;养老模式由"接力"式向"反哺"式转变;消费功能随着收入和财富水平增强而提升,但受到农村社会传统消费意识和地方习俗的影响和制约,仍保持着勤俭持家的传统和大操大办红白喜事的习惯。考虑到研究目标的需要,本文将考察单位定义为县域及以下以血缘和婚姻关系为基础组成的,不局限于地域共居和农业生产经营活动,但具有共同财产经济关系且有资产选择配置能力的农村家庭。即本文中的农村家庭需要满足以下基本条件:在农村地区居住;不局限于农业生产;有资产选择配置的能力。

### 1.2.2 农村家庭金融资产

家庭资产是指家庭所拥有的能以货币计量的财产、债权和其他权利。按资产的属性可分为实物资产和金融资产,固定资产是最重要的组成部分,比重远大于金融资产(陈斌开,2012)。前者包括房屋、土地、生产性固定资产、大件耐用品等,后者主要由现金、储蓄存款、股票、债券、基金、金融理财产品、非人民币资产、黄金、借出款等构成。广义的家庭金融资产选择行为涉及多个层面：从配置渠道构成来看，包括正规金融资产渠道和非正规金融资产渠道，前者指通过正规金融机构进行家庭闲置资金资源的选择配置以实现家庭收入财富的保值增值，资金出让方和受让方之间有明确契约、手续完备、受法律保障；而后者是指自然人、法人、其他组织之间非经金融部门批准的民间资金融通，借贷双方通常仅靠信誉维持，缺少完备的借贷手续，以及有效的抵押担保和法律保障，极易引发经济纠纷，导致金融资产所有者经济利益受损。从风险程度来看，包括无风险金融资产和风险金融资产，前者是指具有一定保障且无任何风险或者风险概率极小的金融资产，与之相对应，后者的未来收益甚至保本都可能是不确定的。本文所研究的农村家庭金融资产选择行为，特指有金融资产选择能力的农村家庭完成了事实上的资金选择决策过程，进而构成家庭金融资产组合一部分的经济活动行为，包括配置渠道（参与比率）、配置金额（参与程度）、资金回报率（金融资产使用权出让的利息收入）、出让期限等实际金融资产选择的投资行为。同时，这一行为也可理解为农村家庭的一种特殊消费行为，即通过购买和消费金融服务产品以满足家庭多样化需要，进而实现家庭效用最大化的经济理性行为，从根本上是由货币收入形成的有支付能力的金融消费需求（邹红等，2008）。

目前，我国家庭金融市场还很不发达，家庭的金融市场参与率较低（尹志超等，2015）。从资产方面来看，城乡家庭的金融资产结构单一，投资渠道狭窄，现金和储蓄存款仍是主要持有形式，股票、债券、基金、理财产品等整体规模较小。与城镇家庭相比，农村家庭的现金和储蓄存款的占比更高，尤其是偏好低风险、低收益的储蓄存款这一形式①②。由于从正规渠道融资较难，农村民间借贷活动较为活跃，因而农村家庭金融资产

---

① 经济日报社中国经济趋势研究院从 2016 年开始编制发布年度系列《中国家庭财富调查报告》，基于覆盖全国多省份、县的家庭入户访问调查数据，涉及中国家庭财富的规模与结构、城乡与区域差异、金融资产和住房、家庭投资理财决策、互联网金融等方面。调查结果显示，2017年，全国家庭、城镇家庭和农村家庭的金融资产比重分别为 16.26%、15.08% 和 21.53%。从金融资产构成来看，定期存款、活期存款和手存现金是最主要的金融资产，占比超过八成，家庭人均分别达到 18 465 元、9 582 元和 2 951 元。与 2016 年相比，家庭人均定期存款增加了 3 883 元，但另两项分别减少了 1 171 元和 1 153 元。

② 这一结论与 CHFS2014 年 3 月发布的《中国农村家庭金融发展报告》结果一致，农村家庭偏好无风险金融资产，比重为 84.4%，而城镇家庭占比 69.6%。农村家庭风险市场参与率仅为 1.6%，远低于全国（10.4%）和城市（16.9%）水平。

中民间借出款占有一定比例。鉴于城乡之间和地区之间金融制度建设、金融投入、金融机构分布、金融业务普及等方面存在较大差异,尤其在农村地区普遍存在正规金融资产供给受限的现实条件下,农村家庭主要以无风险的储蓄现金资产为主,正规金融风险市场参与率极低,非正规金融行为主要是参与具有不确定风险的民间借出,由此成为本文研究的出发点和关注重点。

### 1.2.3　金融数字化

金融数字化这一概念并非全新事物,从金融电子化到金融信息化,再从互联网金融到金融科技,每一个历程都与数字化转型密切相关。20 世纪 80 年代,金融行业内部运用微软等办公软件实现了业务流程的电子化,是金融数字化的雏形阶段。20 世纪 90 年代,金融行业依托互联网技术集中数据,并以数据辅助经营管理,降低成本提高效率,实现了运营管理的信息化,是金融数字化的初步发展阶段。近年来,金融行业广泛应用移动互联网技术,基于大数据变革金融企业组织架构、运营模式和决策方式,推动金融系统的组织模式再创新,是金融数字化的快速扩展阶段。从数百年的金融史来看,金融业发展始终伴随着新技术的不断引进、应用和融合,可以说,技术革新是金融创新的重要推动力,金融数字化本质上是科技驱动型的金融创新。Munyegera 等(2015)基于金融交易支付方式的变化探讨了金融数字化转型,认为数字货币技术及其应用促使线下金融交易向线上转移,实现传统金融支付方式的创新变革,即是一种金融的数字化。Luca 等(2004)将信息技术作为一种新型生产要素,认为一切经济活动尤其在金融交易中,可以有效降低成本并形成对其他要素的"技术资本替代",即是一种金融数字化的过程。综合上述观点并结合本文研究目标,将"金融数字化"界定为:在不断引进、应用新技术的普惠金融实践中,金融机构在微观层面依托数字信息技术创新优化传统业务模式,重点包括与之相应的数字化金融服务和产品,降低金融服务的门槛,以实现金融产业整体效率提升。与金融数字化相关联的一个延伸概念是互联网金融,都是指数字信息技术与传统金融进行一定程度上的有机结合(见图 1-1),拓展了金融服务的边界和可获得性,已成为现阶段我国实现金融普惠的重要路径之一。

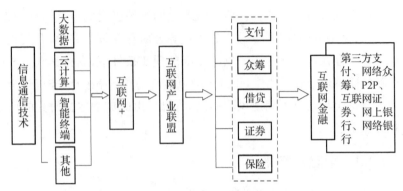

**图 1-1　数字化信息技术与金融产业的结合**

资料来源:王斌,等.互联网金融+中国经济新引擎[M].机械工业出版社,2015。

从需求层面来看,微观经济主体的金融需求也存在层次性(司士阳,2013)。在满足资金安全性和流动性的较低层次金融需求基础上,需求主体会追求较高层次的、更有效率的功能性和便利性金融服务(丛正等,2015)。更进一步地,金融消费者还会产生风险防范、资产收益等更高层次的非基础性金融需求。而事实上,农村家庭作为富有理性的经济主体,即便其财富水平相对较低也同样有着家庭资产增值、提高财产收益的需求,从金融机构获得资产管理、融通资金以弥补生产生活缺口等服务成为他们的潜在金融需求。数字化互联网金融依托数字技术创新优化传统业务模式,互联网科技企业在信用职能、金融消费等一些领域提供服务,降低了传统金融机构网点的运营成本,提供了集资金融通、支付、投资和信息中介服务的新型金融业务模式,提升了金融产业整体效率。在地区层面上扩大了服务受益面,家庭层面上可获得的金融服务种类增加、金融需求层次提高,在实践中表现为对弱势群体的普惠效果比对其他群体高的效果。

### 1.2.4　社会网络

家庭社会网络概念源自社会学,属于社会结构范畴,作为一种非正式制度,受到不同学科研究领域学者们的重视。关于社会网络变量的界定,一般认为,家庭或个体通过与其亲友、同事或邻居之间互动和联系,所形成的相对稳定的关系网络(Putnam 等,1993),在一定程度上可直接用于测度微观个体行为。在衡量社会网络时,Durlarf 等(2004)的研究方法应用较为广泛,将社会网络划分为家庭层面和社区层面。国内学者边燕杰(2004)将社会网络划分为关系维度、结构维度和资源维度;马小勇等(2009)将社会网络分解为广度变量、紧密程度变量以及亲友网络的支持能力;在此基础上,刘军(2006)进一步从整体网络的视角强调了社会支持网络的作用,并将其划分为四类:情感支持、劳力支持、小宗服务支持和资金支持。具体到农村家庭社会网络,就量化分析角度而言,尽管仍存在着一定分歧,但已形成越来越多的共识(Grootaert,1999;Knight 等,2008;徐伟等,2011;易行健等,2012;王聪,2015),为本文实证研究提供了重要的经验依据。综上所述,本文讨论的社会网络侧重于农村家庭层面的各种关系网络,涵盖了农村家庭的生产生活领域,在很大程度上决定了家庭金融资产选择决策和配置渠道,进而对农村家庭消费行为和福利水平产生影响。

### 1.2.5 农村家庭消费

家庭消费又称居民消费或生活消费,是人们出于生存和发展的目的需要,以家庭为单位,通过衣食住行和文娱教卫等活动所进行的消费,是社会消费的基础。根据国家统计局的统计指标解释,消费支出是农村家庭全部总支出①的重要构成部分。按照消费内容可分为家庭现金消费支出和服务性消费支出:前者指农村家庭用于日常生活的全部现金支出,包括食品、衣着、居住、家庭设备及用品、交通通信、文教娱乐及服务、医疗保健、其他等八大类支出;后者指农村家庭用于支付社会提供的各种文化和生活方面的非商品性服务费用。按照消费品耐用程度,可划分为耐用品消费和非耐用品消费:前者指使用寿命较长、一般可多次使用的消费品,后者指消耗较快、需要不断重复购买的产品。此外,按照消费目的,还可分为生存资料消费、发展资料消费和享受资料消费。根据研究目标的需要,这里同时从消费内容和消费目的两个维度来考察农村家庭消费,有利于较全面地反映农村家庭消费特征。

---

① 国家统计局对农村家庭总支出的定义为:农村家庭总支出指农村住户用于生产、生活和再分配的全部支出,包括家庭经营费用支出、购置生产性固定资产支出、税费支出、消费支出、财产性支出和转移性支出。

# 1.3 研究目标与研究假说

## 1.3.1 研究目标

本文总的研究目标是:以农村家庭经济理论、数字普惠金融理论、社会网络理论、家庭资产的消费效应理论等为基础,从理论上对信贷约束和金融资产供给渠道受限的双重约束下农村家庭金融资产选择行为进行经济学解释和分析;在此基础上,进一步充分考虑数字信息技术与金融供给紧密结合的现实背景,构建数字信息技术对金融普惠影响的理论分析框架,着重从家庭层面上阐述对农村家庭金融资产选择的影响机理,由此考察和阐明数字化视角下农村家庭金融资产选择行为影响消费的作用机制;并综合运用农村家庭微观调查数据,进行相应的实证检验,为优化农村家庭金融资产结构、引导促进农村家庭消费增长,以及与之相关联的农村数字普惠金融改革提供参考依据。本书具体研究目标有五个:

目标一:以家庭效用为切入点,构造一个考虑预算约束条件下的农村家庭自有资金分配与家庭效用模型,从理论上阐明农村家庭对无风险的储蓄现金资产偏好的经济学原因,并构建计量模型,实证检验和分析无风险金融资产选择行为的影响因素,为探索促进农村家庭参与正规金融市场进而优化金融资产结构提供依据。

目标二:以社会网络为分析视角,构建农村家庭风险金融资产选择决策的数理模型,从理论上阐述农村家庭参与具有不确定风险的非正规金融行为的内在动因,并基于此构建计量模型,实证检验和解释民间借出款这一金融资产选择行为,为促进农村正规金融机构的服务创新、提高农村金融资源配置效率提供基础。

目标三:通过构建数字信息技术对金融普惠影响的理论分析框架,着重从家庭层面上阐述对农村家庭金融市场参与及资产选择的影响机理,在此基础上实证检验数字信息技术以及金融服务数字化对家庭金融市场参与及资产选择行为的影响,并比较数字信息渠道和社会网络渠道对家庭风险金融资产的影响差异,为数字普惠金融服务农村地区发展提供经验依据。

目标四:以生命周期—持久收入理论模型为基本分析框架,并尝试进行扩展,从理论上考察数字化视角下基于家庭预防性储蓄动机和流动性约束的农村家庭金融资产选择行为影响消费的作用机制,并基于此构建多元回归模型,实证分析和比较数字信息化趋势下农村家庭金融资产对不同类型消费的影响及差异,为农村金融机构研究微观服务基础和扩大农村内需提供政策制定的新思路。

目标五:根据理论机制分析和实证检验结论,立足于我国农村经济金融发展和数字信息技术快速发展的现实情况,结合农村家庭金融资产选择行为表现和基本特征,总结本文研究结论的政策含义和启示,为农村数字普惠金融发展的路径设计和政策选择提供参考依据。

### 1.3.2 研究假说

对应于上述研究目标,本文将通过理论和实证分析验证以下四个研究假说:

研究假说一:农村家庭对无风险金融资产的选择,是在正规金融资产配置渠道供给受限下的理性经济体现,受家庭经济特征和风险态度影响,信贷约束具有制约作用。

对研究假说一的验证思路为:第一,引入家庭效用概念,基于农村家庭受到预算约束和借贷限制的假定前提,构造农村家庭无风险金融资产选择与家庭效用关系的理论模型,证明在农村正规金融资产配置渠道和正规信贷市场供给受限的条件下,农村家庭无论是参与选择还是使用无风险金融资产,实际上是一种被动的选择,也是在既定约束下的一种理性选择结果,其行为决策目标是家庭长期效用最大化。第二,根据理论分析结果,从供需两方面量化信贷约束,从而检验农村家庭金融资产跨期配置不仅受家庭人口经济特征和风险态度的影响,还受到信贷约束的制约,进而影响其无风险金融资产选择行为。

研究假说二:农村家庭对非正规渠道的风险金融资产的偏好主要取决于非正式制度因素家庭社会网络,较强的社会网络有助于提高农村家庭参与民间借出及参与程度。

对研究假说二的验证思路为:第一,选择从家庭社会网络视角切入,在此基础上构建农村家庭风险金融资产选择决策数理模型,阐明社会网络这一重要资源配置替代机制提供了信息扩散和履约保证的有利条件,降低了民间借出款的不确定性和风险程度,为物质资本和人力资本相对匮乏的农村家庭提供了非正规金融资产渠道,有助于提高家庭效用水平,同时弥补农村正规信贷市场供给不足。第二,在理论分析基础上,构造农村家庭社会网络测量指标变量并建立经济计量模型,具体考察较强的社会网络是否有助于获取信息资源、降低民间借出款风险,从而提高农村家庭民间借出参与率及参与程度。

研究假说三:农村家庭自身的数字信息化程度越高,越有助于激发其潜在多元化金融资产配置需求和参与金融市场,也是对社会网络渠道的一种重要补充;而数字普惠金融发展可以促进农村家庭风险金融资产配置程度,降低借出款概率。

对研究假说三的验证思路为:第一,构建数字信息技术对金融普惠影响的理论分析框架,从家庭层面上阐述对农村家庭金融市场参与及资产选择的影响机理,阐明随着家庭自身信息技术水平提高,获取金融信息的渠道拓宽、获得金融服务的途径增加,能够更为便捷地了解和获得正规金融服务,其本身与社会网络渠道形成互补效应;而数字普惠金融发展理论上可以大幅降低农村家庭获取金融服务的交易成本,提高家庭获得金融资产服务的可得性,促进家庭风险金融资产配置程度;同时,考虑到数字普惠金融程度的提升能在一定程度上提高部分农村家庭的信贷可获得性,即在借出方层面上,降低农村家庭借出款概率。第二,在理论分析的基础上,构建实证模型检验家庭自身信息技术水平及金融服务数字化对农村家庭金融市场参与及资产选择的影响,并比较数字信息渠道和社会网络渠道对家庭风险金融资产的影响差异。

研究假说四:数字信息化趋势下农村家庭金融资产选择行为对家庭总消费具有显著正向影响,但对不同消费的影响存在较明显的差异。

对研究假说四的验证思路为:第一,以生命周期—持久收入消费理论为基础并进行扩展,构建附加约束的跨期金融资产—消费决策的一般均衡模型,同时充分考虑数字农村推进发展的现实背景,将数字信息渠道及相关成本纳入上述扩展模型,考察农村家庭金融资产选择行为对消费的影响机制和路径,证明尽管金融资产配置渠道不同,但都会影响到农村家庭消费,只是影响的途径和程度存在一定差异。第二,在考虑农村家庭特征和区域因素的基础上,构建多元回归模型,分别检验数字信息化趋势下农村家庭金融资产选择对总消费、生存型消费、发展型消费和享受型消费的影响方向和影响程度,并比较其差异。

# 1.4 研究内容与论文结构安排

## 1.4.1 研究内容

结合上述研究目标与研究假说,本文主要研究内容有五个方面:

研究内容一:以有金融资产需求的农村家庭为研究对象,分析我国农村家庭金融资产配置基本情况,重点从金融资产总量结构、外部环境、内在需求等方面,具体描述和分析我国农村家庭金融资产选择行为现状,总结其基本特征,构建初步的经济学分析框架,奠定农村家庭金融资产选择行为分析的基础。

研究内容二:结合我国农村地区实际情况,在理论层面上阐述农村家庭对无风险金融资产选择偏好问题,进行合理的经济学解析,并基于此构建计量模型进行检验,实证分析影响农村家庭无风险金融资产选择行为的主要因素。

研究内容三:遵循农村家庭经济理性的基本前提,构造理论模型阐明社会网络影响农村家庭非正规风险金融资产选择的作用机制,进行相应的经济学解释,并运用微观金融调查数据进行实证检验,分析决定农村家庭民间借出款参与率和参与程度的主要因素。

研究内容四:充分考虑我国数字化信息技术快速发展及其与金融供给紧密结合的现实背景,从理论上阐明数字信息技术对农村家庭金融市场参与及资产选择的影响机理,并构建实证模型检验家庭自身信息技术水平及金融服务数字化对农村家庭金融资产选择的影响,进而比较数字信息渠道和社会网络渠道对风险金融资产的影响差异。

研究内容五:基于一般消费模型并进行扩展,从理论上阐述数字化视角下农村家庭金融资产选择行为影响消费的基本路径和作用机制,并构建经济计量模型,实证分析数字信息化趋势下农村家庭不同金融资产对总消费、生存型消费、发展型消费和享受型消费的影响及差异。

## 1.4.2 论文结构安排

本文共包括九章内容,具体的章节结构安排如下:

第1章"导言"。本章主要是提出研究背景和主要研究问题,在界定核心概念的基础上,阐明研究目标、研究假说和研究内容,说明研究方法,设计研究技术路线,进而指出本研究可能的创新和存在的不足之处。

第2章"理论基础和文献综述"。本章主要对相关理论和既有相关文献成果进行梳理和回溯,在此基础上进行总结和评述,为本文的分析框架设计提供研究启示和思路借鉴。

第3章"分析框架与农村家庭基本现状分析"。本章主要包括两部分内容:一是在已有理论研究和相关文献的基础上,构建数字化视角下农村家庭金融资产选择及其对消费影响的一般分析框架,为下面各章展开理论和实证分析提供逻辑依据;二是说明本文所用调查数据来源,并对样本情况进行分析,考察农村家庭金融资产配置的基本特征、数字信息化技术使用和消费的基本情况,最后进行本章小结。

第4章"农村家庭无风险金融资产选择:基于家庭效用的理论分析和实证检验"。本章着重探讨实际预算约束和借贷限制条件下农村家庭参与选择和使用无风险金融资产的问题,主要分为两部分:一方面,基于家庭效用视角,构建数理模型,从理论上解释农村家庭对无风险金融资产偏好的主要原因;另一方面,量化风险态度和储蓄意愿,从供需两方面量化信贷约束,并构建 Probit 和 Tobit 计量模型进行实证检验,进而得出本章结论。

第5章"农村家庭风险金融资产选择:基于社会网络的理论分析与实证检验"。本章以社会网络为分析视角,首先构建了农村家庭非正规风险金融资产选择决策的数理模型,从理论上解释正规金融供给条件受限情况下农村家庭参与民间借出的原因;然后根据中国家庭金融调查问卷信息构造农村家庭社会网络测量指标变量,建立 Probit 和 Tobit 计量经济模型进行实证检验,最后总结本章的研究结果。

第6章"数字信息技术对农村家庭金融市场参与及资产选择的影响:数字信息渠道 vs.社会网络渠道"。本章首先构建数字信息技术对金融普惠影响的理论分析框架,从家庭层面上阐明影响农村家庭金融市场参与及资产选择的作用机制。基于理论分析结果,运用中国家庭金融调查微观数据和普惠金融指数,构建实证模型检验信息技术水平及金融服务数字化对农村家庭金融资产选择的影响,并比较数字信息渠道和社会网络渠道对家庭风险金融资产的影响差异,进而总结本章研究结论。

第 7 章"数字化视角下农村家庭金融资产选择影响消费的理论分析：生命周期—持久收入理论及其扩展"。本章主要从理论上阐释数字化视角下农村家庭金融资产选择行为影响消费的作用机制，首先回顾生命周期—持久收入理论模型的基本框架，然后结合跨期消费决策模型，讨论基于实际预算和借贷限制双重约束下农村家庭资产财富影响消费决策的一般机制；进而在此基础上，将数字信息渠道及相关成本纳入上述分析框架，探讨数字信息化趋势下农村家庭金融资产选择行为影响消费水平的具体作用机制和基本路径，最后对本章研究结论进行小结。

第 8 章"数字化视角下农村家庭金融资产选择对消费影响的实证分析"。在第 7 章理论扩展研究的基础上，本章主要运用中国家庭金融调查样本数据进行实证检验，定量估计数字信息化趋势下农村家庭金融资产对总消费、生存型消费、发展型消费和享受型消费的影响，综合比较不同金融资产的影响程度，并总结本章研究发现。

第 9 章：研究结论与政策建议。本章对全文研究主要内容及相应的结论进行归纳总结，并在此基础上有针对性地提出相关对策与建议。

# 1.5　研究方法、数据来源与技术路线

## 1.5.1　研究方法

本文基于理论和现实两个层面，采用规范分析和实证分析相结合的研究方法，考察数字化视角下农村家庭金融资产选择及其对消费的影响问题。一方面，结合本研究具体目标、框架设计和基本脉络，运用全国范围的农村家庭金融调查微观数据进行描述统计分析，从总体上考察农村家庭金融资产基本情况与选择行为表现，同时结合我国数字信息技术发展和地区经济金融发展的现实情况，由此分析农村家庭金融资产选择行为基本特点。另一方面，遵循经济理性这一基本假定，从理论上解释预算约束和借贷限制下的农村家庭无风险金融资产的内在选择动机和社会网络在其风险金融资产选择过程中的内在规律，进而阐述数字信息技术对农村家庭参与金融市场选择资产的影响机制，以及数字化视角下农村家

庭金融资产选择影响消费的作用机理;并在此基础上,构建 Probit 和 Tobit 计量模型,检验农村家庭无风险金融资产(储蓄现金)和风险金融资产(民间借出款)选择偏好问题,以及数字信息渠道和社会网络渠道对农村家庭金融市场参与及资产选择的影响差异,进而建立多元回归模型分析探讨数字信息化趋势下农村家庭金融资产选择对消费的影响效应。

### 1.5.2　数据来源

本文研究所需要的主要数据来源如下:

(1)微观层面的农村家庭数据来自西南财经大学与中国人民银行总行金融研究所共同开展的中国家庭金融调查(China Household Finance Survey,CHFS),包括 2011 年、2013 年、2015 年、2017 年在内的四次调查数据①。问卷内容主要包括家庭人口统计学特征、资产与负债、保险与保障、支出与收入四大部分,拥有较为详细的我国农村家庭各项金融资产信息,可以满足本研究分析目标的需要。

同时,北京大学数字金融研究中心和蚂蚁金服集团共同编制的数字普惠金融指数也运用于本文研究,数据包括数字金融覆盖广度、数字金融使用深度和普惠金融数字化程度这三个大类的 33 个指标②,指数的时间跨度为 2011—2020 年,覆盖了中国内地 31 个省、337 个地级以上城市和约 2 800 个县这三个层级。

(2)宏观层面的统计数据部分使用了《中国统计年鉴—2012》《中国农村统计年鉴—2012》《中国统计年鉴—2014》《中国农村统计年鉴—2014》《中国统计年鉴—2018》《中国农村统计年鉴—2018》等中国官方统计数据,以及中国互联网络信息中心的历次《中国互联网发展状况统计报告》中的统计数据,用以描述样本地区农村经济金融发展情况和满足相关比较分析的需要。

---

① 第一次调查样本覆盖全国 25 个省(自治区、直辖市)、80 个县(区、县级市)、320 个村(居委会)、共 8 438 个家庭,其中农村家庭为 3 244 户。第二次调查样本覆盖全国 29 个省(自治区、直辖市)、267 个县(区、县级市)、1 048 个村(居委会),共 28 141 个家庭,其中农村家庭 8 932 户。第三次调查样本覆盖全国 29 个省(自治区、直辖市)、351 个县(区、县级市)、1 396 个村(居委会),共 37 289 个家庭,其中农村家庭 11 654 户。第四次调查样本覆盖全国 29 个省(自治区、直辖市)、355 个县(区、县级市)、1 428 个社区(村委会),共 40 011 个家庭,其中农村家庭 12 247 户。

② "北京大学数字普惠金融指数"的三大类指标中,数字金融覆盖广度主要指支付宝账户数量、账户绑定银行卡数量等情况,数字金融使用深度涵盖了支付、贷款、保险、投资、征信等多项金融业务,普惠金融数字化程度包括手机支付、贷款利率等指标。

### 1.5.3 技术路线

本文的研究技术路线如图 1-2 所示。

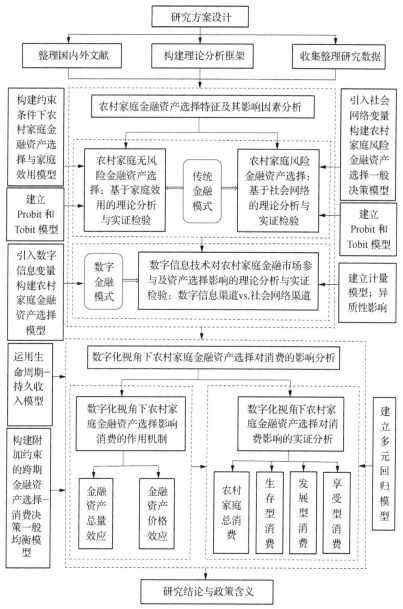

**图 1-2 本文研究技术路线示意图**

# 1.6 可能的创新与不足

## 1.6.1 可能的创新

在借鉴国内外已有相关文献研究成果的基础上,充分考虑我国农村地区经济金融现实情况,并结合我国数字化信息技术高速发展及其与金融供给紧密结合的现实背景,从理论和实证两个层面探讨数字化视角下农村家庭金融资产选择及其对消费的影响问题,与同类研究相比,本研究创新之处主要体现在以下四个方面:

第一,本研究强调从资产的角度来研究农村家庭金融行为,立足于农村家庭自身资源禀赋和农村金融市场供给特征,从理论上讨论农村家庭金融资产选择的特殊性及其作用机制,分别分析在传统金融模式和数字金融模式下影响金融资产选择行为的因素,并进一步探究农村家庭金融资产选择行为如何影响其消费,为农村金融研究提供微观理论基础,也是对已有相关研究的一个补充和扩展。

第二,本研究基于家庭效用视角,从供需两方面量化信贷约束,实证考察农村家庭单一无风险金融资产选择偏好,认为是既定约束下的一种理性选择结果,其行为决策目标是家庭长期效用最大化。选择从社会网络的视角切入,根据中国家庭金融调查问卷信息构造社会网络测量指标变量,并实证检验对农村家庭民间借出行为的影响,认为社会网络显著降低了农村家庭民间借出款的不确定性和风险程度,提供了非正规风险金融资产渠道,同时缓解了借入家庭信贷约束。

第三,在梳理传统金融模式下农村家庭金融资产选择内在逻辑的基础上,本研究立足于数字农村发展现实背景,以数字化为分析视角构建理论分析框架,着重从家庭层面上阐明数字信息技术对农村家庭金融市场参与及资产选择的影响机理,认为家庭自身的数字信息化水平有助于激发其潜在多元化金融资产配置需求和参与金融市场,其本身也是对社会网络渠道的一种重要补充;而数字普惠金融的发展可以提高家庭获得风险金融资产服务的可得性,促进家庭风险金融资产配置程度,同时,数字普惠金融能提高部分农村家庭的信贷可获得性,降低农村家庭借出款概率。运用中国家庭金融调查数据和普惠金融指数,实证检验信息技术水平及金融服务数字化对家庭金融资产选择的影响,并比较数字信息渠道和社会网络渠道的影响差异,为不同金融模式下农村家庭参与金融市场配置资产活动提供了一种解释。

第四,本研究围绕农村家庭金融资产选择对消费影响这一问题,以生命周期—持久收入消费理论模型为基础,明确假设条件,结合跨期消费决策模型进行扩展,构建附加约束的跨期金融资产选择—消费决策的一般均衡模型,并将数字信息渠道及相关成本纳入扩展模型,考察数字信息化趋势下农村家庭金融资产选择影响消费的作用机制和具体路径,与已有文献较侧重于直接建模进行实证检验的研究思路相比,是一个扩展和补充。

### 1.6.2 存在的不足

由于受到个人研究能力、方法、时间和条件等方面的限制,本文的不足之处还需在今后的研究工作中继续改进和完善,主要体现在以下三个方面:

第一,研究样本数据的匹配程度和连续性有待继续加强。本文在进行描述统计分析和实证检验时,由于样本户在不同调查年份的数据匹配等问题,主要采用截面数据进行计量估计,缺乏反映近年数字化最新发展对农村家庭金融资产选择行为与消费跨期动态变化的数据分析。虽然主要原因在于数据的可得性条件受限,但可能导致部分估计结果存在偏误,影响研究结论的严谨程度,因而有必要通过后续公布数据改进、完善实证分析。

第二,研究指标设定的准确性和科学性有待完善。本文在量化信贷约束、社会网络以及数字信息化程度等指标时,受限于调查问卷的问题和获取的反馈信息,变量选取和指标设置存在一定局限性和主观性,这可能导致部分实证结果的有偏估计和内生性问题,有必要在后续研究中进一步对模型估计方法和变量选取进行改进,以提高研究的科学严谨性。

第三,研究的广度和深度有待进一步拓展。本文在研究传统金融模式和数字金融模式下农村家庭金融资产选择行为的影响因素时,受限于时间和篇幅而没有对农村家庭和城镇家庭进行理论和实证层面的比较扩充。同时,由于村级调研数据获取的局限性,在实证检验农村家庭金融资产选择对消费的影响时,未进一步细分农村家庭考察异质性影响。因而对理论分析的检验结果还不充分,尚有进一步探讨空间。

# 第 2 章　理论基础和文献综述

## 2.1　理论基础

### 2.1.1　农村家庭经济理论

#### 1. 家庭经济理论

以加里·贝克尔为代表的家庭经济学主要研究家庭的生产、消费和理财等经济活动,将家庭视为一个效率生产单位,认为婚姻与家庭是个人福利最大化的理性选择。家庭中每个成员都有其比较优势,并据此明确在家庭中的分工,而分工产生的效率使得家庭成员比各自单身生活得更好,从家庭中获得的效用超过单身效用(贝克尔,1998)。Rosenzweig(1998)研究了印度农村家庭和家庭关系的保险功能,认为家庭成员之间由于拥有对方信息,彼此相互关心对方福利,由空间范围扩大而产生的道德风险、监控成本等事后保险制度安排的冲突问题可以得到解决。鉴于传统家庭经济研究方法的缺陷在于只将家庭作为一个效用最大化单位而未考虑到家庭内部组织结构,Pollak(1985)认为将交易成本方法用于家庭经济理论,可以通过分析家庭组织结构来弥补传统理论的不足。交易成本理论有助于解释家庭生产,家庭产品具有保险功能,与市场和政府的保险相比有三点优势:① 由于家庭外部成员和内部成员都无法轻易进入或退出,因此通过市场进行保险的逆选择和道德风险问题被限制到最低;② 家庭长期聚合增进了成员间的相互了解,可大大降低政府保险难以消除的非对称信息;③ 家庭忠诚和社会规范限制了成员的机会主义行为,通过家庭农场和家庭企业的组织形式生产提供可市场化的家庭产品。由此,作为乡村社会的基本单位,农村家庭兼具"生产者和消费者"双重身份,其行为决策充分体现出家庭经济理性。

然而,在家庭内部决策问题方面,由于家庭是由不同的个人组成且各人偏好并不完全一致,因此合并收入约束下的单一效用函数最大化并不是理性选择的结果(Schultz,1990;Browning 等,1991)。Samuelson(1956)最早关注并试图解决这一问题,提出包含家庭各成员效用的社会福利函数,以此取代家庭单一效用形式,然而却未能反映收入分配和消费选择过程中家庭各成员的战略行为。类似地,贝克尔(1998)采用了利他主义家长效用函数,包含家长自己的消费和其收益人的效用决定,当利他主义家长向其受益人转移收入和资产时,其效用水平因收入财富减少而下降,但同时因受益人效用水平上升而提高,进而会形成一个家庭消费均衡点,即,家庭成员效用之间的相互依赖为家庭分配提供决策依据。虽然社会福利函数和利他主义家长效用函数都考虑到了家庭各成员的效用,但与家庭传统消费理论一样,都认为所有家庭成员会一致最大化其家庭效用函数,具有这类性质的家庭效用函数称为单一决策模型(Chiappori,1992)。与之相对应,Bergstrom(1995)发展了复合决策模型,如果在家庭决策过程中,各家庭成员都以自己效用最大化为目标,则家庭效用函数是由家庭各成员效用函数复合得出,并且各成员在家庭决策中的相对地位决定复合方式。Lundberg 等(1993)、Chen 等(2001)和 Chiappori 等(2002)利用博弈方法在复合决策模型方面对家庭经济行为进行研究,相继提出分割领域模型、合作—非合作模型和含分配因素模型。以上对家庭内部成员个人效用的理论模型分析,同样适用于进一步剖析农村家庭的最终经济行为决策。

在市场机制缺失和不完善的发展中国家,家庭在一定程度上替代市场,通过在其内部承担起本应由市场来完成的一部分资源配置功能,这一作用突出体现在储蓄、信贷、保险等领域,进而提高要素供给的质量。Deaton(1992)探讨了在信贷市场不完善情况下发展中国家的农场家庭如何通过自我储蓄实现消费平滑,模型假设家庭无法获得信贷或仅能获取少量高利贷,因此农业家庭必须增加自我储蓄。由于农业家庭生产受到自然条件和农产品价格波动的影响,家庭收入极为不稳定,因此农场家庭应在丰收年份储存货币和粮食,以应对歉收时自身消费的平滑。与此同时,不完善的市场机制使得对经济行为的调节难以依赖于正规制度,而更多依赖于非正规制度。在这一背景下,传统农业社会长期存在的有血缘关系的家庭以及家庭之间的一系列非正规制度,可替代成熟市场经济中的契约法规而发挥作用。Fafchamps 等(2003)研究了菲律宾农业家庭的平滑消费方式,发现当家庭消费发生波动时,会通过亲友的馈赠或从亲友处获得无息贷款来解决。Mcpeak(2006)则研究了牲畜在平滑家庭消费中的作用,发现发展中国家的畜牧业家庭之间存在着某些非正式风险分担机制,具体可细分为事前防范风险机制、事后风险分担机制和从富裕家庭转移财富到贫穷家庭的制度安排,通过这种非正式制度安排,畜牧业家庭之间形成一定程度上的储蓄。因此,根据家庭经济理论的观点,发展中国家农村家庭内部经济行为以及相关联农村家庭间的经济行为受到外部市场环境的严重制约,非正式制度起到资源配置替代作用,有进一步深入研究的必要。

**2. 家庭金融资产选择理论**

家庭金融资产组合的多样性是金融理论界长期面对的一个难题。传统资产组合理论认为,理性投资人应该多元化投资,马克维茨投资组合选择理论基于均值—方差模型,提出人们在选择金融资产时总是追求收益与风险的最佳配比(Markowitz,1952)。以该理论模型为基础,Samuelson(1969)和 Merton(1969)假定预算约束下家庭效用最大化,解释了家庭的资产分配行为。然而,在对家庭资产投资行为的研究中,国外学者发现了理论预期与现实选择之间的分野,并尝试从以下三个方面进行解释:① 市场摩擦理论认为,交易费用和信息成本等因素是导致家庭投资单一化的主要因素之一(Rowland,1999;Van 等,2009);② 投资偏好理论认为,投资者对投资行业、投资类型等方面的偏好,会缩小其投资范围,使得投资者持有较少种类的资产(Golec 等,1998;Barberis,2008);③ 错误投资决策理论认为,投资者根据错误投资决策而进行的投资也是影响其投资多样性的重要原因(Coval 等,1999;Huberman,2001)。

国内学者对家庭风险资产投资组合多样性问题的理论探究相对较少,相关研究主要集中于金融资产选择行为对家庭金融和储蓄分流的影响(王家庭,2000;曾康霖,2002;黄载曦,2002),近期研究开始关注家庭金融市场参与和风险资产配置的影响(Cao,2005;孙克任等,2006;吴卫星,2007等;王聪,2015)。在当前农村地区经济发展、农村金融改革不断推进的现实背景下,农村家庭已经有了一定的财富积累,如何将这些财富进行合理配置以实现家庭效用最大化,是越来越多农村家庭正在或将要面临的现实问题。尽管从理论上理性投资者应将财富按一定比例投资于不同风险资产,但在现实中,由于部分农村家庭消费和储蓄行为明显受到信贷约束和预期流动性约束的影响(刘兆博等,2007;易行健等,2008),将选择低风险或无风险金融资产(Haliassos等,1995;Koo,1998),通过持有更加安全、流动性更好的资产来避免交易成本(Paxson,1990)。同时,金融资产总量也影响分散化程度,农村家庭金融资产总量往往较小,购置多项资产必须付出高额成本,则资产分散化不符合家庭效用最大化原则。在风险金融资产供给条件受限的情况下,农村居民家庭对不同金融资产产品的偏爱程度,会产生家庭金融资产结构差异,进而对农村金融市场影响也产生差异。在此意义上,探究我国农村家庭金融资产选择的行为机制,有助于丰富和完善家庭金融资产相关理论的研究。

### 2.1.2　数字普惠金融理论

数字金融泛指传统金融机构与互联网公司利用数字技术实现融资、支付、投资和其他新型金融业务模式(傅秋子等,2018)。这一概念与中国人民银行等十部委定义的"互联网金融"以及金融稳定理事会定义的"金融科技"较为近似,前者指传统金融机构与互联网企业利用互联网技术和信息通信技术实现资金融通、支付、投资和信息中介服务的新型金融业务模式,后者是通过技术手段推动金融创新,形成对金融市场、机构及金融服务产生重大影响的商业模式、技术应用、业务流程和创新产品。相比较而言,数字金融概念更加中性,所涵盖的面更广泛。到目前为止,数字金融所展示的最大优势是支持普惠金融的发展。数字技术为克服普惠金融的原生性困难提供了一种可能的解决途径,关键驱动技术主要从规模、速度和准度三个维度提升数据处理能力,通过降低交易成本、加强风控能力以及促进竞争实现金融普惠性。从这个意义上说,数字金融的概念等同于数字普惠金融。

近年来新兴技术的快速发展,以网上银行、手机银行为代表的数字金融服务日益普及(齐红倩等,2019)。普惠金融服务的重点对象为弱势人群、弱势产业和弱势地区(吴国华,2013),普惠金融的广泛包容性,客观上具有"风险大、成本高、收益低"三大特征,可负担和可持续的冲突,始终是普惠金融发展过程中无法回避的现实问题。数字金融的出现加强了金融产品和服务的有效分配,缩短了金融机构与目标客户之间的距离,促使原本被排斥在正规金融体系之外的弱势低收入群体能够以较低的成本相对容易地获取金融服务,并且越来越多的原有客户使用手机银行和网上银行等新兴业务替代传统银行业务,金融服务的可得性大幅提高(Duncombe 等,2009;连耀山,2015)。因此从这个意义上来看,数字金融有效助推了普惠金融的发展,使得我们对普惠金融的大规模、可持续发展具有信心(CF40 数字普惠金融课题组,2019)。

数字金融作为新兴的金融模式给传统金融系统带来深刻的影响(刘澜飚等,2013):一方面,数字金融从负债业务、中间业务和资产业务等方面冲击以银行为主体的传统金融(郑志来,2015);另一方面,数字金融与传统金融相互竞争,将会推动金融结构变革和金融效率的提升,使得金融更具普惠性(吴晓求,2015)。北京大学数字金融研究中心追踪了一系列与普惠金融相关的指数:互联网金融发展指数、商业银行互联网转型指数、普惠金融指数和互联网金融情绪指数,为考察检验数字金融价值和影响提供了便利。然而,从学术研究角度来看,目前中国数字金融的业务模式尚未成熟,未来机遇和挑战并存,对于金融与传统金融、风险金融、监管和商业模式等关系,以及如何影响和改变实体经济的各个方面,包括就业、创新、收入分配、地区发展、消费、通货膨胀甚至国际收支等,已有的研究还远远不够(傅秋子等,2018),亟待补充和进一步完善。

### 2.1.3　社会网络理论

家庭社会网络概念源自社会学,属于社会结构的范畴,是指特定人群之间的所有正式和非正式的社会关系,包括人与人之间直接的社会关系和通过物质文化环境共享而结成的间接社会关系(Mitchell,1969)。Putnam 等(1993)进一步强调是家庭或个体与亲朋、同事和邻里之间经过互动而形成的相对稳定的关系网络。刘林平(2006)认为社会网络不简单地等同于社会资本,社会网络是潜在的社会资本,社会资本是动用的、用于投资的社会网络。社会网络是社会资源,但并不一定是直接的社会资本。社会资本包含在关系网络之中,表现为通过关系网络借用外部资源的能力,这种关系网络使用的成本是经济活动主体在构建关系网络时的投入或费用,即关系网络中的交易费用。近年来,随着家庭社会网络由社会学向经济学领域过渡,由于社会网络对微观个体行为有着相对直接的影响且可测度,这一非正式制度受到国内外经济研究领域学者们的广泛关注,并就一些基本问题达成共识(Fafchamps 等,2003;Dehejia 等,2007;张爽等,2007;章元等,2009;马光荣等,2011)。

理解社会网络的另一个视角是社会网络分析,将网络视为行动者的社会关系或联系(Emirbayer 等,1994),从结构的角度侧重分析社会网络强度及其影响因素。Granovetter(1973)最早提出了关系强度的概念,强关系是基于相似社会经济特征的个体间发展起来的,而弱关系则是在不同社会经济特征的个体间发展而来;社会网络的强度取决于行动者的异质性,异质性越大,表现为越强的"弱关系",社会网络获取信息的作用越大。Lin(1982)提出"社会结构与行动"网络理论,认为个人在网络中的社会地位直接决定其所拥有的社会资源的数量与质量,处于或接近金字塔顶端的个人,往往获取信息和资源的能力最强。Burt(1992)提出"结构洞"理论,将网络成员之间的关系断裂或不均等称为"结构洞",认为拥有"结构洞"的人相当于"中介或第三方",占据"结构洞"的多少决定个人关系的强弱。此外,社会网络关系强弱还依赖于物质环境或文化特征等形成网络关系的纽带。Bian(1997)提出了"强关系假设",认为亲戚构建的"强关系"可以为个人求职渠道充当桥梁的作用。费孝通(1998)对比了中西方社会结构,提出"差序格局"的圈层概念,认为中国的社会关系是以自己为中心逐渐外推,而以血缘为纽带的宗族或亲属关系成为中国农村最主要和最稳定社会网络之一。

社会网络因其在获取信息和社会资源等方面的优势,在解决居民个人和家庭方面的研究主要集中在风险分担与消费平滑、融资与投资、就业与减贫、家庭收入等方面。对于发展中国家人口众多的农村地区居民,其收入很容易受到气候、疾病、灾害的影响,存在极大的风险,从而需要通过保险市场或非正式的转移支付实现社区内的风险统筹,或者通过储蓄和信贷市场对风险统筹进行替代来平滑跨期消费(巴德汉等,2002)。但由于发展中国家的社会保障体系、商业保险市场以及农村金融市场很不完善,因此农村家庭户往往采用基于社会网络的非正式风险分担机制。中国是一个传统关系型社会(Bian,1997),社会网络以地缘和血缘为纽带,家庭拥有的社会网络通常是基于家庭的亲友关系(Knight 等,2002),能够提供互惠帮助,通常社会网络广泛的家庭在遭受不确定性冲击时往往更容易寻求并获得援助,以应对流动性约束(王铭铭,1997)。尤其是在农村正规金融市场发展缓慢的情况下,社会网络在农村信贷市场上发挥着重要作用(李锐等,2007;杨汝岱等,2011),在一定程度上形成对正规借贷的替代(甘犁等,2007;刘莉亚等,2009)。农村家庭社会网络涵盖其所在社区的生产生活领域,同时作用于农村居民家庭的投资和融资行为,在很大程度上决定其获得外部资源的能力,有助于农民的自主创业(马光荣等,2011;郭云南等,2013),也会对农村家庭储蓄行为产生影响(易行健等,2012)。随着农村金融市场化程度提高,社会网络的非市场力量的作用可能会趋于下降(马小勇,2009)。

### 2.1.4 家庭资产的消费效应理论

家庭资产财富效应主要是对居民家庭资产价值变化影响其消费的研究。一般情况下,资产财富效应意味着资产价值的上升能促进居民消费,进而有助于国民经济的增长(Davis 等,2001)。凯恩斯(1937)在《就业、利息和货币通论》中提出绝对收入理论,认为消费取决于当期收入的绝对水平,由此展开了对现代消费理论的研究。Modigliani(1954)和 Friedman(1957)进而提出生命周期假说和持久收入理论(LCH - PIH),认为人们的消费主要取决于其生命周期内所能得到的全部收入和财产的总和,理性消费者会合理安排生命各阶段的储蓄和消费以实现整个生命周期内效用最大化,因此资产财富的变动对消费也会产生重要影响,即资产的财富效应。在 LCH - PIH 的经典理论框架之后,资产财富效应的研究受到广泛关注,并已形成较为丰富的文献积累。以上理论是基于西方国家个人资产选择决策的研究结果,我国农村家庭的成员之间联系非常密切,家庭资产通常集中后进行投资决策,而家庭投资决策人(通常为户主)会根据家庭基本经济情况和发展情况来决定整个家庭的储蓄和消费,从而实现整个生命周期内的家庭效用最大化,因此,LCH - PIH 理论同样适用于我国农村居民家庭的投资消费决策。同时,随着我国家庭金融调查数据库工作的不断深入,从微观层面上研究农村家庭户的资产财富效应已有一定的现实基础。

早期关于资产财富效应的研究主要探讨财富效应的整体作用力度,总体看来,家庭资产价值和消费需求之间有着较强的正向关系(Poterba,2000)。近期研究则更多倾向于资产价值波动对消费的传导机制,主要有四个理论假设:① 直接财富效应假设,即当资产实际价值上升时,家庭财富水平提高,总体预算约束降低,消费意愿和能力增强,进而促进了消费增长(Grant 等,2008;Gan,2010);② 共同因素假设,即除了资产价值因素以外,可能还有预期收入、利率或金融自由化等诸多第三方因素,在影响资产价值的同时也对消费产生影响(Carroll 等,2011);③ 预防性储蓄动机假设,即消费者为了防范未来收入的不确定性冲击而进行的预防性储蓄,资产价值上涨拉动了消费而降低了储蓄倾向(Gan,2010);④ 抵押品效应假设,即抵押品资产价值上升增加了持有者权益,缓解其面临的信贷约束,进而通过可借贷资金的增加而提升其消费能力(Browning 等,2013)。随着我国农村家庭收入财富水平提高和农村金融市场发展,家庭投资金融产品的种类、金额及应对收入风险机制会逐渐出现在农村居民消费平滑的现实中。以上理论机制的辨析,有助于在实证研究中对农村家庭资产财富效应的分类和验证。

Friedman(1957)提出了度量消费变量来研究资产财富效应,但是消费者的财富增长性质不同,使用方向也可能不一样。随着数据可获得性的提高和相关研究的逐步深入,近期研究通过区分消费种类来讨论家庭资产财富效应对不同消费品的影响。通常的分类是将消费划分为耐用品与非耐用品这两大类,Romer(1990)认为耐用品使用时间较长,再次购买的时间间隔较长,因此不得不通过所购耐用品的品质来满足其效用;而当家庭资产价值波动使得未来收入不确定性增加时,消费者耐用品消费不可避免地处于非最优化状态。因此,理性消费者会倾向于延迟耐用品购买。Bostic 等(2009)将耐用品消费看作是更换固定资产,当股价波动时,居民可能会通过增加消费耐用品来优化家庭资产组合。Gan(2010)关注了非耐用品消费,认为在预防性储蓄动机假设下,资产财富效应对人们非日常性的非耐用品消费支出的影响更大。此外,也有研究将消费进一步细分为 12 大类(Walden,2013),考察不同消费品的财富效应影响。在我国农村居民人均纯收入、家庭资产和消费支出均出现显著增长的现实背景下,农村家庭消费细分的理论分析为考察农村地区消费领域的资产价值波动传导提供了可行性。

## 2.2　文献综述

### 2.2.1　农村家庭金融资产选择的相关研究

国外学者多运用微观数据对家庭金融资产选择的基本特征进行统计研究,如美国的消费者金融调查(SCF)、英国的家庭支出调查(FES)、日本的国民调查数据(JNSD)等。国内学者自二十世纪九十年代开始,运用中国各类统计年鉴或人民银行宏观时间序列数据或截面数据,对家庭资产选择问题展开研究,描述我国农村居民家庭实物资产和金融资产总量、内部结构分布及其收益率,认为证券市场不发达、股票市场投机、居民收入偏低、"过渡经济"和"二元经济"等原因决定了我国农村家庭金融资产选择的目的与行为特征,导致了完全以储蓄为主的单一资产结构(谢平,1992;易纲,1996;臧旭恒,2001)。柴曼莹(2003)认为当前我国居民家庭金融资产不断增长,结构趋于多元化,其决定因素主要有收入水平提高、实际经济发展和居民家庭的金融资产上升倾向等。

近年来,国内一些机构开展建立的家庭金融状况调查数据库为研究我国农村家庭金融资产选择的统计特征提供了微观分析基础,如中国家庭金融调查(CHFS)、中国健康与养老追踪调查(CHARLS)、中国家庭动态跟踪调查(CFPS)以及消费者金融调查,等等。基于这些调查项目,可获得农村家庭的人口特征、收入、消费、实物资产、金融资产、负债、保险与保障等相关信息。根据以上家庭微观调查数据,我国城乡居民家庭越来越多地积极参与到金融市场,相对于城市居民家庭,农村家庭虽然参与率更低,但也表现出多样化投资组合的资产配置倾向(甘犁等,2013)。然而,大量研究显示,农村家庭金融资产实际配置与经典金融理论预测的分野显著,如农村家庭投资者的金融市场有限参与,非充分分散化投资以及本地偏差等问题,目前农村家庭金融资产配置结构依然单一,现金、活期存款和定期存款占家庭金融资产总量接近九成(中国家庭财富调查报告2019),这与农村居民家庭风险规避、较高预防性储蓄、收入、资源禀赋等自身特征有关,同时也和农村金融市场的发展程度有关。

随着农村家庭金融调查的不断深入,基于微观调查数据的农村家庭金融研究发现了一些新特征,揭示了农村家庭金融资产实际的选择行为与家庭金融理论不相一致的原因,促进了农村家庭金融理论的发展。这些研究主要从家庭资源禀赋、投资机会、生命周期、背景风险、社会保障、财富效应、社会资本等方面和家庭金融决策建立起联系,研究这些因素对农村家庭金融资产选择行为的影响,取得了一些重要的研究成果(Brennan 等,1997;Flavin 等,2002;Gomes 等,2005;冉净斐,2004;雷晓燕等,2010;廖理等,2011;张珂珂等,2013;陈莹等,2014;吴卫星等,2014)。

从人力资本角度看,工资收入、收入财富变化及劳动供给弹性等因素被引入资产选择模型研究如何影响家庭金融资产选择行为。根据李实等(2005)研究结论,改革开放以来我国城乡居民之间收入差距不断拉大,农村基尼系数超过城市,高财富农村家庭的资产组合呈现多元化趋势,有利于风险规避,其融资能力也强于低财富家庭(陈彦斌,2008;梁运文等,2010)。汪伟(2008)基于交易成本视角建立两期资产选择模型,比较了城镇居民储蓄迅速搬移股市而农村居民家庭几乎不持有风险资产并存的反差现象,认为交易成本不对称,收入和财富差距是阻碍农村家庭投资风险资产的重要原因。近来健康状况逐渐引起关注,可被用来预测一个家庭是否拥有某种资产及其组合比例,或者预测个人健康状况变化带来的家庭收入和负担的不确定性,但是相对于城市居民家庭来说,健康状况对农村家庭金融资产的影响不显著,说明农村居民能够投资多少在各类资产上,主要取决于家庭经济水平(雷晓燕等,2010)。肖忠意等(2016)采用省级面板数据,研究中国农村家庭父母的"非理性"因素亲子利他性对家庭资产选择的影响,发现亲子利他性能够影响农村家庭参与金融市场的行为,会显著增加农村家庭储蓄规模,减少自身住房需求的支出,以保证未来用于子女教育等的资金需求。

考虑到现实中我国农村金融市场的不完善和严重的供求失衡(何德旭等,2008),许多研究者从金融可得性的视角研究了我国农村家庭资产选择的影响因素。尹志超等(2015)用农村家庭所在小区(村)存款银行开户银行家数作为金融可得性的度量指标,研究发现金融可得性的提高会促进农村家庭更多地参与正规金融市场,进行金融资产配置,同时会减少农村家庭参与非正规金融市场,即通过降低家庭民间借出减少农村地区非正规借贷市场供给,进而降低民间借入比例。社会保障是家庭投资者对未来不确定性的保险,能通过获得一定补偿降低预算约束,提高家庭风险承受能力(Feldstein,1974)。魏先华等(2013)认为较低水平的社会保障是我国农村居民金融资产配置结构不合理的重要原因,因此社会保障制度可通过降低居民家庭的风险厌恶水平和提高退休后的可支配收入水平影响家庭参与金融市场。此外,尹志超等(2015)研究了信贷约束对家庭资产选择的影响,发现信贷约束对金融风险资产参与率和参与程度具有显著负向影响,且农村家庭更不愿意参加并持有更多金融风险资产,是制约家庭资产配置优化的重要因素。陈治国等(2016)也根据农业部固定观察点样本农户跟踪调研数据构建面板回归模型,估计农户的信贷配给程度及其对家庭金融资产的影响,研究结果发现,信贷配给对农村居民家庭手持现金和金融资产结构均存在显著正向作用,并且在预防性动机影响下,信贷配给程度越高,越倾向于持有更多现金。家庭资产的资本价值向金融资产价值的有效转化在很大程度上决定了农村居民户能否获得金融服务,冉光和等(2015)采用分层抽样法,实证检验了家庭资产对农村家庭借贷行为的影响,研究结果显示,金融资产对正规借贷有明显负向影响,但是对非正规借贷有显著正向影响,因此需要加大农村家庭资产的金融价值开发力度,有助于缓解融资难题。

从社会网络视角来看,中国是典型的重视"关系"型的国家,人们之间的社会关系及交往会直接或间接影响到其金融行为(黄勇,2009)。社会网络作为一种重要的资源配置替代机制(李树等,2012),能在一定程度上实现对正规金融的替代(赵振宗,2011),在家庭金融中的作用主要体现在履约保证和信息扩散上,有助于降低民间借贷契约执行过程中的信息不对称程度,进而减少农村家庭的借出风险,促使其参与民间借出(王晓青,2017)。同时,农村社会网络往往对应着低成本的融资渠道,起到自我保险机制的作用,缓冲了生产收入风险对家庭生产生活的临时性冲击(许承明等,2012)。易行健等(2012)基于农村住户调查数据考察了家庭社会网络对农户储蓄行为的影响,发现家庭社会网络能够显著降低其储蓄率,尤其对低收入家庭影响效应更大;而随着收入增长和正规金融市场发展,家庭社会网络对储蓄率的作用将减弱。郭士祺等(2014)研究了社会互动和网络信息渠道对我国家庭股市参与决策的影响,认为社会互动水平与网络信息化发展程度通过股市信息传递推动了家庭参与股市,并且两者互相替代,这两种信息渠道对股市的促进作用及其替代效应在我国农村地区更加明显。

### 2.2.2 数字信息技术对农村家庭金融影响的相关研究

传统资源禀赋条件下,农村家庭即使有着潜在的、多元化的金融需求(丛正等,2015),但往往由于较难获得相关的金融信息、缺乏金融知识或难以接触到金融服务宣传,加之农村地区金融基础设施状况较薄弱、交易成本高等原因,使得这些家庭的一部分潜在金融需求难以转变为实际可获得的金融服务。越来越多的研究表明,在既定的资源禀赋和财富收入条件下,家庭非基础性金融服务的潜在需求能否转变为实际可获得的金融服务,与这些群体能否获得这些金融服务产品的信息并且掌握的是有价值的金融信息有着重要关联性(尹志超等,2014;郭士祺等,2014)。这使得金融信息的获取渠道成为研究关注的重点,从不同渠道获取和筛选信息的成本、效率和精确度成为影响家庭金融行为的重要因素。在家庭层面上,通过新型数字信息技术的使用进行信息共享和互换,从而对家庭决策主体的偏好、预期、基本素养等产生一定影响作用,有助于促进家庭合理安排风险,全面提高家庭金融决策水平(曹扬,2015)。农村家庭自身信息技术水平的提高可以拓宽金融相关信息的获取渠道,改善家庭原有资源禀赋状况,进而降低其参与金融市场的信息成本和交易成本,是决定家庭金融决策的重要因素。董晓林等(2017)基于信息获取及信息筛选的视角进行实证研究,发现不同渠道对农村家庭的作用程度存在差异,与传统信息渠道相比,互联网等新渠道对提高其金融市场参与率和风险资产持有比例的作用更加显著,因此应重视现阶段农村地区尤其是中西部农村地区的新型信息渠道建设。

在供给层面上,数字信息技术与金融供给的紧密结合推动了数字普惠金融的发展,利用移动互联网、大数据、区块链等技术,打破了传统物理网点的局限,创造出全新的信贷技术和风控模式,为众多农村居民提供金融服务。这不仅为农村居民提供了获得教育、培训、医疗等必不可少的金融资源,也为农村个体经营者提供了盘活生产经营的资金,从而促进了农村地区的包容性增长。微观层面上,数字金融的新形式缓解了农户创业资金的压力,提升了农村金融的普惠性。数字金融促进农户创业的机制主要有三个方面:一是数字金融可以用更低的成本提供金融服务。由于经济发展水平较低、地理位置偏远等原因,传统金融机构在农村地区布局网点成本很高,同时由于农户居住较为分散,且贷款往往具有小额特点,传统金融机构发放信贷的单位成本高而总体收益较低(Berger 等,2002),而数字金融依托于互联网、大数据分析和云计算等技术,能够降低交易成本,实现以较低成本向全社会尤其是欠发达地区和弱势群体提供较为便捷的金融服务(谢绚丽等,2018)。二是数字金融降低了创业农户融资的门槛,通过其融资功能缓解了信贷约束对农户创业生产的正向影响,同时数字金融还降低了信息不对称程度(Beck 等,2018),降低逆向选择风险,从而为缺乏抵押和担保的农村借款人提供信贷支持,改善其信贷可得性。三是数字金融可以通过信息交互和信任升级来对农户创业产生影响。数字金融的理财、支付和信贷功能都可以发挥信息传递的作用,一方面,农户通过使用数字金融工具,可通过互联网定点推送信息,得以以较低的成本获得创业机会、创业技能等方面的资源;另一方面,借助数字金融平台,创业农户还可以与买家或其他创业者合作,实现信息交互,从而更准确地评估创业项目的可行性及市场前景(苏岚岚等,2017)。

实证研究方面,鲁钊阳等(2016)发现,P2P 网络借贷通过缓解农村电商创业农户的信贷约束、提供多种理财产品和个性化服务,有效促进了农村电商创业发展,最终提升了农产品电商创业者的偿债能力、运营能力和盈利能力。湛泳等(2017)将互联网金融纳入整体金融发展水平的分析框架内,考察在"互联网+"视角下包容性金融发展水平对创业的影响,发现包容性金融发展水平越高,创业者越偏好正规金融服务,其创业意愿较强。张栋浩等(2018)采用中国家庭金融调查 2015 年数据,构建村庄金融普惠指数,发现在金融普惠的使用度上,金融科技发展带来的数字金融服务可以比传统金融服务发挥更大的作用。相比于传统金融机构和传统金融服务,村镇银行等新型金融机构和金融科技带来的数字金融服务能够更加显著地降低农村家庭贫困脆弱性。何婧等(2019)还发现了数字普惠金融的异质性影响:数字金融对非农创业和生存型创业的影响非常显著,对涉农创业和发展型创业的影响不显著;互联网数字金融对农户创业行为有正向影响,而银行数字金融对农户创业则没有显著影响;此外,数字金融使用对那些具有较低人力资本、物质资本和社会资本的群体影响更大。

### 2.2.3 农村家庭金融资产选择行为的消费效应研究

在家庭金融资产选择与居民消费之间的关系方面,已有文献主要研究并比较了农村家庭各类资产效应,代表性研究主要有:卢建新(2015)利用中国家庭金融调查数据,分析了农村家庭金融资产、住房和非住房资产对其消费的影响及差异性,发现农村家庭无风险金融资产、风险金融资产和社保金融资产均对消费有显著正向影响,其中,金融资产对家庭消费的促进作用大于住房资产的效应。解垩(2012)、宋明月等(2015)也借助中国健康与养老追踪调查数据(CHARLS)研究发现,金融资产的消费弹性系数较小,对总消费的影响为负且不显著,而实物资产对消费的影响显著为正。这一结果可能是由于样本代表的是45岁以上的中老年户主家庭,数据范围不同会影响到最后检验结果。也有学者探讨了广义金融资产农村家庭社会保障的储蓄和消费含义,家庭预防性储蓄下降,消费动机增强。冉净斐(2004)利用全国农村住户调查数据实证检验了农村社会保障制度与家庭消费需求增长的关系,发现农村社会医疗保险有助于增加农村居民的即期消费。马双等(2010)通过对比研究参加农合和未参加农合的农村家庭营养物质摄入量,发现新型农村合作医疗保险显著增加了农村居民的热量、蛋白质及碳水化合物等营养摄入量。甘犁等(2010)按农村居民的人口比例折算出医疗保险所带动的消费量,发现基本医疗保险带动了消费水平提高。值得注意的是,以上研究多验证了农村家庭金融资产的总量效应,而忽视了家庭金融资产可能存在的财富效应对消费的影响,仍有可研究空间。

外部条件(如农村医疗保障体系和农村金融市场等制度环境)的改

变,也会影响农村居民群体的储蓄与消费行为。Kyeongwo等(2002)构建了一个消费决策相对风险规避模型,发现预防性动机影响了中国农户的储蓄与消费决策。田岗(2004)、周建(2005)、刘兆博(2007)也考察了转型期中国农户家庭储蓄和消费行为,验证了存在显著性预防储蓄动机。易行健等(2008)进一步从区域视角发现西部农户家庭的预防性动机强于东部和中部农村家庭。林坚等(2010)通过一个包含预防性储蓄动机的跨期动态家庭储蓄模型,检验了1995—2006年之间浙江省农户家庭的储蓄行为,发现家庭预防性储蓄动机在2002年前后发生较大转变,2003年开始农户家庭保险支出的增加使得家庭储蓄显著下降。此外,尹志超等(2014)从金融可得性视角考察了对农村家庭消费的作用,研究发现金融可得性通过缓解家庭信贷约束、降低消费对即期收入的敏感性、增加金融市场参与的财富效应,推动居民家庭消费水平提高并改善家庭消费结构。因此,农村金融市场越发达,越有利于农村家庭参与并选择金融资产,家庭消费将显著增加。张屹山等(2015)分析了农村居民家庭收入和金融资产结构,认为农村家庭财产性收入在总收入中占比很低,不利于提高其消费率,只有在增加农村居民财富积累的同时,规范农村金融市场发展,优化农村地区金融资产供给结构,让农村居民拥有多元化的金融理财工具,并提供较稳定的金融资产收益。

### 2.2.4 数字普惠金融与农村家庭消费的相关研究

随着数字普惠金融的快速发展,尤其是北京大学数字普惠金融指数的对外发布,国内学者逐渐将研究重点转向数字普惠金融与居民消费这一领域。张李义等(2017)从城乡消费结构视角进行研究,发现数字普惠能够有效促进居民消费结构升级,但这种促进作用对城镇居民的影响要远大于农村居民。崔海燕(2017)研究认为,数字普惠金融能够有效提升居民消费水平,但这种作用在不同区域之间存在较大差异,从东部至西部依次递减。但是,易行健等(2018)研究发现,数字普惠金融的发展显著促进了居民消费,且这一促进效应在农村地区、中西部地区以及中低收入阶层家庭更为明显。此外,Li等(2019)利用CHFS非平衡面板数据进行研究,发现数字普惠金融能够有效促进家庭经常性支出水平的提高,普惠金融的发展能够缩小城乡居民消费差距。

　　宏观层面上,学者们关注了数字金融与农村包容性增长和发展问题。郭峰等(2018)研究了数字金融对农村发展的影响机制,认为数字技术给金融不发达的农村地区带来了更便捷的金融服务,使得金融服务能够更精准地送达有需要的人群。具体表现为信贷业务、理财服务、支付结算和供应链金融服务的创新,显著提高了传统金融机构的服务效率(王曙光等,2017)。数字金融在电子商务的发展下刺激催生了大量农村新型金融服务需求,拓展出更多的消费方式和服务方式,进而对农村居民消费结构升级产生显著影响(张李义等,2017)。部分学者还对数字普惠金融缩小城乡差距的表现和机制进行了研究,其路径包括以下两种:一是直接路径,普惠金融发展可以直接通过收入分配效应缩小城乡收入差距(邵汉华,2017);二是间接路径,普惠金融通过经济增长、降低贷款成本和抵押物以及提高人力资本渠道间接影响农村居民收入与城乡收入差距(Schmied,2016;朱一鸣,2017)。数字普惠金融的本质是利用数字技术更好地发挥普惠金融,因此,可以让直接路径和间接路径作用发挥得更好。夏妍(2018)实证研究发现,东部和中部地区的数字普惠金融发展对缩小城乡收入差距具有显著正效应,而西部地区这一效应并不明显。此外,互联网消费金融以及数字金融发展通过提升支付便利性和缓解流动性约束促进了居民消费。

## 2.3　已有理论和文献对本文的启示

　　综合上述分析,国内外学者围绕数字化视角下我国农村家庭金融资产选择行为及消费的相关问题展开了系列的研究,形成了较为丰富的研究结论,成为后续理论和实证研究的重要参考依据,拓展了本文研究工作的视野和方法。但是,由于家庭金融决策内容丰富,而且易受到个体特征和社会环境综合因素的影响,不同家庭金融决策行为存在诸多异质性和复杂性特点,因此尚有较多可研究的空间并给本文以下基本启示:

　　第一,农村家庭是富有理性的微观经济主体,会依据所面临的内外部约束条件进行经济决策,以实现既有资源的最优配置和家庭效用最大化。这一基本假设同样适用于金融市场的行为分析,因而,在考察农村家庭金融资产选择行为时,需要充分挖掘农村家庭所受到的来自内部资源禀赋要素和外部农村金融环境的限制性条件,为其金融资产选择提供合理解释,进而为制定有利于农村家庭经济决策的相关政策、提升家庭资源配置效率提供理论研究基础和经验参考依据。

第二,已有文献较少从理论上讨论我国农村家庭金融资产选择行为的内在原因,并进行相应的经济学解释,尤其是将农村家庭无风险金融资产和风险金融资产选择偏好纳入统一分析框架,从理论模型到实证检验来全面考察农村家庭金融资产选择行为的研究。对有金融资产需求的农村家庭来说,农村金融资产配置渠道的有效供给是促进家庭效用提高的必要手段之一;然而要真正发挥农村金融的基础支撑作用,必须对农村家庭金融资产选择行为有较为全面的了解和认识,深入挖掘其内在发生规律和行为逻辑,从而为金融机构更有针对性地设计适合农村家庭的正规金融产品提供科学依据,促进农村金融供给和需求的有效对接,也有助于政府部门将农村地区微观家庭金融资产需求纳入长期的农村金融政策改革框架体系之中。

第三,国内学者已有的对农村家庭金融行为的研究多从家庭负债的角度展开,即农村家庭的正规借贷与非正规借贷行为,近年来家庭金融资产选择行为受到研究者的较多关注,但将传统金融和数字金融这两种不同模式纳入统一分析框架讨论农村家庭金融资产选择行为的文献尚不多见,尤其是从实际预算、借贷限制条件下的家庭效用、社会网络渠道以及数字信息渠道视角入手识别农村家庭不同金融资产特质的尤为不多,其政策含义有待进一步挖掘;同时,现有文献对城市居民家庭金融资产选择行为的关注也远甚于对农村家庭的关注,而随着农村家庭收入资产水平的逐步提高、农村数字普惠金融的持续发展以及基于中国居民家庭金融调查的微观数据的不断丰富,农村家庭金融资产选择必然是一个可继续深入挖掘的研究领域。

第四,在关于农村家庭金融资产选择究竟如何影响消费的研究中,实证分析文献多甚于理论分析研究,尽管目前其影响作用机制已形成一个基本分析框架,但考虑到我国数字农村发展的现实进程,其影响机制和对应的政策含义仍需进一步详细阐释,为农村家庭金融资产选择行为的相关实证研究提供理论基础。而随着农村家庭收入资产水平的逐步提高,农村地区互联网普及率和移动智能手机使用率快速增加，金融机构通过大数据、云计算、人工智能等高新技术带动互联网金融创新，激发促进了家庭金融资产配置意愿和资产选择行为，进而对家庭消费具有影响效应，这不仅是学术理论应关注的重要内容，也是我国农村经济发展和农村普惠金融改革需应对的重要挑战。

# 第3章 分析框架与农村家庭基本现状分析

## 3.1 分析框架

  2004—2021 年,中央一号文件连续 18 年高度关注农村金融服务发展,做出明确批示,要强化对"三农"的货币、财税和监管政策正向激励,部署稳妥扩大农村普惠金融改革试点。但当前农村金融仍然是我国金融体系中相对薄弱的环节,对农村家庭而言,金融的"不普惠"主要体现在广度和深度这两个层面。由于金融机构供给意愿不足,农村地区金融服务覆盖率普遍较低;同时,农村家庭所获得的多为种类单一的基础性金融服务,其潜在多样化的金融需求难以得到满足。根据中国社科院 2018 年发布的《中国"三农"互联网金融发展报告》数据,"三农"金融缺口高达 3.05 万亿元;农村金融供给不足,每万人拥有的银行类金融服务人员数量不到城镇的三分之一;农户信用数据缺失严重,农村居民信用档案建立量仅为城镇的四分之一。从金融机构运行效率的角度来看,作为理性经济主体其行为目标是实现企业利润最大化,因而部分学者认为金融机构的排斥行为是有经济效率的。但从长期看来,可能会产生两个方面的问题:一是由于农村金融服务覆盖率不高、受益面不广,一部分农村家庭的存取汇兑等基础性金融需求受到限制,当这类金融排斥最终演变为社会排斥,则可能引发社会性问题(刘世锦,2014);二是由于正规金融服务供给渠道受限,会导致有潜在的、多样化金融需求的农村家庭,或是仍然受到正规金融排斥,或是因为信息获取渠道受限、金融知识匮乏、交易成本较高、附加交易条件等原因而进行自我抑制。

　　司士阳(2013)运用马斯洛需求层次理论对农村家庭金融需求进行分层分析,划分为基础刚性金融需求和潜在高层次的非基础性金融需求。前者包括"存取汇兑"四类金融服务,用以满足家庭交易性和谨慎性动机的基本金融需求;后者包括"信用卡、基金、债券、外汇、贷款"五类金融服务,用以实现风险防范、资产管理和财产收益等多元化金融需求。但是,由于农村正规金融资产配置渠道的供给受到一定约束,有金融资产需求的农村家庭所面对的农村金融市场环境并不宽松,为获取同等的金融服务可能产生不对等的交易费用,有效需求难以实现效用最大化。我国农村家庭金融资产表现为以储蓄存款为主的单一资产结构,正规金融风险市场参与率极低。例如,农村家庭金融理财参与率仅为 1.7%,远低于全国平均水平 11.1%(尹志超等,2015),不利于农村家庭收入及消费水平进一步提升(李实等,2005;汪伟,2008;何德旭等,2008;甘犁等,2010;魏先华等,2013)。此外,不仅金融机构对农村家庭金融需求的认识存在不足,学界在讨论普惠金融的具体内涵时,也多关注于如何扩大金融服务覆盖面、提高金融服务质量等方面的问题,而对如何激发农村经济主体潜在多样化的金融需求以及如何与金融普惠有机组合的研究还有待持续深入。

　　与我国传统金融供给体系难以有效覆盖农村家庭的现实相对应的是数字信息技术的快速发展,在政府政策的支持下,新兴技术方面包括 5G 技术、云计算、大数据等领域呈现良好发展态势,大数据产业不断成熟,持续向经济运行、社会生活等各应用领域渗透。截至 2020 年 12 月,我国网民规模为 9.89 亿,较 2020 年 3 月增长 8 540 万,互联网普及率达 70.4%,较 2020 年 3 月提升 5.9%;手机网民规模达 9.86 亿,网民中使用手机上网的比例为 98.6%[①]。在金融领域,互联网信息技术运用于传统金融服务业态,改变了金融服务供给的方式和手段,移动支付、网上银行、网上贷款等数字金融服务与电子商务的融合日趋紧密,促使金融机构从渠道、产品服务和客户三个方面进行数字化战略转型,从而增加传统金融机构在农村地区的新型数字化渠道供给。从家庭层面来看,数字信息水平的提高有助于改善其原有禀赋条件,拓宽金融信息获取渠道,通过移动客户端的应用推送或网页浏览等方式就可以更为便利、快速、低成本地获取,这

---

　　① 数据来源:中国互联网络信息中心发布的第 43 次《中国互联网络发展状况统计报告》。

使得越来越多的农村家庭通过移动终端获取金融服务;从金融供给角度来看,通过与互联网信息技术的深度融合,创新设计出了多元化的非基础性新型数字金融服务和产品,由于具有易获取、易操作、易复制等信息化产品优势,更易于产生双向规模效应,对金融机构而言降低了其服务供给的门槛条件,同时从金融需求方面也降低了家庭获得多样化、多层次金融服务的准入要求。对此,本文综合利用多领域研究成果,在分析农村金融供给现状及特征的基础上,从农村家庭特殊性出发,探讨我国农村家庭金融资产选择行为的根源及由此形成的金融资产结构现象成因,从学理上深入分析农村家庭不同金融资产选择的决定因素,同时基于数字信息技术与金融供给紧密结合的现实背景,剖析数字信息技术在农村家庭金融资产选择行为中的影响,并进而阐释数字化视角下金融资产选择对农村家庭消费影响的作用机制。

　　基于上述分析,围绕数字化视角下农村家庭金融资产选择及其对消费影响的问题,本研究提出如图 3-1 所示逻辑分析框架。这一研究的基本逻辑主线是:农村家庭在内在资源禀赋和外部环境特征的共同影响作用下,以家庭效用最大化为理性经济目标,形成不同的金融资产选择决策;而这些金融资产决策行为实际上是一种被动选择的结果,是农村家庭在内外部约束条件下所做出的最优选择。在此基础上,本文借助家庭效用理论和社会网络理论对农村家庭金融资产选择行为进行经济学解释,尝试从学理上阐述传统金融模式下形成农村家庭不同金融资产行为的经济学原因。进而充分考虑数字信息技术与金融供给紧密结合的现实背景,从金融机构和农村家庭两个层面探讨数字金融模式下信息技术影响农村家庭金融资产选择行为的一般作用机制,为优化农村家庭金融资产行为提供政策依据,设计和构建农村金融机构与农村家庭之间的信息沟通机制,建立服务于农村家庭的多层次数字普惠金融服务体系。进一步地,结合农村家庭实际预算和借贷限制的现实约束条件,将数字信息渠道及相关成本纳入分析框架,深入剖析不同金融资产对农村家庭消费的影响机理,为推动农村金融数字化改革和促进农村家庭消费增长提供理论和经验依据。据此,下文将对本研究逻辑思路进行进一步阐述。

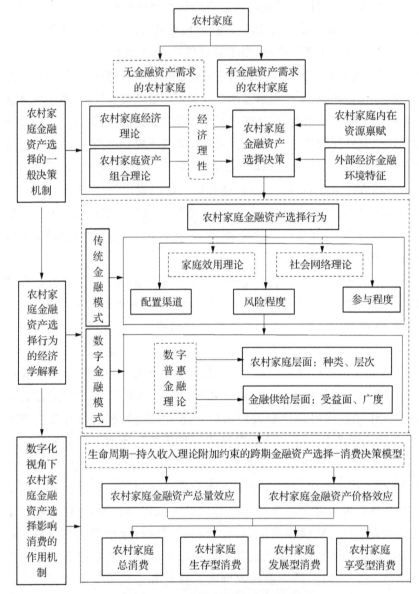

图 3-1 本研究基本逻辑分析框架

### 3.1.1 农村家庭金融资产选择决策的一般机制

随着我国农村经济快速发展,农村居民家庭收入财富水平不断提高。

农村居民投资意识增强,对金融资产的投资需求也持续增加,如何在满足生产经营和生活消费资金需要的情况下使家庭资产得到保值和增值,日益受到农村家庭的关注。然而,无论是同一地区还是不同地域,农村家庭在个体特征、收支水平、生产经营和生活状况等方面都存在较明显差异,这也决定了其家庭经济行为必然存在着差异,因此在家庭金融资产选择行为方面也不例外。为此,本文考察的研究对象需要同时兼具两个基本条件:一是农村家庭有金融资产需求,本文认为对金融资产的需求主要取决于农村家庭的金融资产选择能力,理性的具有金融资产选择能力的家庭通常具有配置意愿;二是农村家庭表现出实质上的金融资产选择行为,即已完成事实上的自有闲置资金选择资产渠道过程而形成家庭金融资产组合。下文中的"农村家庭"均满足以上两个基本条件,着重从三个层次分析农村家庭金融资产选择的一般决策机制。

首先,家庭资源禀赋是影响农村家庭金融资产选择决策的内部因素。尽管农村居民家庭人均纯收入水平有较大增长,已具有一定金融资产选择能力,但在农村正规金融供给条件受限的情况下,农村家庭仍然面临由于多样化经营性或生活性资金需求而导致的流动性约束下的借贷限制问题,特别是对中低收入农村家庭尤为如此。因而,预防性动机成为农村家庭金融资产选择的主因。根据经济学一般原理,在面临一定限制性因素的约束条件下,农村家庭作为理性经济行为主体,其户主年龄、受教育程度、性别、家庭成员等人口统计学特征,受访者主观态度,以及家庭收入水平、生产经营项目、保险与保障、社会资本等资源禀赋,是决定农村家庭金融资产选择决策的最基本因素(李涛,2006;吴卫星等,2010;Munk 等,2010;魏先华等,2013)。农村家庭会根据自身资源禀赋条件进行理性权衡,由此做出最佳金融资产选择决策。当由于金融可得性受限而使农村家庭受到金融资产选择约束时,其金融资产需求得不到满足,不利于农村家庭财富增值以及引导家庭成员的健康消费需求。

其次,地区经济金融条件是影响农村家庭金融资产选择决策的外部因素。农村家庭所在地区的经济金融发展状况,也是家庭金融资产选择行为的重要因素。在我国经济较发达东部的地区或金融市场较为活跃的农村地区,农村家庭金融市场的参与率和参与程度明显高于其他地区,家庭金融资产需求的满足程度也相对较高(雷晓燕等,2010)。然而,在我国农村地区经济改革发展过程中,尽管已取得较为显著的成效,但作为最基本核算单位的农村家庭经济发展仍遇到不少障碍。例如,以种植业为主的传统农业收入增长下滑,产量大幅上升造成供过于求,利润降低并且产业转型困难;非农领域创业的政策支持不充分,项目选择困难以及创业资金满足程度较低,等等。这些都表明农村家庭要适应市场化、城镇化的经济环境,提升增收和金融资产选择能力,仍需要经历一个较长的过程。同时,在我国一些农村地区,由于地理原因,农村家庭居住分散,交通条件明显落后,文化技术等信息传播滞后,进一步限制了农村正规金融资产渠道的有效供给(谢平,1992;易纲,1996;臧旭恒,2001)。由此,在研究制定农村地区金融政策时,正规金融机构必须充分考虑到农村家庭人均收入水平普遍较低、风险承受能力较差的特点以及地区间差异,适当降低理财产品的准入门槛,提高金融可得性,真正承担起农村家庭金融资产配置渠道的角色和功能,为农村居民家庭提供多样化金融产品和服务。

最后,正规金融资产产品及服务为促进农村家庭消费提供必要途径。农村金融产品和服务方式创新是建立现代农村金融体制,服务现代农业和农村经济发展的重要组成部分。由于金融市场的负外部性问题,正规农村金融资产产品受到严格管制,必须报批监管部门或机构总部,整个流程的时间成本和交易成本较高,这直接影响了需求导向型金融产品的创新供给。已有农村金融服务模式主要以模仿和借鉴为主,符合农村经济主体特点的针对性创新很少,难以体现农村金融普惠的创新特质。同时,城乡收入差距和农村居民家庭特定需求行为,也从根本上决定了我国农村金融体系产品单一、发展滞后的供给现状。不同金融市场发展程度的差异会导致居民投资在不同金融产品上的资金量差别(张红伟,2001;柴曼莹,2003),而上述发展路径带来的直接后果是,城市和农村金融服务之间的差距成为我国城乡家庭金融资产显著差距的重要因素之一。但是,考虑到我国农村居民家庭人均纯收入、住房资产和消费支出显著增长的趋势,要合理引导农村家庭资产需求,提高农村家庭金融市场参与率及参与程度,就必须进行恰当的农村金融产品和服务的设计,反映农村居民收入及波动特点。毋庸置疑,要实现最佳的政策效果,必须充分考虑有金融资产需求的农村家庭,才有可能缓解农村家庭面临的流动性约束和借贷限制,促使其优化家庭金融行为决策,进而提升家庭整体消费效用和福利水平。

### 3.1.2 传统金融模式下农村家庭金融资产选择行为的经济学解释

在受到借贷限制的前提下,农村家庭金融资产选择行为往往和一般金融资产选择理论有所偏差,往往是被动选择的结果。例如,农村家庭难以任意决定选择哪一类金融资产,即使已持有一定量的金融资产,也是经过理性权衡后的选择结果,因为中低收入农村家庭仍可能面临由于各种临时性的生产性和生活性资金需求而导致的流动性约束下的借贷限制和过高交易成本,只好选择持有更多无风险金融资产,以应对不确定性和流动性约束。当然,农村家庭可以决定其金融资产选择行为的一些方面,如究竟是以现金形式持有,还是持有正规金融机构提供的储蓄存款,又或者以民间借出款形式进行资金借出。在这一层面意义上,农村家庭金融资产选择行为表现出复合型特征。要充分发挥家庭金融资产对农村家庭的正向影响作用,有必要从理论上分析和研究其内在发生机制,进而寻求在一定限制性因素条件下优化农村家庭金融资产选择行为的可能途径,这将是有效配比农村家庭金融资产收益与风险以及提高农村家庭福利水平的有效路径。

正如前文所述,农村家庭金融资产选择行为包括多个方面,本研究认为最重要的是金融资产配置渠道和风险程度。与此相对应,农村家庭金融资产的配置金额、资产收益、变现能力强弱、出让期限等实际资产选择行为表现,不仅与金融资产配置渠道和风险程度有较大关联性,也与农村家庭的金融资产需求特征及农村金融服务供给条件有关,具有较强的不确定性。以上这些共同构成农村家庭金融资产选择的主要内容,决定了现实中农村家庭金融资产选择行为的具体表现和基本特征。

一方面,金融资产配置渠道可以理解为,当家庭有金融资产需求时,在所处地区现实经济金融环境和既有禀赋条件的约束下,农村家庭将选择何种金融供给渠道进行资产配置,以最大限度实现其金融资产的财富效应。根据大多数学者的研究发现,农村家庭金融资产实际配置状况与经典理论预判的分野显著,如农村家庭有限参与金融市场、资产单一集中配置以及本地偏差等问题(卢建新,2015;尹志超等,2015),这与农村居民家庭风险规避、收入、资源禀赋等自身特征有关,同时也和农村金融市场的发展程度有关。一般情况下,农村家庭金融资产配置渠道偏好主要取决于其自身面临的内外部资源约束,同时,农村家庭储蓄偏好和风险态度也影响其金融资产选择及参与程度。又由于农村居民家庭总体上相对城镇居民家庭的收入水平偏低,风险承受能力也相应较弱,农村居民普遍缺少金融知识,因而以利润最大化为经营目标的正规金融机构创新金融资产产品、提高金融服务可得性的动力明显不足,使得农村家庭可选择的金融资产品种供给受到限制。在这种情况下,偏好谨慎预防性的选择动机使农村家庭金融资产存量中出现高储蓄的现象(Deatonn,1991;邹红等,2008)。当面临预算约束和借贷限制时,为避免较高交易成本,农村家庭首先用流动性较强的现金和储蓄性金融资产弥补临时性的生产经营资金缺口或平滑消费。然而,农村家庭无论是参与选择还是使用无风险金融资产,都是在既定约束下的一种理性选择结果,其行为决策目标是家庭长期效用最大化。由此可见,农村家庭金融资产配置渠道选择及其参与程度是其遵循经济理性的必然结果,有必要从理论上具体解释约束条件下农村家庭金融资产配置渠道的选择问题。

另一方面,农村家庭金融资产结构中的风险资产反映的是不完备信息。由于农村金融市场的发展相对滞后,加之农村居民风险投资意识较低,因此正规金融风险资产供给受到约束,农村家庭主要以无风险的活期、定期存款和现金形式持有其金融资产。与此同时,农村地区社会网络不发达,仅限于血缘、亲缘、地缘之间,加之受教育或接受培训水平较低,农村居民难以得到完备信息,从而自发形成非正式风险分担机制(赵振宗,2011;李树等,2012)。中国社会的"圈层结构"特点是以自己为中心逐渐按人际关系的亲疏向外扩展,以血缘为纽带的宗族或亲属关系是中国农村最主要和最稳定社会网络之一(费孝通,1998),这一非正式制度因素对农村家庭金融资产选择行为具有重要作用,有利于在农村金融市场发展滞后的现实条件制约下,促进农村家庭金融资源的优化配置(见图3-2)。对参与民间借出的农村居民家庭而言,首先,社会网络这种重要资源配置替代机制为其提供了风险金融资产渠道,在一定程度上弥补了农村金融市场的相对滞后;其次,基于"血缘、亲缘、地缘"的社会网络缓解了民间借出市场的信息不对称程度,降低农村家庭借出款的违约风险和不确定性;

第三,通过借出自有闲置资金,农村家庭可获得其所处社会网络中的直接社会影响力和间接物质利益的满足,或在未来面临可能的流动性约束或不确定事件时得到"反哺"援助。与此同时,对借入资金家庭而言,民间借出款增加了农村非正规借贷供给,弥补了农村正规信贷供给不足,可缓解借入家庭当期面临的流动性约束以及可能受到的信贷约束,有助于提升家庭效用水平。因此,如何从理论上解析社会网络对农村家庭风险金融资产偏好的影响,是深入研究农村家庭金融资产选择行为的必要组成部分。

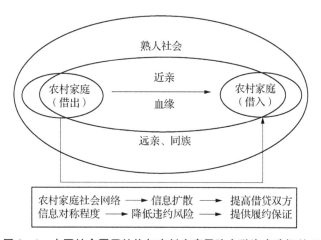

**图 3 - 2  中国社会圈层结构与农村家庭风险金融资产选择关系**

除了配置渠道(参与比率)和风险程度,金融资产的配置金额(参与程度)、资金回报率(金融资产使用权出让的利息收入)、变现能力强弱和出让期限等方面也影响着农村家庭金融资产选择的实际行为表现。尽管目前我国农村居民家庭纯收入水平有较大增长,已具有一定金融资产选择能力和配置意愿,但不可否认的是,与城市家庭相比,农村家庭人均收入仍然处于较低水平,农村居民普遍缺少金融知识且风险承受能力较差,这从根本上决定了农村家庭的金融资产需求特征。预防性储蓄动机影响金融资产参与程度,当农村家庭面临由于多样化生产经营和生活性资金需求而导致的流动性约束时,在考虑到正规借贷限制的前提下,有一定金融资产存量的农村家庭会使用其流动性较强的手持现金或储蓄存款弥补资金缺口,开展生产经营活动或用于非日常性消费支出,以尽可能小的交易成本努力提升家庭总效用。此外，由于家庭理财供给上的"金融抑制"也使得农村家庭无法获得与城市家庭一样的金融资源，有限的正规金融资产配置渠道和较低的资金回报率等都成为农村居民趋向于保守狭隘理财的动因；而民间借出款虽然在家庭金融资产分类中属于非正规的风险金融资产，但由于农村家庭之间社会网络发挥了非正式资源配置替代机制的作用，成为农村家庭掌控能力范围之内并且风险可控的金融理财方式，同时能够通过货币或非货币的受赠资源价值来间接获得"隐性"财产性利息收入，进而影响农村家庭金融资产选择。

### 3.1.3 数字信息技术对农村家庭金融资产选择的影响机制

本研究首先梳理了传统金融模式下受信贷约束和金融资产供给渠道受限双重约束的农村家庭金融资产选择的内在逻辑，在此基础上，进一步充分考虑数字信息技术与金融供给紧密结合的现实背景，从农村家庭和金融机构两个层面探讨数字信息技术影响家庭金融资产选择行为的一般作用机制。

#### 1. 数字信息技术影响农村家庭金融市场参与及资产选择的内在机理

农村家庭(尤其是低收入农村家庭)是普惠金融的主要目标群体之一，早期研究多聚焦于农村基础性金融服务覆盖面和信贷资金可得性的问题。近年来，更多学者开始关注到农村家庭多样化的金融需求。研究发现，在满足资金安全性和流动性的较低层次金融需求基础上，农村家庭主体会追求较高层次的、更有效率的功能性和便利性金融服务(丛正等，2015)。刘明轩等(2015)实地考察了农村家庭的金融需求状况，研究结果显示，除了融资性需求，超过 50%样本农村家庭对农业保险、担保、结算有着迫切服务需求，有近 45%样本农村家庭对风险金融资产(如证券投资)表现出较强烈的潜在需求，并且希望获得相关的金融信息。这充分说明即便是财富水平相对较低的农村家庭也同样有着资产增值、提高财产收益的金融需求，从金融机构融通资金以弥补生产生活缺口、获得多元化资产管理等服务成为他们的潜在金融需求。随着近年来国家乡村振兴战略的实施，农村家庭受益于诸多惠农扶贫政策，收入和资产财富累积增多,为激发农村家庭潜在的、更高层次的金融服务需求提供了有效资金配置条件(王宇,2008;司士阳,2013)。但是,与城镇家庭相比,目前农村家庭实物类资产(如房屋、土地)的可交易性和变现能力相当有限;同时,农村家庭在有一定财富积累并具备资产配置能力的条件下,通常缺乏相应的金融信息渠道,金融素养水平较低,加之农村地区金融基础设施状况较薄弱、交易费用高等原因,其潜在金融需求可能会受到自我抑制。

由此可见,即便是财富水平相对较低的农村家庭也同样有着资产增值、提高财产收益的金融需求,从金融机构融通资金以弥补生产生活缺口、获得多元化资产管理等服务成为他们的潜在金融需求,但往往由于信息获取渠道受限、金融知识匮乏、交易成本较高、附加交易条件等原因而被自我抑制。在现实中,农村金融机构也囿于传统金融供给渠道而缺少服务意识,从长期来看将不利于激发农村家庭潜在金融需求向实际金融服务获得的转化。结合农村家庭现实情况,已有研究讨论了家庭禀赋特征、财富收入水平、地区金融发展、金融素养等因素对其金融需求及金融市场参与的影响。例如,王宇等(2009)研究发现,东部地区低收入(1 万元以下)家庭要比西部地区中等收入家庭(1 万~3 万元)参与金融市场的可能性要高,进一步证明上述条件对家庭金融需求有着较大影响作用。而越来越多的研究表明,在既定的资源禀赋和财富收入条件下,家庭非基础性金融服务的潜在需求能否转变为实际可获得的金融服务,与这些群体能否获得相关金融信息并且掌握的是有价值的金融信息有着重要关联性(尹志超等,2014;郭士祺等,2014)。这使得金融信息的获取渠道成为研究关注的重点,有学者提出,社会网络具有获取信息和社会资源等方面的优势,因而通过社会网络共享资本市场信息,有助于家庭学习并获取更高层次的金融服务(Hong 等,2004)。

进一步地,在考虑农村家庭既有禀赋状况和金融服务准入要求的前提下,根据农村家庭是否有金融市场参与及配置资产的需求,可将农村家庭划分为两类(见图 3-3):一类是无参与需求,指家庭禀赋有限未达到金融服务准入要求,即无效金融需求(无参与能力),或者是,家庭禀赋达到金融服务准入条件、已具备金融素养并对金融服务有一定了解,却仍然认为确实不需要,实际上也是一种无效需求(无参与意愿),在其他条件不变的情况下,数字信息技术不能对这一类家庭发挥作用;另一类是家庭资源

禀赋达到条件也有金融市场参与意愿的有效需求。后者依据其实际金融
服务获得再进行细分:第一种情况是达到准入要求并实际获得了金融资
产服务;第二种情况是达到了准入要求却未实际获得,这其中的原因有可
能是由于信息获取渠道受限、金融知识匮乏、交易成本较高、附加交易条
件等而进行了自我抑制,但如果消减了这些不利因素就会去争取参与金
融市场,即潜在的金融资产服务需求。只是因为某些原因受到抑制而未
能转化为实际的金融市场参与行为,这为数字信息技术能够在家庭层面
上对其参与金融市场配置资产产生积极的影响奠定了需求基础。基于
此,数字信息技术对农村家庭金融市场参与及资产选择行为的影响主要
集中在两个方面:一是对已参与金融市场并持有风险资产的家庭产生影
响,通过降低其金融信息获取成本、提高信息准确度和筛选效率,进而增
加金融市场参与频率和参与程度;二是对家庭潜在的金融资产服务需求
产生影响,随着数字信息技术的进步,由于金融服务渠道拓宽、交易成本
降低或金融知识增加而促使这类家庭获得了实际金融服务。

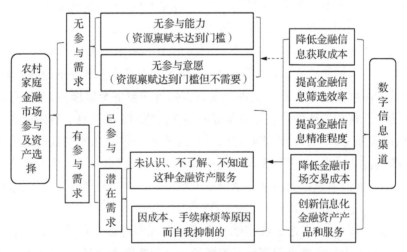

图3-3　数字信息技术对农村家庭金融市场参与及资产选择的影响

　　基于以上分析,数字通信技术水平的不断进步对激发农村家庭潜在、
多元化的金融资产需求产生了积极影响。一方面,农村家庭自身信息技
术水平的提高有助于改善原有禀赋条件,拓宽金融信息获取渠道,这使得
在传统金融供给模式下仅能从机构网点或新闻媒体获得的非常有限的金

融信息,现在则通过移动客户端的应用推送或网页浏览等方式就可以更为便利、快速、低成本地获取,大大提升了农村家庭资源禀赋状况。另一方面,通过与互联网信息技术的深度融合,金融机构创新设计出了多元化的非基础性新型数字金融服务和产品,由于具有易获取、易操作、易复制等信息化产品优势,更易于实现双向规模效应,对金融机构而言降低了其服务供给的门槛条件,同时从金融需求方面也降低了家庭获得多样化、多层次金融服务的准入要求。需要进一步说明的是,本研究所指的数字信息技术有可能激发不同农村家庭潜在的多元化的金融资产配置需求,但这并不等同于说数字信息技术能够创造出家庭金融资产需求,而是指随着数字信息技术的进步,原先被抑制的、具有潜在金融市场参与需求的农村家庭,由于金融信息渠道拓宽、获取金融知识的机会增加、信息获取成本和交易成本降低等门槛条件下降而激发了其潜在金融需求,由此进一步获得了非基础性的金融资产服务。同样对于已参与金融市场并持有风险资产的农村家庭,数字信息技术有助于提高其金融市场参与频率和风险金融资产的持有比例。

**2. 数字信息技术对农村金融服务覆盖面的影响:基于供给层面的理论解释**

金融机构在向农村家庭提供金融服务的过程中,由于这些群体财富收入水平相对较低而面临的交易成本又相对较高,同时存在"正外部性问题"(田霖,2014),抑制了金融机构的供给积极性。亚当·斯密在《国富论》中将正外部性具体描述为"在追求其本身利益时,往往也促进了社会利益",即某一个行为主体所从事的经济活动给他人带来效用增加或成本减少,表现为正向或积极的影响。然而,金融机构在向农村家庭提供金融服务时的"正外部性"却反映了不对等的权利与义务关系,是一种利益分配的非均衡状态,从而降低金融服务的供给动力。因而政府部门在进行顶层制度设计、鼓励增加对农村地区的金融供给时,往往不得不给予农村金融机构大量的财政补贴(胡元聪等,2010),这与高效、可持续地促进农村金融普惠尚存在较大差距。随着数字信息技术在金融领域的广泛应用,通过减少金融服务供给的固定成本和可变成本,形成规模经济效应,为解决传统金融供给中"正外部性"问题、扩大农村金融服务覆盖受益面提供了可行的途径。

多年发展实践证明,数字信息技术对经济的积极影响受到肯定,尤其是在培育经济新动能、提升全要素生产率、国民经济高质量发展等方面。在金融供给层面上,数字信息技术与金融供给深度融合,创新技术和供给手段通过金融资源的跨时空配置改变了传统金融供给的手段和方式,提升了金融包容性。无网点银行、手机银行和互联网金融等正是数字信息技术的广泛运用和深度创新的产物(CGAP,2008),由于易操作、可复制能力强,拓宽了金融服务的范围,使得金融服务的"长尾群体"也能以低成本基础设施获得基础性金融服务,大大降低了这部分人群的交易成本。FDC(2009)指出数字信息技术能够提供金融服务给那些金融空白的人群,降低其时间成本和交通成本,实现获取金融服务的便利化。而在发展中国家,很多人受到正规金融排斥,而手机银行解决了向贫困地区提供金融服务的渠道问题,促使低收入人群获得正规的金融服务,实现金融包容性增长(Alexander,2011)。实践经验显示,基于数字信息技术的互联网金融创新兼具数字信息技术和金融普惠双重属性,有助于缓解地理金融排斥,进一步拓展了普惠金融的深度和广度(庄雷等,2015);数字信息化的金融服务供给,进一步拓展了普惠金融的深度和广度。此外,一些理论研究成果也表明,随着农村地区数字经济新型基础设施建设的推进,农村金融服务的数字化水平逐步提升,数字信息技术驱动下的农村金融发展与金融普惠实践之间的关联性也随之增强(北京大学互联网研究中心课题组,2016)。通过互联网信息技术与传统金融服务相结合的新一代数字金融服务,不仅成为中国新发展理念下经济高质量发展的新动能,也成为推进金融普惠的新契机(阎庆民等,2015)。

### 3.1.4 数字化视角下农村家庭金融资产选择影响消费的作用机制

在凯恩斯绝对收入消费理论的基础上,Modigliani(1954)和Friedman(1957)将居民资产及家庭持久性收入纳入消费函数,认为家庭资产财富是除了当期收入外最重要的影响消费行为的因素。遵循这一理论分析框架,研究者开始尝试在传统的家庭收入资产影响消费的框架中,细分出金融资产,对农村家庭金融资产选择行为影响消费的问题进行实证检验。尽管已有文献在分析方法、调研数据、样本地区等方面不尽相同,但形成的一个基本共识结论是:金融资产有助于促进农村家庭消费(冉净斐,2004;卢建新,2015)。然而有必要指出的是,已有研究较多侧重宏观层面的分析,并且主要从实证层面上进行验证,而从理论上考察农村家庭金融资产选择行为对消费的影响机制研究明显不足。就我国农村地区现实情况而言,农村家庭作为"乡村社会的细胞"有着十分重要的地位,有效扩大农村居民消费是政府部门的长期目标之一。面对农村家庭传统农业收入增长下滑、非农领域创业支持不足和正规金融资产供给渠道受限等突出问题,如何在城乡差距、地区差异和农村内部分化的现实背景下,有效增强农村金融机构支农职能和农村金融市场资源配置效率,成为当前亟待解决的重要问题之一。因此,有必要根据我国农村金融市场和农村家庭基本特征的实际情况,从更微观的层面识别农村家庭金融资产选择行为对消费总量和消费结构的影响机理,有助于进一步剖析其影响过程,从而有针对性地为制定和设计农村金融市场政策及相关产品提供理论依据,优化农村家庭金融资产结构并增强对其消费的正向影响,提升消费效用水平。

生命周期—持久收入(LCH - PIH)理论框架以消费者具有经济理性、无借贷约束和有资产储蓄为前提,较为系统地分析了家庭资产财富和消费之间的关系,认为家庭通过跨期配置其资产财富来平滑消费,以实现整个生命周期的效用最大化。据此,图 3 - 4 对农村家庭储蓄消费和生产投资行为之间的关系进行了刻画。然而,从我国农村地区实际情况来看,信贷约束是普遍存在且较为突出的问题(程郁等,2009;杜晓山,2010);同时,农村家庭总资产构成中,土地房产等实物资产占比最大但价值低且资产价格上升空间有限,而金融资产虽然具有流动性、变现能力较强的特点,但由于受到农村正规金融资产供给约束的影响而只能以有限形式进行选择,这制约了部分农村家庭资产的跨期最优配置,进而影响其消费水平。自农村地区市场化改革以来,农村城镇化进程促进了要素流动,非农就业机会显著增加,与此同时,近年来我国政府对农村和农业的扶持力度也进一步加大,为今后一段时间内农村地区发展提供了有利的环境。因此,在修正基本假设的基础之上,可以沿用 LCH - PIH 模型的分析思路,并将其应用于我国农村家庭金融资产选择行为影响消费的理论分析之中。

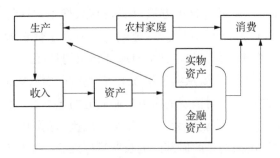

图 3-4 　基于农户模型的跨期家庭资产—消费关系

　　理论上,本文以生命周期—持久收入理论作为基础,阐释农村家庭金融资产影响消费的不同渠道作用机制。根据生命周期理论,家庭会将其金融资产平滑分配到不同时期进行消费,以实现金融资源的跨期最优配置,这意味着,农村家庭拥有的金融资产越多,相应的其消费水平越高,即通过"资产总量效应"影响家庭消费。根据持久收入假说,由于财富增加形成的财产性收入会使农村家庭消费支出增加,资产对消费有"财富效应"或"资产价格效应"。两种效应对应的政策含义有较大差异,前者可通过增加农村居民资产来实现消费水平提升,后者则说明提高金融资产回报率是拉动农村家庭消费的重要手段。如果能进一步放松对农村家庭的借贷限制,借入资金可缓解家庭流动性约束,通过平抑生产性投资或生活性支出缺口,促进农村家庭生产经营能力和人力资本水平提升,有助于从根本上提高家庭收入水平、积累资产财富,进而实现更高消费水平。同时,如果调整农村金融政策,引导和适度增加符合农村家庭特点的金融资产服务和产品的有效供给,可促进农村居民家庭金融资产结构优化,提高金融资产回报率,从而增加农村家庭财产性收入,提升消费水平。简言之,金融服务可得性提高有助于优化农村家庭既有资产资源和借贷资金的配置效率,进而最大限度地发挥农村金融市场对消费增长的支持作用,实现家庭效用最大化目标。

　　鉴于金融资产对家庭消费的"总量效应"和"价格效应"影响,增加金融服务供给成为优化农村家庭金融资产结构、提高其财产性收入进而影响家庭效用的有效途径之一。而事实上,农村家庭进行跨期金融资产配置,一方面取决于其闲置资金的数量规模和配置意愿,另一方面也受到金融资产选择成本大小的影响,主要包括信息获取成本和交易成本。如果所花费的成本很少,那么较低的成本会促进家庭金融资产配置意愿和参与程度,越有利于资产财富积累,进而影响家庭跨期消费效用水平。农村家庭在自身禀赋既定的情况下,通过传统金融渠道(如银行物理网点)获得资产配置服务是需要花费一定成本的,包括时间成本、交通成本以及相关金融服务信息的获取成本等,并且很有可能会受到地理、气候、时间等主观和客观因素的制约,因而为获得更多金融服务所付出的相应成本也越高。近年的数字农村建设为农村家庭改善原有禀赋状况提供了契机,新型数字信息渠道增加了家庭主体接触、了解更多金融服务信息的机会,有助于提高农村家庭的金融知识水平和信息筛选效率,降低金融资产的配置成本,从而激发其潜在的多元化金融资产配置需求,最终跨期影响家庭财富收入和消费效用水平。基于此,图 3-5 将数字信息渠道及相关成本纳入农村家庭跨期金融资产选择—消费决策分析框架,考察数字信息渠道与家庭金融资产选择成本以及消费效用之间的内在逻辑关系,从农村家庭持有和使用不同金融资产过程入手,进一步解释和阐明数字化视角下农村家庭金融资产通过"总量效应"和"价格效应"促进家庭消费。

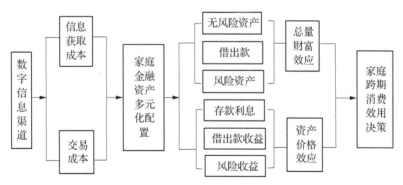

**图 3-5 数字化视角下农村家庭金融资产选择对消费的影响**

综上分析,在传统金融模式下,综合考虑我国农村地区实际情况和农村家庭资源禀赋特征,具有金融资产选择能力的农村家庭进行实际决策后,会根据内外部不同约束条件调整其生产投资和消费决策,充分体现了以家庭总效用最大化为目标的经济理性。研究表明,我国农村家庭金融资产结构较为单一,主要以无风险的现金和储蓄存款为主,家庭参与风险金融市场比例很低且风险资产基本为民间借出款。在面临借贷限制的条件下,农村家庭通过持有的储蓄存款、现金和借出款等金融资产直接或间接作用于生产经营过程和生活性支出,平抑临时性资金缺口;而无论生产性动机还是生活性动机的金融投资,都有助于促进家庭物质资本和人力资本提升,激发农村家庭的生产经营能力,实现收入水平质和量的提高,最终影响农村家庭消费,具有显性或隐性的资产财富"总量效应"。作为要素回报获得的储蓄存款利息和人情往来中受赠资源价值增加了农村家庭的财产性收入,有助于降低家庭预算约束,选择代表更高水平的消费组合,具有一定的资产财富"价格效应"。因此,农村家庭金融资产选择行为的优化和调整,在帮助其有效平抑不确定或临时性预算约束,进而直接增加家庭生产经营或必要生活性支出的可支配金融资源的同时,也为农村家庭提供了进一步优化既有金融资源配置效率的投资性机会,由此促进家庭增收以及消费效用水平的提高。此外,由于农村家庭自身资源禀赋的差异及其对金融资产组合选择的敏感程度不同,导致金融资产选择行为对农村家庭消费总量和消费结构的影响也有所差别。

由于数字信息技术提升了传统金融模式下农村家庭的资源禀赋状况,家庭通过使用数字信息渠道增加了获取金融信息、丰富金融知识的机会,提高了金融相关信息的筛选效率和精确程度,从而有助于降低其金融资产配置成本,促使其潜在的多元化金融资产服务需求转化为现实所得,进而影响农村家庭跨期金融资产选择—消费决策,达到生命周期的期望效用水平。具体而言,家庭通过金融信息化渠道获得种类更多的基础型金融服务,提升了无风险金融资产对农村家庭消费的影响效应,尤其是原先没有利息收入的手持现金可以选择"随用随取"的金融理财产品进行存储,使得以数字化形式持有的现金对家庭消费又具有一定"价格效应";家庭自身的数字信息渠道增强了其强纽带关系的可能性,提高其借出款参与度,进一步促进了上述消费影响效应,然而由于农村金融服务的数字化转型提高了部分家庭的信贷可得性,民间借出款概率下降会对资产财富效应起到一定的抑制作用;农村家庭数字信息技术水平提高显著增加了金融信息对称程度,同时金融供给的信息化新渠道交易成本更低,对家庭参与金融市场及风险资产选择具有积极效应,从而增加其获得的金融资产服务总量和红利收入,进而实现风险金融资产对家庭消费影响的促进效应。

### 3.1.5 本文研究思路

本研究在农村家庭收入提高并具有金融资产选择能力的基础之上，探讨农村家庭金融资产行为特征和选择配置的影响因素问题，同时考虑数字信息技术与金融供给的紧密结合的现实背景，考察数字信息技术对农村家庭金融资产选择的作用机制，并进一步检验数字化视角下农村家庭金融资产选择对其消费的影响作用。为避免过多的研究干扰项，这里控制住上游因素，即不讨论农村家庭具体收入来源，仅将具有一定收入财富基础并有金融资产需求的农村家庭作为研究对象，进而从经济学理论和我国农村现实两个层面剖析验证数字化视角下农村家庭金融资产选择行为及其对消费的影响机制。以上阐述的三个部分层层递进，互相联系，形成本文数字化视角下我国农村家庭金融资产选择及其消费问题研究的逻辑思路。

首先，农村地区特定的现实情况决定了农村微观经济主体"家庭"需要金融支持。农村家庭内部共享收入、共担风险，以收益和效用最大化为原则对家庭劳动力资本和物质资本进行农业或非农业的策略性选择，市场化的环境为其经济理性假设成立提供了前提条件。已有理论和实证研究结果表明：作为"生产者、消费者和资产投资者"，农村家庭既面临消费和储蓄之间的分配决策，也面临生产投资和资产投资间的分配选择，特别是在我国农村地区普遍存在信贷约束的情况下，金融可得性受限会制约部分农村家庭资产跨期选择，难以满足其金融资产需求，不利于农村家庭收入财富增值以及引导家庭成员的健康消费需求，提高家庭福利水平。农村家庭参与金融市场进行金融资产选择的情况，会由于家庭资源禀赋和地区经济金融环境等条件的不同而存在较明显差异，因此，根据经济学基本原理，遵循经济理性这一前提假设，农村家庭金融资产选择决策受到内部要素（农村家庭资源禀赋）和外部环境（地区经济金融条件）的共同影响，这是分析农村家庭金融资产选择行为及其对收入影响的前提和基础。

其次，农村家庭金融资产按照风险程度可分为无风险资产和风险资产两大类，也可根据配置渠道分为正规金融资产和非正规金融资产。研究发现，农村家庭表现出来的金融资产选择偏好，实际上是一种被动的选择，也是在既定约束下的一种理性选择结果，其行为决策目标是家庭长期效用最大化。因此,从理论上对这一现象和问题进行深入探究,有助于全面理解农村家庭金融资产选择行为。与之相对应的可能的政策含义是,农村金融政策制定与金融服务产品设计应充分考虑如何符合农村家庭的资源禀赋特征,提高多样化正规金融资产配置渠道的可得性,为有金融资产需求的农村家庭提供必要的增加财产性收入的有效途径。实践表明,现实中传统金融模式下,由于农村正规渠道金融资产供给条件受限、可选择的金融产品较少,出于预防性动机和偏好流动性的选择动机,农村家庭金融资产存量以正规无风险的储蓄存款为主,几乎不持有正规的风险金融资产;风险金融资产特征表现为非正规的民间借出款,在一定程度上增加了农村非正规借贷供给,弥补了农村正规金融供给不足。如果正规无风险金融资产和借出款都有助于提高农村家庭效用水平,那么正规金融机构有必要拓宽金融资产配置渠道及其可得性,同时需要增加农村信贷供给、缓解借贷限制,为农村家庭增收提供条件。

第三,在梳理传统金融模式下受信贷约束和金融资产供给渠道受限双重约束的农村家庭金融资产选择的内在逻辑的基础上,本文充分考虑了农村地区数字经济新型基础设施建设、农村网民规模及互联网普及率不断提高、农村金融服务数字化水平逐渐提升等现实背景,从农村家庭和金融机构供给两个层面探讨数字信息技术影响农村家庭金融市场参与及资产选择行为的一般作用机制。在家庭层面上,数字信息技术为农村家庭提供了更多金融资产服务的信息渠道,家庭自身数字信息技术水平提高也显著增加了金融资产产品和服务的信息对称程度,能够更为便捷地了解和获得正规金融服务,对激发农村家庭潜在的、多元化的金融需求以及参与金融市场产生积极效应,也是对传统社会网络渠道的一种重要补充。同时,对于已参与金融市场并持有风险资产的农村家庭,通过降低金融资产配置成本,进而增加其金融市场参与频率和参与程度。在金融供给层面上,由于农村金融机构运行效率相对不高并且其服务对象原有禀赋条件普遍较低,往往会降低向农村地区家庭提供金融服务的意愿。通过与互联网信息技术的深度融合,创新设计出了多元化的非基础性新型数字金融服务和产品,由于具有易获取、易操作、易复制等信息化产品优势,更易于产生双向规模效应,对金融机构而言降低了其服务供给的门槛条件,同时从金融需求方面也降低了家庭获得多样化、多层次金融服务的准入要求,金融包容性水平得以提高。

最后,在分析和解释不同金融模式下农村家庭金融资产选择行为的产生背景及原因后,本文将进一步探究数字化视角下农村家庭金融资产选择行为是如何影响消费的,其影响方向和影响程度是否存在一定差异。为此,本研究尝试基于生命周期—持久收入理论对家庭资产财富影响农村家庭消费决策的一般机制进行阐述,并结合农户经济学理论,构建附加约束的农村家庭跨期金融资产选择—消费决策的一般均衡模型,具体考察农村家庭金融资产投资行为对促进家庭物质资本和人力资本提升的影响机制。同时充分考虑我国数字农村推进发展的现实背景,将数字信息渠道及相关成本纳入上述扩展模型,考察农村家庭不同金融资产对其消费的具体影响机制。在理论分析基础上,建立计量模型检验数字化视角下农村家庭金融资产选择对总消费、生存型消费、发展型消费和享受型消费的影响及其差异。

## 3.2 数据使用与样本情况

### 3.2.1 调查数据来源说明

关于农村家庭金融资产数据来源主要有以下几个方面:第一,宏观数据如国家统计局《统计年鉴》《中国住户调查年鉴》《中国城镇家庭调查》等,但难以把握和反映微观家庭个体行为特征。第二,农业部固定观测点数据,但由于未向公众公开,获取有一定困难。第三,我国一些研究机构开展的家庭金融状况调查项目数据。例如,西南财经大学与中国人民银行总行金融研究所共同开展的中国家庭金融调查(CHFS),从 2011 年开始,每两年一次的全国范围家庭金融情况调查,目前已进行五次,试图构建我国家庭金融情况调查的面板数据库;北京大学国家发展研究院主持开展的中国健康与养老追踪调查数据(CHARLS),但侧重点有所不同,未能对家庭户的金融资产、实物资产等具体情况进行调查,因此本文所研究农村家庭资产对消费的影响会受到限制;清华大学中国金融研究中心开展的消费金融调研;等等。此外,还有研究者自行调研的数据,通常会受限于调研动用的人力财力,因而样本数据量一般较小,样本覆盖面也不大。

基于以上分析,本文分析所使用的数据来自西南财经大学中国家庭金融调查与研究中心 2011 年、2013 年、2015 年和 2017 年在全国范围内开展的四次调查。第一次调查覆盖全国 25 个省(自治区、直辖市)、80 个县(区、县级市)、320 个社区(村委会),共 8 438 个家庭,其中农村家庭为 3 244 户,占比 38.45%。第二次调查覆盖全国 29 个省(自治区、直辖市)、267 个县(区、县级市)、1 048 个社区(村委会),共 28 141 个家庭,其中农村家庭为 8 932 户,占比 31.74%。第三次调查样本覆盖全国 29 个省(自治区、直辖市)、351 个县(区、县级市)、1 396 个社区(村委会),共 37 289 个家庭,其中农村家庭 11 654 户,占比 31.25%。第四次调查样本覆盖全国 29 个省(自治区、直辖市)、355 个县(区、县级市)、1 428 个社区(村委会),共 40 011个家庭,其中农村家庭 12 247 户,占比 30.61%。中国家庭金融调查问卷内容主要包括家庭人口统计学特征、资产与负债、保险与保障、支出与收入四大部分①,拥有详细的我国农村家庭各项金融资产及其相关信息。

为尽可能保证问卷信息的真实性和完整性,中国家庭金融调查采用了分层、三阶段与人口规模成比例(PPS)抽样设计方法,其权重为该抽样单位的户数或人口数。以 2011 年调查为例,初级抽样单元为 25 个省(自治区、直辖市)、2 585 个县(区、县级市),第二阶段抽样直接从县、市、区中抽取社区、村、居委会,最后根据城乡和地区经济发展水平,在每个社区、村、居委会采用地图地址法汇出住宅分布图,末端随机抽样数设定在 20～50 个家庭,平均户数约为 25 户。从数据代表性和调查质量来看,通过与国家统计局公布的相关类别数据进行对比分析,可以证实 CHFS 调查结果具有全国代表性和广泛一致性的结论是有可靠依据的②。

---

① 其中,人口统计学特征包含了受访家庭的基本信息、主观风险态度、金融知识等;资产与负债部分涉及家庭非金融资产、金融资产和负债等情况;保险和保障包括家庭社会保障和商业保险等情况;支出与收入包括家庭消费性支出、转移性收支等各项支出与收入情况。

② CHFS 运用计算机辅助调查系统(Computer Assisted Personal Interview,CAPI)入户调查访问,调查采用了多项措施控制抽样误差和非抽样误差统计方法,数据的人口统计学特征与国家统计局公布的数据非常一致。就家庭规模而言,国家统计局公布的农村家庭规模和 CHFS 权重调整后的农村家庭规模分别为 3.98 人和 3.76 人,具有一致性;国家统计局和 CHFS 统计的人口平均年龄分别为 36.87 岁和38.09 岁,二者非常接近;按地区计算农村人口比例,国家统计局和 CHFS 统计的农村人口比例分别为 48.7%和 48.6%,几乎一致;对农村人均收入的比较,CHFS 数据为 7 045 元,比统计局数据 6 877 元高出 2.44%。

### 3.2.2 样本基本情况

为了对 CHFS 所调查样本情况有一个基本了解和判断,并为第 4 章、第 5 章、第 6 章和第 8 章的实证分析提供统计数据基础,下面结合后面章节部分实证分析的需要,对样本地区的农村经济金融服务情况和农村家庭情况进行初步的描述性统计分析。

**1. 样本省(自治区、直辖市)基本经济情况**

从样本省(自治区、直辖市)的基本情况来看(见表 3 - 1),2017 年全国第一产业产值占总产值的比重为 7.9%,其中,北京、天津、山西、吉林、上海、江苏、浙江、山东、福建、广东、重庆、宁夏等 12 省(自治区、直辖市)的这一比重低于全国水平;全国第三产业产值占总产值的比重为 51.6%,其中,北京、天津、山西、辽宁、黑龙江、上海、江苏、浙江、广东、海南、甘肃、内蒙古等 12 省(自治区、直辖市)的这一比重持平或高于全国水平。说明这些省份服务业较发达,为农村居民进入非农生产领域、收入来源多样化提供了有利条件。全国人均地区生产总值为 59 660 元,其中,北京、天津、上海、江苏、浙江、山东、福建、广东、重庆等 9 省均远超全国人均水平,反映出东部地区省份经济发展水平普遍高于中西部省份。全国农村居民人均可支配收入 13 432.4 元,与这一平均水平相差较大的省份有山西、广西、贵州、云南、陕西、甘肃、青海、宁夏等 8 省(自治区);全国农村居民人均消费支出为 10 954.5 元,低于这一平均水平且人均消费支出小于 8 300 元的样本省份仅有贵州、云南、甘肃三省。说明这些省份的农村居民的生产经营不仅受到农业自然资源禀赋的制约,同时还取决于各地区生产投资水平、农业技术和政策支持以及地区经济金融环境等条件,因此,这些因素综合作用于农村地区居民的收入、资产负债、保险保障和支出消费等家庭金融的各方面。总体来看,各地区经济发展水平、产业比重、农村居民收入水平和消费水平之间是相关的,能够反映各省(自治区、直辖市)的基本状况,为本研究的作用机制分析和实证检验提供了宏观层面的数据支持。

表 3-1    2017 年样本省(自治区、直辖市)基本情况

| 省(自治区、直辖市) | 地区生产总值(亿元) | 其中:第一产业比重(%) | 第二产业比重(%) | 第三产业比重(%) | 人均地区生产总值(元) | 农村居民人均可支配收入(元) | 农村居民人均消费支出(元) |
|---|---|---|---|---|---|---|---|
| 北京 | 28 014.9 | 0.4 | 19.0 | 80.6 | 128 994 | 24 240.5 | 18 810.5 |
| 天津 | 18 549.2 | 0.9 | 40.9 | 58.2 | 118 944 | 21 753.7 | 16 385.9 |
| 河北 | 34 016.3 | 9.2 | 46.6 | 44.2 | 45 387 | 12 880.9 | 10 535.9 |
| 山西 | 15 528.4 | 4.6 | 43.7 | 51.7 | 42 060 | 10 787.5 | 8 424.0 |
| 辽宁 | 23 409.2 | 8.1 | 39.3 | 52.6 | 53 527 | 13 746.8 | 10 787.3 |
| 吉林 | 14 944.5 | 7.3 | 46.8 | 45.8 | 54 838 | 12 950.4 | 10 279.4 |
| 黑龙江 | 15 902.7 | 18.6 | 25.5 | 55.8 | 63 764 | 12 664.8 | 10 523.9 |
| 上海 | 30 633.0 | 0.4 | 30.5 | 69.2 | 126 634 | 27 825.0 | 18 089.8 |
| 江苏 | 85 869.8 | 4.7 | 45.0 | 50.3 | 107 150 | 19 158.0 | 15 611.5 |
| 浙江 | 51 768.3 | 3.7 | 42.9 | 53.3 | 92 057 | 24 955.8 | 18 093.4 |
| 安徽 | 27 018.0 | 9.6 | 47.5 | 42.9 | 43 401 | 12 758.2 | 11 106.1 |
| 江西 | 20 006.3 | 9.2 | 48.1 | 42.7 | 43 424 | 13 241.8 | 9 870.4 |
| 山东 | 72 634.2 | 6.7 | 45.4 | 48.0 | 72 807 | 17 117.5 | 10 342.1 |
| 河南 | 44 552.8 | 9.3 | 47.4 | 43.3 | 46 674 | 12 719.2 | 9 211.5 |
| 湖北 | 35 478.1 | 9.9 | 43.5 | 46.5 | 60 199 | 13 812.1 | 11 632.5 |
| 湖南 | 33 902.7 | 8.8 | 41.7 | 49.4 | 49 558 | 12 935.8 | 11 533.6 |
| 福建 | 32 182.1 | 6.9 | 47.7 | 45.4 | 82 677 | 16 334.8 | 14 003.4 |
| 广东 | 89 705.2 | 4.0 | 42.4 | 53.6 | 80 932 | 15 779.7 | 13 199.6 |
| 广西 | 18 523.3 | 15.5 | 40.2 | 44.2 | 38 102 | 11 325.5 | 9 436.6 |
| 海南 | 4 462.5 | 21.6 | 22.3 | 56.1 | 48 430 | 12 901.8 | 9 599.4 |

续　表

| 省(自治区、直辖市) | 地区生产总值(亿元) | 其中:第一产业比重(%) | 第二产业比重(%) | 第三产业比重(%) | 人均地区生产总值(元) | 农村居民人均可支配收入(元) | 农村居民人均消费支出(元) |
|---|---|---|---|---|---|---|---|
| 重庆 | 19 424.7 | 6.6 | 44.2 | 49.2 | 63 442 | 12 637.9 | 10 936.1 |
| 四川 | 36 980.2 | 11.5 | 38.7 | 49.7 | 44 651 | 12 226.9 | 11 396.7 |
| 贵州 | 13 540.8 | 15.0 | 40.1 | 44.9 | 37 956 | 8 869.1 | 8 299.0 |
| 云南 | 16 376.3 | 14.3 | 37.9 | 47.8 | 34 221 | 9 862.2 | 8 027.3 |
| 陕西 | 21 898.8 | 8.0 | 49.7 | 42.4 | 57 266 | 10 264.5 | 9 305.6 |
| 甘肃 | 7 459.9 | 11.5 | 34.3 | 54.1 | 28 497 | 8 076.1 | 8 029.7 |
| 青海 | 2 624.8 | 9.1 | 44.3 | 46.6 | 44 047 | 9 462.3 | 9 902.7 |
| 宁夏 | 3 443.6 | 7.3 | 45.9 | 46.8 | 50 765 | 10 737.9 | 9 982.1 |
| 内蒙古 | 16 096.2 | 10.2 | 39.8 | 50.0 | 63 764 | 12 584.3 | 12 184.4 |
| 全国 | 827 121.7 | 7.9 | 40.5 | 51.6 | 59 660 | 13 432.4 | 10 954.5 |

数据来源:《中国统计年鉴—2018》《中国农村统计年鉴—2018》。

## 2. 样本地区农村金融服务基本情况

表 3 - 2 中数据为 2008—2016 年全部金融机构农村(县及县以下)"三农"贷款供给情况。总体看来,农村(县及县以下)贷款占各项贷款余额比重略有下降,农户贷款占各项贷款余额比重有所上升,农林牧渔业贷款比例持续下降但余额同比保持增长。这可能是受到银监会近年来颁布的系列农村金融新政和指导意见的积极影响,农村金融机构数量增加,涉农和农户贷款比例持续上升。根据《中国农村金融服务报告(2018)》数据,我国从 2007 年开始新增涉农贷款项目统计,在 2007—2018 年的 12 年期间,所有金融机构涉农贷款余额由 6.1 万亿元增至 32.7 万亿元,年均增速为 16.5%。

表 3-2　2008—2016 年涉农及"三农"贷款基本情况(%)

| 年份<br>类型 | 2008 | 2009 | 2010 | 2011 | 2012 | 2013 | 2014 | 2015 | 2016 |
|---|---|---|---|---|---|---|---|---|---|
| 农村贷款 | 17.4 | 17.5 | 19.2 | 20.9 | 21.6 | 22.6 | 23.2 | 22.8 | 21.6 |
| 农林牧渔业贷款 | 4.9 | 4.6 | 4.5 | 4.2 | 4.1 | 4.0 | 4.0 | 3.8 | 3.4 |
| 农户贷款 | 4.7 | 4.7 | 5.1 | 5.3 | 5.4 | 5.9 | 6.4 | 6.5 | 6.6 |

数据来源:中国人民银行农村服务研究小组《中国农村金融服务报告(2016)》。

为彻底改善偏远和农村地区所存在的基础金融零服务,银监会于 2009 年 10 月正式启动"空白乡镇全覆盖"工作,持续推进农村金融服务主力军农信社的商业化改制,实现涉农金融机构数、营业网点数和从业人员数的同步增长(见表 3-3),截至 2018 年年末,农村地区银行网点超过 12.66 万个,每万人拥有银行网点 1.31 个,县均、乡均和村均网点分别为 56.41 个、3.95 个和 0.24 个[①]。另一方面,大力推动金融基础设施建设和数字普惠金融服务,努力构建多层次、广覆盖、适度竞争的农村金融服务体系,通过信用信息体系建设,设置标准化便民服务点和自助服务终端,引导和鼓励金融机构提高行政村基础金融服务覆盖率。《2019 年中国普惠金融发展报告》[②]数据显示,2019 年 6 月末,全国乡镇银行业金融机构覆盖率为 95.65%,行政村基础金融服务覆盖率为 99.2%,银行卡助农取款服务点已达 82.3 万个。总体看来,农村地区已基本实现"人人有结算账户、乡乡有 ATM、村村有 POS",农村金融服务可得性大幅提升,服务质量也得到较大改善。而随着数字乡村工程的推进,数字化金融产品和服务供给也不断增加,有效降低了农村家庭获得多样化、多层次金融服务的准入条件。但同时也要看到,农村金融供需缺口问题仍然较为严峻,围绕乡村振兴战略进行的农村金融供给侧改革的任务依然艰巨。

---

① 数据来源于 2019 年 4 月 2 日中国人民银行发布的《2018 年农村地区支付业务发展总体情况》。

② 2019 年 9 月 29 日,中国银保监会、中国人民银行联合发布《2019 年中国普惠金融发展报告》。

表 3 - 3　主要涉农金融机构相关情况

(单位:家;个;人)

| 机构名称 | 机构数 | | | | 营业网点数 | | | | 从业人员数 | | | |
|---|---|---|---|---|---|---|---|---|---|---|---|---|
| | 2010 | 2012 | 2014 | 2016 | 2010 | 2012 | 2014 | 2016 | 2010 | 2012 | 2014 | 2016 |
| 农村信用社 | 3 056 | 1 927 | 1 596 | 1 125 | 60 325 | 49 034 | 42 201 | 28 285 | 570 366 | 502 829 | 423 992 | 297 083 |
| 农村商业银行 | 43 | 337 | 665 | 1 114 | 7 259 | 19 910 | 32 776 | 49 307 | 66 317 | 220 042 | 373 635 | 558 172 |
| 农村合作银行 | 196 | 147 | 89 | 40 | 8 134 | 5 463 | 3 269 | 1 381 | 74 776 | 55 822 | 32 614 | 13 561 |
| 村镇银行 | 148 | 800 | 1 153 | 1 443 | 193 | 1 426 | 3 088 | 4 716 | 3 586 | 30 508 | 58 935 | 81 521 |
| 贷款公司 | 8 | 14 | 14 | 13 | 8 | 14 | 14 | 13 | 75 | 111 | 148 | 104 |
| 农村资金互助社 | 16 | 49 | 49 | 48 | 16 | 49 | 49 | 48 | 96 | 421 | 521 | 589 |
| 合计 | 3 467 | 3 274 | 3 566 | 3 783 | 75 935 | 75 896 | 81 397 | 83 750 | 715 216 | 809 733 | 889 845 | 951 030 |

数据来源:中国银监会。

### 3. 样本农村家庭基本特征

农村家庭的个体及家庭特征是其金融资产选择行为的最基本影响因素,本章这一部分将具体分析样本家庭基本情况,主要包括户主年龄、受教育程度、人口、收入等特征变量。汇总处理结果的具体描述性分析如下:

(1) 样本农村家庭户主年龄情况。

从户主年龄来看,2013 年和 2017 年样本平均年龄为 53.73 岁和 56.94 岁,主要集中在 40 岁以上。根据表 3-4 统计结果,2013 年和 2017 年样本农村家庭户主的年龄分布具体情况如下:0~40 岁的样本农村家庭分别有 1 310 户和 1 020 户,占全部农村家庭的比例分别为 14.67%和 8.42%;41~50 岁的样本农村家庭分别有 2 614 户和 2 785 户,占全部农村家庭的比例分别为 29.27%和 22.98%;51~60 岁的样本农村家庭分别有 2 293 户和 3 387 户,占全部农村家庭的比例分别为 25.67% 和 27.95%;60 岁以上的样本农村家庭分别有 2 715 户和 4 926 户,占全部农村家庭的比例分别为 30.39%和 40.65%。从时间分布来看,近年来户主 50 岁以下的农村家庭比例下降,而 50 岁以上的农村家庭占比大幅提高,反映出在城镇化发展进程中,经济发展水平较高的地区,非农就业机会也相对较多,吸引年轻劳动力进城工作或在城镇安家落户。分地区来看,东部、中部和西部地区户主 40 岁以下的农村家庭与其他年龄组相比,均在当地样本总量中比例最低。这说明在我国农村地区,年轻人外出打工的现象仍较为普遍,但是 41~50 岁之间的比重较高,这与农民工回流的现状相符合,许多农民工放弃在城市的工作和生活返回家乡,一方面反映了农村地区发展条件和创业环境得到改善,另一方面也说明城市谋生打工的成本—收益比提高。此外,60 岁以上户主样本家庭比例较高,一方面反映了年长者具有更浓厚的乡土观念,另一方面也说明我国农村社会养老和医疗保障体系不断完善,促进了农村地区老年居民的整体福利水平。

表 3-4 户主年龄分布情况(%)

| | 东部 | | 中部 | | 西部 | | 样本总体 | |
|---|---|---|---|---|---|---|---|---|
| | 2013 年 | 2017 年 | 2013 年 | 2017 年 | 2013 年 | 2017 年 | 2013 年 | 2017 年 |
| 0~40 岁 | 13.86 | 7.26 | 13.34 | 8.10 | 17.33 | 10.77 | 14.67 | 8.42 |

|  | 东部 |  | 中部 |  | 西部 |  | 样本总体 |  |
|---|---|---|---|---|---|---|---|---|
|  | 2013 年 | 2017 年 | 2013 年 | 2017 年 | 2013 年 | 2017 年 | 2013 年 | 2017 年 |
| 41～50 岁 | 27.63 | 20.57 | 28.49 | 22.53 | 32.20 | 27.48 | 29.27 | 22.98 |
| 51～60 岁 | 27.26 | 30.21 | 26.47 | 27.94 | 22.74 | 24.33 | 25.67 | 27.95 |
| 60 岁以上 | 31.24 | 41.96 | 31.68 | 41.43 | 27.73 | 37.42 | 30.39 | 40.65 |

数据来源:根据 CHFS(2013,2017)调查数据整理所得。

(2) 样本农村家庭户主受教育程度情况。

从户主受教育程度来看,主要集中在小学和初中。从表 3 - 5 可以看出,2013 年和 2017 年样本农村家庭户主的年龄分布具体情况如下:没上过学的分别有 1 286 户和 1 582 户,所占比例分别为 14.4％和 13.05％;小学文化程度的分别有 3 456 户和 4 795 户,所占比例分别为 38.69％和39.57％;初中文化程度的分别有 3 155 户和 4 312 户,占比分别为35.32％和35.58％;高中和中专文化程度的分别有 937 户和 1 271 户,占比均为 10.49％;大专及以上文化程度的分别有 98 户和 160 户,占比分别为1.09％和 1.32％。分地区来看,东部地区初中文化程度及以上各组的农村家庭占比均高于中部和西部的农村家庭,这说明东部地区由于经济发展条件相对较好,教育资源、基础设施和文化资源的配置也相对充分,整体教育水平较中西部更高。从总体来看,我国农村家庭受教育程度较以往有很大提高,大多数农村家庭更为注重通过接受教育来提升家庭人力资本和生产经营效率。

表 3 - 5 户主文化程度分布情况(％)

|  | 东部 |  | 中部 |  | 西部 |  | 样本总体 |  |
|---|---|---|---|---|---|---|---|---|
|  | 2013 年 | 2017 年 | 2013 年 | 2017 年 | 2013 年 | 2017 年 | 2013 年 | 2017 年 |
| 没上过学 | 12.19 | 10.67 | 12.65 | 11.79 | 19.28 | 18.68 | 14.40 | 13.05 |
| 小学 | 36.33 | 36.53 | 37.86 | 40.14 | 42.56 | 43.67 | 38.69 | 39.57 |
| 初中 | 38.27 | 38.24 | 37.02 | 36.68 | 29.63 | 29.74 | 35.32 | 35.58 |
| 高中、中专 | 12.09 | 12.92 | 11.32 | 10.03 | 7.52 | 7.21 | 10.49 | 10.49 |
| 大专 | 0.89 | 1.17 | 0.84 | 0.94 | 0.85 | 0.47 | 0.86 | 0.92 |
| 大学以上 | 0.23 | 0.47 | 0.30 | 0.42 | 0.15 | 0.23 | 0.23 | 0.40 |

数据来源:根据 CHFS(2013,2017)调查数据整理所得。

（3）样本农村家庭规模情况。

从农村家庭规模来看,2013 年和 2017 年样本地区农村家庭平均人口分别为 4.02 人和 3.98 人,以小型化为主。表 3-6 结果显示,2013 年和 2017 年样本农村家庭规模在 2 人及以下的分别有 2 102 户和 2 785 户,占全部农村家庭的比例分别为 23.53％和 22.98％;家庭规模在 3～4 人的分别有 3 571 户和 4 808 户,占全部农村家庭的比例分别为 39.98％和 39.68％;家庭规模在 5～6 人的分别有 2 550 户和 3 469 户,占全部农村家庭的比例分别为 28.55％和 28.63％;家庭规模在 7 人及以上的分别有 709 户和 1 055 户,占全部农村家庭的比例分别为 7.93％和 8.71％。分地区来看,东部地区农村家庭人口规模更趋向于小型化,2013 年和 2017 年家庭规模在 2 人及以下的家庭占比分别为 25.88％和 26.12％,3～4 人的家庭占比分别为 40.83％和 42.05％,均高于中部和西部的相同组别家庭比例,在一定程度上反映出经济发达地区的传统家庭观念逐渐趋于淡化。

表 3-6  农村家庭人口规模分布情况(%)

|  | 东部 | | 中部 | | 西部 | | 样本总体 | |
|---|---|---|---|---|---|---|---|---|
|  | 2013 年 | 2017 年 | 2013 年 | 2017 年 | 2013 年 | 2017 年 | 2013 年 | 2017 年 |
| ≤2 人 | 25.88 | 26.12 | 25.45 | 24.33 | 20.64 | 21.56 | 23.53 | 22.98 |
| 3～4 人 | 40.83 | 42.05 | 39.01 | 40.44 | 40.23 | 40.76 | 39.98 | 39.68 |
| 5～6 人 | 26.77 | 25.52 | 28.49 | 28.11 | 30.72 | 29.45 | 28.55 | 28.63 |
| ≥7 人 | 6.50 | 6.31 | 7.05 | 7.12 | 8.41 | 8.23 | 7.93 | 8.71 |

数据来源:根据 CHFS(2013,2017)调查数据整理所得。

（4）样本农村家庭总收入情况。

从农村家庭收入情况来看,2017 年样本家庭户均总收入为 3.29 万元。从表 3-7 可以看出,样本农村家庭总收入的各分组比例较为平均,0～0.3 万元的农村家庭有 2 498 户,占全部样本家庭的比例为 21.87％;0.3 万～1 万元的农村家庭有 2 569 户,占比为 22.49％;1 万～5 万元的农村家庭有 3 879 户,占比为 33.96％;5 万元以上的农村家庭有 2 475 户,占比 21.67％,这一比例与 2011 年(仅占 4.95％)相比有较大幅度提升。分地区来看,东部地区样本农村家庭总收入在 5 万元以上的占比均高于中部和西部地区,这与我国各区域的总体发展水平相符,经济发达地区的农村家庭收入水平也相应地更高。而东部地区在 0.3 万元以下的样本家庭占比也高,反映出贫富差距较大。

表 3-7 农村家庭总收入分布情况(%)

| | 东部 | 中部 | 西部 | 样本总体 |
|---|---|---|---|---|
| 0～0.3 万元 | 22.11 | 21.53 | 21.97 | 21.87 |
| 0.3 万～1 万元 | 20.11 | 23.45 | 24.85 | 22.49 |
| 1 万～5 万元 | 32.50 | 35.11 | 34.64 | 33.96 |
| 5 万元以上 | 25.28 | 19.91 | 18.53 | 21.67 |

数据来源:根据 CHFS(2017)调查数据整理所得。

## 3.3 农村家庭基本现状分析

根据前文对样本地区的农村经济金融服务情况和农村家庭基本人口特征的描述,为了考察数字化视角下农村家庭金融资产选择行为特征及其对消费的影响,进而从理论和实证两个层面提供合理的解释和检验,本章这一部分将描述和分析样本农村家庭的金融资产配置的基本特征、数字信息化现状以及消费的基本情况。

### 3.3.1 农村家庭金融资产配置的基本特征

#### 1. 金融资产总量

根据 CHFS 四次调查数据的统计结果:截至 2011 年 8 月,我国农村家庭总资产均值为 35.85 万元,中位数为 13.8 万元,虽然户均资产较高,但分布极为不均衡,资产超过均值的农村家庭仅占 21.34%。其中,农村家庭户均金融资产为 1.96 万元,中位数为 0.3 万元,占总资产比重为 8.2%,均值和中位数差异较大,说明在农村家庭之间的分布同样也很不均匀。截至 2013 年 8 月,我国农村家庭户均总资产为 31.72 万元[1],

---

① 由于 CHFS 历次调查的样本调查地区、范围、数量等有所不同,因此家庭资产统计结果并不一定表现为与总体经济水平增长同步上升。但以历次调查数据为基础,能够概括我国农村家庭资产的基本特征。

23.7%的农村家庭超过均值水平,较第一次调查略有提高,但资产财富分布仍然极为不均;分地区来看,东部、中部和西部户均总资产分别为43.22万元、24.43万元和28.53万元,不同地区差距较为显著。农村家庭金融资产平均值为2.32万元,分地区来看,东部、中部和西部地区家庭金融资产占比分别为7.6%、7.2%和6.2%,呈现出从东部到西部逐步下降的趋势。截至2015年8月,我国农村家庭金融资产平均值为2.58万元,其中,东部、中部和西部户均金融资产分别为2.99万元、1.68万元和1.32万元,中部和西部地区之间的户均金融资产差距较小,而中西部和东部地区之间的差距较为显著。截至2017年8月,我国农村家庭户均资产为37.17万元,有25.49%的样本家庭超过平均水平;金融资产平均值为2.72万元。分地区来看,东部、中部和西部户均金融资产分别为3.65万元、2.29万元和1.84万元,金融资产占比分别为13.24%、11.93%和10.23%,总体水平呈逐年增加趋势,但地区差异表现为由东向西依次递减。

**2.金融资产结构**

CHFS调查问卷中,农村家庭金融资产主要包括储蓄存款、现金、借出款、社保账户余额、股票、债券、基金、衍生品、金融理财产品、非人民币资产、黄金和保险等。根据表3-8统计结果,截至2011年8月,我国农村家庭金融资产平均值为1.96万元,储蓄存款、现金、借出款、股票债券基金等其他各项的占比分别为54.7%、15.6%、16.0%和3.4%。截至2013年8月,我国农村家庭金融资产平均值为2.32万元,其中以上四项占比分别为56.8%、15.8%、13.9%和2.8%。截至2017年8月,我国农村家庭金融资产平均值为2.72万元,其中以上四项占比分别为56.1%、13.5%、12.7%和2.2%。由以上计算分析可以得出:储蓄、现金和借出款构成了我国农村家庭金融资产的主体。此外,样本农村家庭中,有80.86%的家庭参加了社会养老保险,其中,70.83%家庭参加的是新型农村社会养老保险,10.03%家庭参加了城职保、城居保等其他社会养老保险;有94.19%的农村家庭参加了社会医疗保险,其中,87.94%家庭参加了新型农村合作医疗保险,6.25%家庭参加了城职医保、城居医保等其他社会医疗保险。

表 3-8 农村家庭金融资产构成情况

| | 2011 年 | 2013 年 | 2017 年 |
|---|---|---|---|
| 户均金融资产(万元) | 1.96 | 2.32 | 2.72 |
| 储蓄存款(%) | 54.7 | 56.8 | 56.1 |
| 现金(%) | 15.6 | 15.8 | 13.5 |
| 借出款(%) | 16.0 | 13.9 | 12.7 |
| 股票、债券、基金等其他各项(%) | 3.4 | 2.8 | 2.2 |

数据来源:根据 CHFS(2011,2013,2017)调查数据整理所得。

### 3. 配置渠道

从配置渠道构成来看,农村家庭的金融资产行为可分为参与正规和非正规这两类市场。正规金融行为是指农村家庭通过正规金融市场渠道进行家庭闲置资金资源的选择和配置,以实现家庭收入财富的保值增值,有明确契约、手续完备,受法律保障,主要包括家庭参与并持有储蓄存款、股票、债券、基金、衍生品、理财、保险等金融服务和产品。非正规金融行为是指农村家庭参与的非经金融部门批准的家庭闲置资金出让行为,主要包括家庭参与民间借入市场。根据家庭金融资产构成情况(见表 3-8),农村家庭正规金融资产总量远大于非正规金融资产总量。就农村家庭金融资产选择行为来看,根据表 3-9 统计数据,有金融资产需求且完成实际配置的样本农村家庭中,正规和非正规金融资产总体上以中低水平为主,主要分布在 5 万元以下,其中,0~0.5 万元的农村家庭分别有 6 105 户和 417 户,占有正规和非正规金融资产配置样本家庭的比例分别为55.69%和27.15%;0.5 万~1 万元的农村家庭分别有 1 353 户和 288 户,占比分别为 12.34%和18.75%;1 万~5 万元的农村家庭分别有 2 219 户和 598 户,分别占比为 20.25%和38.93%;5 万元以上的农村家庭分别有1 284 户和 233 户,各自占比分别为 11.71%和 15.17%。分地区来看,东部地区样本农村家庭在 1 万元以上组别的占比均高于中部和西部地区家庭,这说明经济发达地区农村家庭具有较高的金融资产选择配置能力,但是无论在东部还是中西部地区,农村家庭参与股票、债券、基金等正规金融市场的概率和参与程度都表现出非常低的水平。

表 3 - 9  农村家庭金融资产配置渠道分布(%)

| | 正规配置渠道 | | | | 非正规配置渠道 | | | |
|---|---|---|---|---|---|---|---|---|
| | 东部 | 中部 | 西部 | 总体 | 东部 | 中部 | 西部 | 总体 |
| 0～0.5万元 | 50.42 | 59.88 | 58.82 | 55.69 | 25.36 | 26.20 | 32.51 | 27.15 |
| 0.5万～1万元 | 11.97 | 13.03 | 11.99 | 12.34 | 17.72 | 18.50 | 21.36 | 18.75 |
| 1万～5万元 | 22.64 | 17.37 | 20.30 | 20.25 | 40.20 | 39.69 | 34.98 | 38.93 |
| 5万～10万元 | 6.86 | 5.54 | 5.25 | 6.02 | 10.23 | 9.44 | 7.43 | 9.38 |
| 10万～20万元 | 4.71 | 2.34 | 2.39 | 3.34 | 3.89 | 3.47 | 1.24 | 3.19 |
| 20万元以上 | 3.40 | 1.85 | 1.25 | 2.35 | 2.60 | 2.70 | 2.48 | 2.60 |

数据来源:根据 CHFS(2017)调查数据整理所得。

#### 4.风险程度

从风险程度来看,农村家庭可选择的金融资产划分为无风险金融资产和风险金融资产这两类。前者是指农村家庭持有的具有一定保障而不承担任何风险或者风险非常小的金融资产,主要包括现金、储蓄存款、国库券、地方政府债券、股票账户余额等。后者是指农村家庭持有的具有不确定未来收益甚至保本的金融资产,由股票、企业债券、金融债券、基金、衍生品、金融理财产品、非人民币资产、黄金和借出款等项构成。从农村家庭金融资产总体构成情况来看,无风险资产总量远大于风险资产总量。就农村家庭金融资产选择行为来看,根据表 3 - 10 统计结果,有金融资产需求且完成实际配置的样本农村家庭中,无风险和风险金融资产主要分布在 5 万元以下,总体上以中低水平为主,其中,0～0.5 万元的农村家庭分别有 6 131 户和 494 户,占有无风险和风险金融资产配置样本家庭的比例分别为 55.96％和 29.28％;0.5 万～1 万元的农村家庭分别有 1 357户和 288 户,占比分别为 12.38％和 17.07％;1 万～5 万元的农村家庭分别有 2 218 户和 620 户,分别占比为 20.24％和 36.75％;5 万元以上的农村家庭分别有 1 251 户和 285 户,各自占比分别为 11.42％和 16.9％。分地区来看,东部地区样本农村家庭在 1 万元以上组别的占比均高于中部和西部地区家庭,这说明东部发达地区农村家庭的金融资产水平总体较高;而中部地区农村家庭 10 万元以下风险金融资产比例相对较高,这主要是由于中部地区农村家庭更偏好民间借贷,反映出这一区域经济相对发达而农村金融服务可得性却相对较低的现实情况;但总体来看,我国农村家庭参与由正规金融机构提供的风险金融资产的概率和参与程度均非常低。

表 3-10　农村家庭金融资产风险程度分布(%)

| | 无风险金融资产 | | | | 风险金融资产 | | | |
|---|---|---|---|---|---|---|---|---|
| | 东部 | 中部 | 西部 | 总体 | 东部 | 中部 | 西部 | 总体 |
| 0～0.5 万元 | 50.72 | 60.16 | 58.98 | 55.96 | 27.10 | 29.16 | 34.50 | 29.28 |
| 0.5 万～1 万元 | 12.08 | 12.98 | 12.04 | 12.38 | 16.16 | 16.46 | 20.16 | 17.07 |
| 1 万～5 万元 | 22.73 | 17.35 | 20.16 | 20.24 | 37.66 | 37.57 | 33.33 | 36.75 |
| 5 万～10 万元 | 6.91 | 5.44 | 5.22 | 6.00 | 9.16 | 10.02 | 7.02 | 9.01 |
| 10 万～20 万元 | 4.43 | 2.31 | 2.39 | 3.21 | 5.34 | 3.76 | 2.34 | 4.21 |
| 20 万元以上 | 3.14 | 1.77 | 1.22 | 2.21 | 4.58 | 3.04 | 2.63 | 3.68 |

数据来源:根据 CHFS(2017)调查数据整理所得。

### 3.3.2　农村家庭数字信息化的现状分析

农业农村部信息中心数据显示,随着"宽带乡村"工程的实施,现阶段我国行政村通宽带比例超过 98%,农村网民规模、农村地区互联网普及率不断扩大,意味着更多农村网民在线上获得各类服务(包括金融服务等)的潜力巨大。2015 年以来,我国明确提出鼓励村级电商服务点和助农取款服务点相互依托建设,支持银行业金融机构和非银行支付机构研发适合农村特点的网上支付、手机支付等新型信息化服务产品。随着智能手机的普及,微信、支付宝等新型便捷支付方式的兴起,促进了农村地区数字支付服务需求的激增。整体来看,农村地区移动支付业务发展迅速,成为数字化支付的主导方式。2018 年,农村地区网络支付总额达到76.99 万亿元,其中,互联网支付金额 2.57 万亿元,同比增长 22.57%;移动支付金额74.42万亿元,同比增长73.48%,占网络支付总额的96.66%①。由于移动支付具备便捷性、低成本、高延展性等特征,成为促进农村经济

---

① 数据来源于零壹财经·零壹《2019 三农金融服务发展报告》。

金融发展的重要基础,其效用还有待进一步挖掘使用。然而,信息化基础设施发展仍然不均衡,从城乡来看,我国农村互联网普及率低于城镇;分地区看,呈现明显的东、中、西部递减态势。这是未来需要突破和发展之处。

根据 CHFS 调查数据统计结果(见表 3-11):2015 年拥有智能手机的农村家庭有 3 169 户,占全部样本家庭的比例为 27.19%。2017 年拥有智能手机的农村家庭有 5 208 户,占全部样本家庭的比例为 42.97%,从总体上较 2015 年有了较大提高。2017 年使用过互联网的样本农村家庭有 2 806 户,占全部样本家庭的比例为 23.15%。2015 年有网购经历(上个月)的农村家庭有 792 户,占全部样本家庭的比例为 6.84%。2017 年有网购经历的农村家庭有 2 609 户,占全部样本家庭的比例为 21.65%。就地区分布而言,东部地区样本农村家庭均高于中部和西部的相同组别家庭比例,在一定程度上反映出这一地区在社会经济发展、信息基础设施建设以及数字信息技术使用等方面的综合水平较高,对微观家庭的影响程度也较深。

表 3-11　农村家庭智能手机、互联网使用情况(%)

|  | 东部 | 中部 | 西部 | 样本总体 |
|---|---|---|---|---|
| 拥有智能手机(2015) | 28.97 | 24.50 | 28.08 | 27.19 |
| 拥有智能手机(2017) | 44.84 | 41.10 | 42.61 | 42.97 |
| 使用过互联网(2017) | 25.32 | 23.02 | 19.84 | 23.15 |
| 上个月网购经历(2015) | 10.04 | 5.56 | 4.31 | 6.84 |
| 网上购物经历(2017) | 24.33 | 21.24 | 17.89 | 21.65 |

数据来源:根据 CHFS(2015,2017)调查数据整理所得。需要说明的是,由于不同年份的问卷问题有所调整,因此表格中的标题项并不一致。

### 3.3.3　农村家庭消费的基本情况

近年来,一方面,农村居民的人均可支配收入水平稳步提升,由 2013 年的 9 430 元增加到 2018 年的 14 617 元,收入增加促进了消费水平的提高,农村居民人均消费支出也在不断攀升,且增速多高于收入增速,2018 年人均消费支出达到 12 124 元,同比增长 10.7%;另一方面,农村居民消费结构也发生了变化,食住行占据前三位,教育、文化和娱乐也是重要的消费支出项,总体上逐步从生存型消费阶段迈入发展型和享受型消费阶段,包括购置车辆、家电、进城购房等消费行为。

从农村家庭总消费来看,样本地区农村家庭户均总消费为 3.80 万元。表 3-12 数据显示,0~1 万元的农村家庭有 1 603 户,占全部样本家庭的比例为 13.23%;1 万~3 万元的农村家庭有 5 116 户,占比为42.21%;3 万~5 万元的农村家庭有 2 658 户,占比为 21.93%;5 万元以上的农村家庭有 2 742 户,占比为 22.63%。总体来看,我国农村家庭总消费总体上以中等水平为主,主要分布在 1 万~3 万元,而 1 万元以下占比最低;3 万~5 万元和 5 万元以上的比例较为接近,均在 20% 以上,说明伴随着我国经济发展和居民收入水平提高,农村家庭总体消费也随之升级。分地区来看,东部地区样本农村家庭总消费在 5 万元以上的占比高于中部和西部地区家庭,这说明经济发达地区农村家庭消费支出已不局限于满足基本生活需求,而是追求享受舒适等更高层次的发展型消费需求。

表 3-12 农村家庭总消费分布情况(%)

|  | 东部 | 中部 | 西部 | 样本总体 |
|---|---|---|---|---|
| 0~1 万元 | 11.54 | 15.21 | 13.16 | 13.23 |
| 1 万~3 万元 | 41.16 | 42.63 | 43.33 | 42.21 |
| 3 万~5 万元 | 22.19 | 22.10 | 21.27 | 21.93 |
| 5 万元以上 | 25.11 | 20.06 | 22.23 | 22.63 |

数据来源:根据 CHFS(2017)调查数据整理所得。

综合以上调查数据的统计结果,我国农村地区人口呈现老龄化趋势,但随着民工逆潮回流现象的出现,这一趋势开始有所得到缓解,中年劳动力比例开始有所提高。农村教育政策及农业技术推广推动了农村居民文化水平和专业技能的提升,为家庭生产经营提供了较好的人力资本资源。随着农村经济的发展,农村家庭规模呈现出小型化特征,传统大家庭观念趋于淡薄;但同时由于我国人口生育政策的逐步放开,家庭规模比计划生育时期略有扩大。收入和消费水平总体相匹配,虽然存在地区差异,但为农村家庭提供增收条件,是从根本上提高其消费和资产选择配置能力的途径。

# 3.4  本章小结

综上分析,本章在已有相关理论和文献的研究成果基础之上,尝试构建以下研究逻辑框架:对于有金融资产需求的农村家庭来说,正规金融资产服务是促进家庭消费和福利水平的重要因素之一,但在农村地区信贷约束仍较为普遍的现实背景下,农村家庭受到内部要素(家庭资源禀赋)和外部环境(农村地区金融条件受限)的共同制约,其金融资产选择行为表现出不同特征。因此,本文将试图运用经济学原理对有金融资产需求农村家庭的金融行为进行合理分析和解释,探讨形成农村家庭不同金融资产行为的更深层次原因,为实证分析提供理论基础和建模依据。基于传统金融模式下农村家庭金融资产选择的理论分析,本文充分考虑了数字信息技术与金融供给紧密结合的现实情况,从农村家庭和金融机构供给两个层面探讨数字信息技术影响农村家庭金融资产选择行为的一般作用机制。进一步地,本文运用生命周期—持久收入理论和附加约束的跨期金融资产选择—消费决策模型,并将数字信息渠道及相关成本纳入扩展模型,探究数字化视角下农村家庭金融资产选择行为影响其消费的具体作用机理,为定量分析农村家庭金融资产选择对消费的影响及其差异提供理论依据。

在此基础上,本章通过介绍农村家庭金融资产数据来源和样本基本情况,结合中国统计年鉴、人民银行和银监会数据,着重描述和分析了农村家庭基本情况以及金融资产基本现状和特征,得到如下基本结论:

第一,我国农村居民的生产经营受到农业自然资源禀赋和地区经济金融等条件的共同制约,进而影响收入、资产负债、保险保障和支出消费等家庭金融的各方面。总体来看,各地区经济发展水平、产业比重、农村居民收入和消费水平之间是相关的,生产投资水平、农村教育和农业技术等相关政策支持为农村家庭提供增收条件,有利于从根本上提高其资产选择能力和消费。

第二,农村居民家庭户均金融资产占家庭总资产比重较低,且在农村家庭之间的分布很不均匀,但总体水平随经济发展呈逐年增加趋势。分地区来看,东部和中西部农村家庭金融资产的地区之间差距较为显著,表现为从东部到西部逐步递减的趋势。从金融资产结构来看,我国农村家庭主要以持有现金、储蓄存款和借出款为主。此外,有较大比例农村家庭参加了社会养老保险和社会医疗保险。

第三,从配置渠道来看,农村家庭正规金融资产总量远大于非正规金融资产总量,但总体上以中低水平为主,非正规金融行为主要表现为参与民间借入;东部经济发达地区农村家庭具有较高的金融资产选择和配置能力,但农村家庭参与股票、债券、基金等正规金融市场的比率和参与程度总体表现出非常低的水平。从风险程度来看,农村家庭无风险金融资产总量远大于风险金融资产总量,地区差距亦较为明显,但农村家庭参与由正规金融机构提供的风险金融资产的比率和参与程度均非常低。

第四,农村家庭数字信息技术的使用受到外部地区信息化基础设施建设、经济金融环境以及家庭内部技术水平的共同影响,进而影响其金融资产选择行为。总体来看,农村家庭智能手机和互联网普及率不断提高,但东部地区这一比例高于中西部,呈现较显著地区差异。

第五,随着经济发展水平的提高,农村居民人均可支配收入逐步提升,促进了家庭消费总量的增加。从消费结构来看,农村家庭稳步从生存型消费阶段迈入更高层次的发展型和享受型消费新阶段。分地区来看,东部地区高消费水平组别的农村家庭比例明显高于中西部地区。

本章基于样本调查数据的初步统计,分析了我国农村家庭金融资产选择行为的现实情况,并归纳总结其基本特点、存在的问题、可能的原因以及发展趋势。在此分析基础上,本文的第4章和第5章将分别运用家庭效用理论和社会网络理论阐述农村家庭单一金融资产选择现象的经济学原因并进行实证检验;第6章将构建数字信息技术对金融普惠影响的理论分析框架,从家庭层面上阐述对农村家庭金融市场参与及资产选择的影响机理,并构建实证模型检验不同信息渠道的影响差异;进而,第7章和第8章将分别从理论和实证两个层面,深入具体考察数字化视角下农村家庭金融资产选择行为对消费的影响,以及影响方向和程度的可能差异。

# 第4章 农村家庭无风险金融资产选择：基于家庭效用的理论分析和实证检验

## 4.1 引 言

　　家庭金融资产选择行为涉及多个层面，从配置渠道构成来看，包括正规金融资产渠道和非正规金融资产渠道。前者指通过正规金融机构进行家庭闲置资金资源的选择配置以实现家庭收入财富的保值增值，资金出让方和受让方之间有明确契约、手续完备，受法律保障，而后者是指自然人、法人、其他组织之间非经金融部门批准进行的资金融通行为，通常借贷手续不完备，缺乏有效的抵押担保和法律保障，极易引发经济纠纷，导致金融资产所有者经济利益受损。从风险程度来看，家庭金融资产可划分为无风险资产和风险资产两大类。前者包括现金、活期存款、定期存款、股票账户资金、政府债券等；后者包括股票、基金、非政府债券、金融衍生品、理财产品、外汇、民间借出款等。在我国，有关家庭金融的研究起步较迟，但随着我国经济的发展，家庭逐渐成为金融市场交易的重要参与主体，有必要准确认识其背后的基本行为规律。同时，我国家庭收入的持续增长也为其理财需求提供了资金配置能力，因而厘清家庭金融行为的基本特点，分析人口特征、收入水平、风险态度、借贷限制、社会文化、体制背景等因素与金融资产选择的关系，是金融机构创新金融资产服务和产品的重要参考依据。从城乡角度而言，城乡居民家庭收入和财富差距显著、交易成本不对称是阻碍农村居民投资风险资产的主要原因。而当正规金融资产渠道供给受限、可选择的金融产品较少时，需要根据自身所面临的内外部约束进行优化选择，预防性动机和偏好流动性的选择动机使农村家庭金融资产存量中出现高储蓄率现象（李建军等，2001）。那么，究竟是哪些因素导致了我国农村家庭的高储蓄率，是社会保障体系的不完善还是正规金融供给不足，政策应如何调整才能更好地服务于农村微观经济主体的需求，回答这些问题首先需要分析农村家庭的资产选择行为。

根据资产组合理论，人力资本及其收入水平是影响家庭金融资产配置行为的最重要因素。进一步地，考虑现实中不完全市场条件，收入波动、借贷约束、交易成本等市场因素也会影响家庭金融资产选择行为。当经济人受到借贷约束且收入波动是非临时性的，则持有一些无风险资产从而避免收入波动所产生的不确定性影响是其理性行为表现（Deaton，1991）。Cocco 等（2001）在此基础上进行了延伸讨论，认为存在交易资金下限、固定交易成本、风险金融知识累积，以及评估产品所花费时间、精力、心理的投入等参与成本，进而影响经济人的风险资产行为。此外，人口统计特征也影响家庭金融资产选择，包括性别、婚姻状况、年龄和文化教育程度等（Guiso，2001；Agnew，2003；Faig 等，2004；史代敏，2005）。进而，考虑到偏好的内生性和有限理性所带来的理性局限，纳入反映个体情绪、态度认知和社会文化因素等变量，考察心理特征和社会因素对家庭金融资产组合产生作用（Shefrin 等，2000；Hong 等，2004；薛斐，2005；李涛，2006），可以有助于更好地解释我国农村家庭金融资产选择行为。

根据上述分析，本章试图引入家庭效用概念，基于农村家庭受到实际预算约束和借贷限制的假定前提，构造传统金融模式下农村家庭正规无风险金融资产选择与家庭效用关系的理论模型，具体分析农村家庭无风险金融资产选择偏好问题；在此基础上，尝试量化风险态度和储蓄意愿，并从供需两方面量化信贷约束，构建 Probit 和 Tobit 计量模型进行实证检验，为制定有助于优化农村家庭金融资产选择行为、促进有金融资产需求的农村家庭资产财富积累的政策提供理论和实证依据。

## 4.2 农村家庭无风险金融资产选择的理论分析:基于家庭效用视角

### 4.2.1 农村家庭无风险金融资产选择的理论模型

为便于用家庭效用理论解释农村家庭无风险金融资产选择行为,本文假定农村家庭在资源禀赋约束的前提下,为实现家庭效用最大化目标,其金融资产选择行为满足三个基本条件。首先,农村家庭依据其自身所受到的内外部资源约束,将家庭收入财富在消费和储蓄之间进行合理分配,为实现家庭总效用最大化提供必要保障。其次,农村家庭在进行资金分配时,将设置一个生活支出标准范围,以保证家庭一般服务商品消费效用最大化;同时将家庭金融资产选择行为看作是一种特殊消费行为,是通过购买金融产品和服务来满足家庭各种需要的一项消费活动,以保证农村家庭金融产品服务消费的效用最大化。第三,出于提高家庭总效用水平的考虑,农村家庭作为生产者和消费者的综合体,在受到预算约束和借贷限制的前提下,需要使用自有的流动性强的金融资产,用于满足当前的家庭生产性支出或其他具有不确定性的非日常生活支出。其中,生产性支出可用于增加当前生产经营的资金投入,包括引进新项目、应用新技术、扩大生产规模、增加种养殖面积等,为实现下期产出和收入水平的提升创造有利条件,进而能够在更高水平上对家庭收入财富在消费和储蓄之间进行分配,从根本上保证家庭总效用的持续提高;而子女教育、住房修建、医疗保健、婚丧嫁娶等非日常生活消费支出有助于提高农村家庭人力资本和社会资本,使得家庭生活福利程度提高,从而在未来实现家庭收入水平和社会影响力的总体提升。

基于以上假设条件和基本分析,农村家庭对收入财富进行分配后,其风险态度、储蓄意愿以及是否受到借贷限制都会影响其当前的消费或生产,进而对家庭未来收入和福利水平产生相应的影响。为实现在既有约束下家庭效用最大化目标,农村家庭需要综合考虑一般商品服务消费支出和金融产品服务消费支出,以优化家庭内部自有资金和外部可借贷资金之间的资源配置结构。本文依据消费者效用最大化一般选择模型和纪志耿(2008)研究思路,构造了一个考虑到预算约束和借贷限制条件的农村家庭自有资金分配与家庭效用模型(见图 4-1),从理论上阐述农村家庭对无风险金融资产配置和使用的选择问题及其背后的经济学原因。

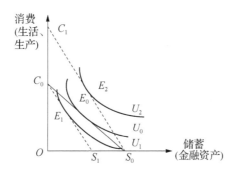

**图 4-1 农村家庭无风险金融资产选择与家庭效用函数模型**

如图 4-1 所示,横轴 $S$ 表示农村家庭用于储蓄的金融资产数量,纵轴 $C$ 表示农村家庭用于一般商品服务消费支出的资金数量。假设初始状态下,农村家庭将家庭收入财富同时用于消费支出和储蓄积累,且数量上存在差异,具体情况为,储蓄的金融资产数量为 $S_0$,一般商品服务消费支出的资金数量 $C_0$,与此相对应的农村家庭效用无差异曲线为 $U_0$,预算线 $C_0S_0$ 和无差异曲线 $U_0$ 的切点 $E_0$,是农村家庭在既定预算约束下能够获得最大效用的均衡点,代表着最优资源配置组合。农村家庭效用函数和约束条件的数量关系可表示如下:

$$U_0 = f(C_0, S_0)$$
$$s.t C_0 + S_0 \leqslant TA_0 \tag{4-1}$$

式中,$TA_0$ 表示可用于消费支出和储蓄的最大资金数量。假设下期的最大资金总量为 $TA_1$,在此种情况下,农村家庭是否能增加其可支配消费支出和储蓄资金规模,满足 $TA_1 > TA_0$ 关系,将取决于当期家庭支出和储蓄资金最大回报的可获得性。

下面将结合这一理论模型,具体讨论信贷约束下农村家庭自有资金分配及其对家庭效用的影响作用。

### 4.2.2 农村家庭无风险金融资产决策与家庭效用的关系

经济学上的理性,是指在一定预算约束条件下,人在经济活动中追求效用最大化或人的经济行为如何实现最优化。信贷约束是发展中国家农村地区普遍存在的问题和现象,已有较多研究关注了信贷约束对我国农村居民家庭借贷行为的影响,在缺乏抵押品的情况下,由于信息不对称,多数农户往往被正规金融机构排斥在外,通常只能转向私人民间借贷以获取资金支持(孔荣等,2009;严太华等,2015)。在这种背景下,从家庭资产方面来看,农村家庭金融资产决策可分为配置金融资产和使用金融资产两个部分。面对供给受限的现有农村正规信贷市场和正规金融资产渠道,无论是参与和选择金融资产,还是减持和使用金融资产,都是农村家庭理性选择的结果,其行为决策目标是家庭效用最大化。

从参与和选择金融资产来看,如果农村家庭通过生产经营等活动而有一定资金盈余,那么在满足生产生活支出后,会选择进行资产配置,以应对由于疾病医疗、子女教育、赡养老人等不确定性支出,其目的是实现一定预算约束下的家庭最大效用 $E_0$,提升家庭福利水平。而相对于城镇家庭,农村家庭收入相对较低,风险承受能力也相应较弱,且由于农村居民受教育水平普遍不高而缺少风险投资意识和金融知识,因此,以利润最大化为经营目标的正规金融机构缺乏为农村地区家庭创新金融产品、提高金融服务可得性的动力。在缺少正规金融资产渠道或正规金融风险资产品种供给受限的情况下,出于谨慎和预防性动机,农村家庭只能在金融机构提供的有限种类的资产储蓄渠道中进行选择,以无风险的活期、定期存款和现金形式持有其金融资产。

另一方面,从农村家庭使用其金融资产来看,城镇家庭金融资产供给渠道相对多样化,当有风险金融资产配置的家庭在面临信贷约束时,其最优化行为选择是减少其风险金融资产,以弥补家庭资金缺口所需。但是,与城镇家庭不同的是,农村家庭金融资产结构单一,同时具有双重身份,是"生产经营者"和"消费者"的综合体。在其面临正规信贷约束时,为解决生产经营所需资金和平滑消费,在有资产积累的情况下,只能动用流动性较强的正规无风险金融资产,这直接导致家庭金融资产存量下降。虽然金融资产的使用缓解了农村家庭面临的信贷约束,能够弥补生产经营资金缺口或满足家庭成员的非日常生活消费需求，有助于实现家庭效用最大化；然而，因信贷约束而引起农村家庭无风险金融资产即现金和存款总量的减少，也同时降低了将家庭金融资产用于满足生病保障等其他用途的预防谨慎动机的储蓄效用。因此，在总体上，信贷约束使得有无风险金融资产的农村家庭未能增加或增加较多家庭总效用，进而实现农村家庭效用最大化。

继续沿用图 4-1，当农村家庭面临借贷约束时，用于储蓄的无风险金融资产数量从 $S_0$ 下降到 $S_1$。假设用于消费支出的资金数量保持不变仍为 $C_0$[①]，则预算约束线从初始状态的 $C_0S_0$ 移动到此时的 $C_0S_1$，与无差异曲线 $U_1$ 相切于均衡点 $E_1$。从图 4-1 中可以较为直观地看出调整前后农村家庭的效用水平满足 $U_1 < U_0$ 关系，代表更低效用水平。与此相对应，农村家庭的效用函数可以表示为：

$$U_1 = U_0 - \Delta U_0 = f(C_0, S_0) - f(C_0, \Delta S_0) \qquad (4-2)$$

出于简化分析的考虑，同时为了保持分析的一般性，假设农村家庭的效用函数具有线性形式，并满足以下数量关系：$\Delta S_0 = S_1 S_0$。于是，农村家庭的效用函数 $U_1$ 可进一步改写为：

$$U_1 = f(C_0, S_1) \qquad (4-3)$$

如果农村家庭能够获得正规信贷资金支持，即未受到信贷约束，用于生产投资或非日常性消费的资金数量从初始状态 $C_0$ 上升为 $C_1$。假设用于储蓄的无风险资金数量保持不变仍为 $S_0$[②]，那么预算线则从 $C_0S_0$ 移动到此时的 $C_1S_0$，与无差异曲线 $U_2$ 相切于均衡点 $E_2$。同样，从图 4-1 中也可较为直观地看出，调整前后农村家庭的效用水平满足如下数量关

① 关于面临信贷约束时消费支出资金的调整情况，这里假设 $C_0$ 位置不变，是为了方便说明信贷约束减少了农村家庭现金和存款总量，使得家庭总效用下降。而事实上，所减少的家庭金融资产存量部分被用于弥补生产经营资金缺口或进行非日常生活消费，$C_0$ 位置将沿横轴向上移动，但这仍然符合家庭效用分析结果的基本趋势。在实现家庭一般服务商品消费效用最大化的同时，家庭金融资产用于满足预防谨慎动机的储蓄效用下降。

② 关于未受到信贷约束时储蓄资金数量的调整情况，这里假设 $S_0$ 位置不变，是为了方便说明外部信贷支持了农村家庭一般性服务商品消费，使得家庭总效用增加。而事实上，家庭金融资产存量未被用于弥补生产经营资金缺口或进行非日常生活消费，则可获得财富效应或保证原先预防谨慎动机的储蓄效用，$S_0$ 位置会沿横轴向上移动，但这仍然符合家庭效用分析结果的基本趋势。在实现家庭一般服务商品消费效用最大化的同时，并未减少家庭金融资产的储蓄效用。

系 $U_0 < U_2$ 关系,代表更高效用水平。与此相对应,农村家庭的效用函数可以表示为:

$$U_2 = U_0 + \Delta U_0 = f(C_0, S_0) + f(\Delta C_0, S_0) \qquad (4-4)$$

同上假设,农村家庭的一次线性效用函数满足 $\Delta C_0 = C_0 C_1$ 关系,可进一步改写为:

$$U_2 = f(C_1, S_0) \qquad (4-5)$$

对农村家庭而言,在可能的情况下,外部信贷支持缓解了家庭资源约束,使得其在不改变金融资产总量且未降低储蓄效用的前提下,于当期或下期获得更高的家庭总效用,相当于对家庭效用进行"投资"的性质。

### 4.2.3 结果与讨论:缓解流动性约束和借贷限制

综上分析,本文将农村家庭无风险金融资产选择行为分为参与选择和使用两部分。这一方面是由农村家庭收入水平、风险承受能力、金融知识以及其生产消费综合体特征决定的,另一方面受到正规金融机构经济理性目标的影响。因此,基于农村家庭以及农村金融供给的特殊性,本文试图解释在传统金融模式下其不同于城镇家庭金融资产选择行为的一些问题。在现实中,家庭通常会面临两个抉择,即在既定收入财富条件下,如何在储蓄和消费之间进行分配以及各类金融资产的持有比例。根据生命周期理论(Modigliani,1954)和持久收入理论(Friedman,1957),家庭可通过跨期的资产组合配置来平滑消费,以实现家庭整个生命周期的效用最大化。然而,实现资产的有效跨期配置在很大程度上取决于家庭自有资产的流动性以及所面临的借贷约束,这使得家庭资产选择行为和储蓄消费行为之间有着较强的关联性。如果家庭受到流动性约束和借贷限制,那么试图通过跨期配置资产来平滑消费、获得更高水平总效用,将陷入难以为继的困境,因而其行为与传统理论不相一致。

信贷约束是普遍存在于不同国家和地区的金融发展问题,在我国农村地区,这一情况尤为突出[①]。对于农村家庭而言,资产跨期配置不仅受

---

[①] 程郁等(2009)基于我国农村调研数据研究发现,34%农户受到正规信贷约束,其中有贷款需求的农户中,这一比例高达45%。

收入财富水平、风险态度和社会文化因素的影响,还受到信贷约束的限制,进而影响其金融资产选择行为。在这种情况下,农村家庭面临的金融资产选择决策有其特定性质:在考虑到借贷限制和流动性约束的前提下,包括生活性和生产性的消费与储蓄之间的分配,以及单一金融资产的结构比例。同时,单方面通过提高农村金融服务可得性难以从根本上影响农村家庭资产选择行为,因为金融服务可得性如村级银行数量指标测算[①]在很大程度上是增加了家庭金融资产选择的便利性,而不是提升了农村家庭金融资产选择的能力。因此,分析信贷约束对家庭资产选择和配置的影响,是能够也更有助于解释农村家庭无风险金融资产选择行为及其特征进而提高家庭福利水平。其相应的政策含义是,需充分考虑现实中农村家庭面临的借贷限制,并致力于通过创新金融服务和产品来缓解信贷约束,提高正规金融的可得性,有利于促进农村家庭的金融资产选择行为,实现其效用最大化目标。

## 4.3 农村家庭无风险金融资产选择行为的实证检验

根据上文的理论分析,农村家庭对无风险金融资产的选择是传统金融模式下理性人的充分体现,且无论是参与选择还是减持使用其金融资产都是为了实现家庭效用的最大化。由此可以得到以下推论:农村家庭的个体及家庭特征、收入财富水平、金融知识和风险态度等因素决定了他们通过无风险金融资产跨期配置平滑消费,进而提高家庭效用水平;而信贷约束制约了部分农村家庭无风险金融资产的有效跨期配置,只能通过减持来平滑当期消费,影响了家庭总效用水平的提高。因此,识别农村家庭金融资产选择行为的特质,有助于甄选其参与选择无风险金融资产的影响变量,为进一步检验理论分析的结论提供实证依据。

信贷约束是影响农村家庭效用水平的重要制约。在进行信贷约束理论综述前,为明确起见,首先需要对信贷约束和信贷配给这两个相关的关

---

① 尹志超等(2015)运用中国家庭金融调查(CHFS)数据研究发现,金融可得性提高会促进家庭更多参与正规金融市场和进行资产配置,同时会降低家庭在非正规金融市场的参与和资产配置。

键概念进行辨析。一些已有研究文献将二者相互替换使用（Blinder 等，1983），但严格意义上来说并不完全等同。信贷约束（Credit Constraint）通常是指借款人的借贷资金需求未得到完全满足或完全未满足的情况，即借款者未能获得最佳规模的信贷资金。关于信贷配给（Credit Rationing）的代表性观点中，Stiglitz 等（1981）认为信贷配给通常表现为两种情形：对于同一类型申请群体，在固定利率下，其中有一部分人获得贷款，而其他被拒绝的申请人即使愿意向信贷机构支付更高利率也无法获取贷款；另一方面，在信贷供给既定条件下，借款申请人在任何利率水平都不能获得贷款，除非追加信贷资金供给。因此，两个关键概念的关系可表述如下：信贷配给强调金融机构因无法或不愿提高利率而采用非价格条件消除超额需求达到均衡；信贷配给属于信贷约束的一种情形，信贷约束有可能是信贷配给导致的结果，也有可能来自其他方面的原因；如果借款人在一定利率水平下获得的贷款额度小于其最佳的资金利用规模，那么可以认为该借款人受到信贷约束；而如果借款人想以更高的利率借款却不能得到满足时，这种信贷约束才是信贷配给所导致的结果。

根据上述分析可知，信贷配给主要是从信贷供给角度研究银行贷款低于最优信贷额度问题，而信贷约束不仅来自金融机构供给方的信贷配给，还可能来自因信贷需求者自身的认知偏差、风险态度和交易成本等因素而形成的自我需求抑制（Baydas，1994；Kon 等，2003；程郁，2009）。本文按照这一标准，同时从正规信贷供给和需求两个方面，综合考察农村家庭的信贷约束。已有文献多从农户消费支出、借贷行为、信贷效率、贷款定价等方面关注信贷约束的影响（彭继红，2005；许承明等，2012；刘艳等，2014），而关于信贷约束对农村家庭金融资产影响的研究相对较少，尚有研究空间。例如，尹志超等（2015）运用中国家庭金融调查（CHFS）数据，将风险资产从狭义到广义分为四个层次，发现信贷约束是阻碍家庭参与风险资产并降低配置比例的重要因素；陈治国等（2016）基于 2005—2013 年全国 15 个省区样本农户的跟踪调研数据，构建面板部分可观测 Biprobit 模型和线性回归模型，实证检验农户信贷配给程度以及对家庭金融资产配置的影响，研究发现信贷配给对农户家庭现金和储蓄资产具有显著正向影响。然而，在近 10 年的时间内，宏观经济因素对家庭的影响会显现，能否说明信贷约束对农户储蓄有正向影响，还有待进一步验证。本文基于中国家庭金融调查(CHFS)2011 年和 2013 年的全国范围大样本微观数据,实证检验信贷约束对农村家庭正规无风险金融资产参与和选择的影响,为信贷约束与农村家庭金融资产选择的关系提供经验依据。

### 4.3.1 变量说明、模型构建与样本描述

为检验上述理论分析的结论,首先需要识别有哪些因素影响了农村家庭参与选择无风险金融资产这一研究命题。基于此,本章的实证分析部分选取了农村家庭人口统计特征变量、经济特征变量和农村金融供给特征变量,此外还加入主观态度金融知识变量和地区环境特征变量,共五组变量,以保证模型检验过程和估计结果的严谨性和稳健性。各组解释变量分析及相关说明如下。

#### 1. 变量说明

(1)农村家庭人口特征变量。

一般情况下,基于微观层面的农户或农村家庭调查数据的实证研究不可避免地关注能反映其个体及家庭特征的人口统计变量(Faig 等,2004;史代敏,2005;李涛等,2014)。因此,本章在考察农村家庭无风险金融资产选择行为时借鉴以上思路,主要考虑变量包括农村家庭户主年龄、文化教育程度、家庭人口。

(2)农村家庭经济特征变量。

根据前面的理论分析,农村家庭无论对资产如何进行跨期配置,其理性目标都是追求效用最大化。理解分析这一理性行为对家庭金融资产选择的影响,有必要围绕农村家庭的经济特征来考虑其禀赋经济环境(吴卫星等,2007)。具体可细化为以下几个变量:家庭收入、实物资产、保险与保障。其中:家庭收入反映的是农村家庭一年中各项收入情况[1],以收入总和的对数来表示;家庭实物资产反映的是农村家庭实物财富配置情况,能够提供家庭经济担保、社会声望以及被用于创造更多财富等,主要包括农业/工商业资产、房屋资产、车辆资产和其他耐用品属性实物资产,取折算总额之和的对数来表示;保险与保障在一定程度上可以表现为农村家

---

[1] 根据国家统计局统计口径,农村居民收入按其来源可以划分为工资性、家庭经营性、财产性、转移性四个方面的收入。

庭金融资产选择的预算约束,影响家庭防御性储蓄资产配置,在模型分析中用虚拟变量来表示。

(3)主观态度金融知识变量。

农村家庭金融资产选择行为会受到其偏好、心理特征的作用影响(Jones 等,2011),此处纳入三个反映心理情绪、知识认知偏差的因素变量:风险态度、储蓄意愿和经济金融信息关注。中国家庭金融调查(CHFS)问卷关于风险态度的问题是:"如果有一笔资产,您愿意选择哪种投资项目?"该问题的回答项有五个①,从问题选项上看,以五分制设定的回答项之间具有逐渐降低的程度递进关系,但也可能表示倍数关系,而实际情况中"不愿承担任何风险偏好"并不一定是"高风险高回报偏好"的五倍。因此,为了更为准确设置农村家庭的风险态度变量,且尽可能避免模型自变量过多,本文采用尹志超等(2015)分组法,将选项 1、2 界定为"风险偏好",选项 3 界定为"风险中性",其余选项 4、5 界定为"风险厌恶",其中,以"风险中性"作为参照组,在模型中加入"风险偏好"和"风险厌恶"这两个哑变量进行估计。储蓄意愿根据 2011 年问卷"明天取得1 000元"和"一年后取得1 100 元"两个选项,在模型中用虚拟变量表示。经济金融信息关注程度根据 2013 年问卷的五个选项:"1. 非常关注;2. 很关注;3. 一般;4. 很少关注;5. 从不关注",用虚拟变量表示。

(4)农村金融供给特征变量。

根据前文理论分析的结论,农村家庭实现资产的有效跨期配置在很大程度上取决于家庭自有资产的流动性以及所面临的借贷约束,因而,当地金融服务供给对家庭金融资产选择起着关键作用。在具体变量处理上,选择信贷约束、家庭存款账户个数、信用卡这三个变量。家庭存款账户个数主要反映农村家庭与金融机构的储蓄交易往来程度和服务范围,可以从调查数据中直接获得。有无信用卡反映出金融机构向农村家庭提供的信用额度和便利支付服务,在模型中用虚拟变量来表示。

关于信贷约束的测量估计方法主要有三类。一是间接估计法,即对生命周期假说、持久收入假说等学说进行计量检验,通过产生的结果来反

---

① 中国家庭金融调查(CHFS)问卷关于风险态度问题的回答项为:"1. 高风险、高回报的项目;2. 略高风险、略高回报的项目;3. 平均风险、平均回报的项目;4. 略低风险、略低回报的项目;5. 不愿意承担任何风险"。

向推断信贷约束的存在，但可能会产生内生性问题（Hayashi，1985；
Zeldes，1989）；二是半直接估计法，即通过市场交易主体行为的相关信息
来反向推出农户是否受到信贷约束（Kochar，1997；Jappelli，1998）；三是
直接估计法，即利用设计好的调查问卷展开实地调研，根据问卷信息分别
从供给和需求这两个角度考察并直接界定正规信贷约束。例如，美国消
费者金融调查（SCF）数据中，不仅询问了家庭申请所获得的贷款情况，还
询问了零贷款家庭的具体原因，因此，Feder 等（1990）和 Jappelli（1990）
用"申请贷款被拒"和"担心贷款被拒而未申请"这两项问卷信息进行直接度
量，既从供给方面——家庭是否获得借贷资金——考察了家庭是否受到信
贷约束，又从需求方面——有潜在需求但却由于交易成本和还贷风险等原
因认为难以获得贷款，进而主观上实行自我约束放弃申请——考察了需求
型信贷约束。这种方法直接且不失全面（尹志超等，2015），因此本文借鉴直
接估计法度量农村家庭信贷约束。在 2011 年和 2013 年中国家庭金融调查
（CHFS）的问卷中，针对农村家庭进行的农业或工商业相关经营项目、购买
建造装修房屋、购买车辆等经济活动事项，首先询问"有无银行贷款"，以了
解其获得的借贷资金情况；如果回答"无"则继续询问没有贷款的具体原
因[①]，以此界定农村家庭是否受到了信贷约束；同时，在农业/工商业相关经
营项目、购买建造装修房屋、购买车辆这三个方面家庭活动中，只要其中一
方面有信贷约束就认为该农村家庭受到正规信贷约束。

（5）地区环境特征变量。

此外，为更准确地分析信贷约束和收入财富对农村家庭正规无风险
金融资产选择的影响，本章在计量经济模型中还增加了两个变量，分别反
映样本家庭户所处地区的环境特征情况。其中：区域虚拟变量用于反映
地区自然禀赋和区位条件对农村家庭无风险金融资产选择行为产生的可
能影响，以西部地区为参照组，控制地域的固定效应，在模型中用虚拟变
量来表示；地区经济水平变量反映了农村家庭所在地区的外部基础经济
环境，与地区农村金融发展环境相关，由这些地区差异因素所产生的微观
家庭层面的生产投资机会、资金配置状况也不同，也可能会对农村家庭金

---

① 中国家庭金融调查（CHFS）问卷中，关于"为什么没有贷款"的问题选项为：1. 不需要；
2. 需要但没有申请过；3. 申请过被拒绝；4. 以前有贷款现已还清。本文将选择选项 2 或 3 的农
村家庭界定为受到正规信贷约束的家庭。

融行为产生影响。

综上分析,用于实证检验农村家庭正规无风险金融资产选择的计量模型各变量设置及取值说明详见表4-1。

表4-1 农村家庭无风险金融资产选择模型估计的相关变量说明

| 变量类型 | 变量名称 | 变量代码 | 变量取值说明 |
|---|---|---|---|
| 因变量Y | 无风险金融资产Ⅰ | wfx | 无=0,有=1 |
| | 无风险金融资产Ⅰ比例 | wfxb | (现金+银行存款)÷总金融资产 |
| | 无风险金融资产Ⅱ | ck | 无=0,有=1 |
| | 无风险金融资产Ⅱ比例 | ckb | 银行存款/总金融资产 |
| 农村家庭人口特征$X_1$ | 年龄 | age | 户主年龄(岁) |
| | 文化程度 | edu | 1.没上过学;2.小学;3.初中;4.高中(中专);5.大专;6.大学以上 |
| | 家庭人口 | jtrk | 人 |
| 农村家庭经济特征$X_2$ | 家庭收入 | jjsr | 家庭年纯收入的对数 |
| | 实物资产 | swzc | 家庭实物资产的对数 |
| | 保障与保险 | sbyb | 无=0,有=1 |
| 主观态度金融知识$X_3$ | 风险偏好 | fxph | 如有一笔资产,选择哪种投资项目:1.高风险、高回报;2.略高风险、略高回报;3.平均风险、平均回报;4.略低风险、略低回报;5.不愿承担任何风险。选项1、2=1,其余=0 |
| | 风险厌恶 | fxyw | 选项4、5=1,其余=0(问题同上) |
| | 储蓄意愿 | cxyy | 不考虑利率、物价等因素,是否储蓄的选择:明天取得1 000元=0;一年后取得1 100元=1 |
| | 信息关注 | xxgz | 平时对经济、金融方面信息的关注程度:1.非常关注;2.很关注;3.一般;4.很少关注;5.从不关注 |

| 变量类型 | 变量名称 | 变量代码 | 变量取值说明 |
|---|---|---|---|
| 农村金融<br>供给特征<br>$X_4$ | 信贷约束 | xdys | 问卷"不申请贷款原因"选项中,选项 1 或 3 界定为受到信贷约束;同时,农工商经营、购建修房、购车三个方面的家庭活动中有一项即认为受到正规信贷约束。无＝0,有＝1 |
| | 金融机构数 | yhsl | 样本家庭开户银行家数 |
| | 信用卡 | xyk | 无＝0,有＝1 |
| 地区环境<br>特征<br>$X_5$ | 区域虚拟变量 | region1 | 东部＝1,其余＝0 |
| | | region2 | 中部＝1,其余＝0 |
| | 地区经济水平 | pgdp | 人均地区生产总值(万元) |

## 2. 模型设定

根据本章第一部分的理论分析结论和上述描述性统计结果,农村家庭对正规无风险金融资产的选择问题,本质上是因为正规风险金融资产配置受到约束或农村金融供给条件受限,农村家庭根据自身资源禀赋条件、借贷限制和流动性约束等内外部约束进行理性权衡,进而通过不同路径做出最佳金融资产选择决策,实现家庭效用的提升。本研究所讨论的农村家庭无论是参与选择还是减持并使用其金融资产,这种选择并非是随机的,而是最优化选择的结果。具体而言,如果农村家庭有一定资金盈余,出于预防和谨慎动机,会在既有农村金融供给条件下选择进行资产选择配置,以应对家庭各种不确定性支出;如果农村家庭有生产生活资金所需且面临信贷约束,则会选择减少流动性较强的正规无风险金融资产。因此,有效识别农村家庭金融资产选择决策行为的特定性质,是验证以上推论的基本原则和方法。为检验上述理论推论和统计分析结果,本章主要采用 Probit 模型来分析农村家庭正规无风险金融资产参与的影响因素,然后用 Tobit 模型分析农村家庭正规无风险金融资产参与程度。一般地,Probit 模型基本形式可表示如下:

$$P(y=1 \mid x) = F(x,\beta) = \phi(x'\beta) \equiv \int_{-\infty}^{x'\beta} \phi(t)\mathrm{d}t \qquad (4-6)$$

式中，$\phi(\cdot)$ 为标准正态的累积分布函数；$y$ 为被解释变量；$x$ 为解释变量。依据式(4-6)，本章用于考察农村家庭正规无风险金融资产选择的 Probit 模型，具体形式如下：

$$P(y=1|x_1,x_2,x_3,x_4,x_5)=\phi(\beta_0+\beta_1x_1+\beta_2x_2+\beta_3x_3+\beta_4x_4+\beta_5x_5)$$

$$(4-7)$$

式中，$y$ 是哑变量，等于 1 表示农村家庭持有正规无风险金融资产，0 表示未持有正规无风险金融资产。

鉴于农村家庭正规无风险金融资产主要为三种类型：现金、活期存款和定期存款，本研究将因变量进一步细分为两类，即现金＋活期＋定期、活期＋定期，分别代入模型进行检验。$X_i$ 为各层面解释变量，包括农村家庭人口特征、农村家庭经济特征、金融资产选择偏好、农村金融供给特征和控制变量，定义及取值情况详见表 4-1。$\beta_0$ 为回归截距项，$\beta_i$ 表示各解释变量待估系数。

鉴于农村家庭正规无风险金融资产占比为截断数据（Censored Data），且 Probit 模型在 $y^*$ 部分被观察到的条件下可转换成 Tobit 模型。因此，本研究运用 Tobit 模型进行估计，进一步考察农村家庭无风险金融资产选择行为，具体形式如下：

$$y^*=\beta_1x_1+\beta_2x_2+\beta_3x_3+\beta_4x_4+\beta_5x_5+\mu \qquad (4-8)$$

$$y=\max(0,y^*) \qquad (4-9)$$

式中，$y$ 表示农村家庭正规无风险金融资产；$y^*$ 表示无风险金融资产大于 0 的部分，模型中用对数值表示。同样，$X_i$ 为五个层面解释变量。因变量和各自变量的定义及取值情况依据表 4-1 确定。

### 3. 样本描述

为考察传统金融模式下农村家庭无风险金融资产选择行为，本章模型分析所使用的样本数据，主要来源于 2011 年和 2013 年西南财经大学在全国范围内进行的中国家庭金融调查（CHFS），样本地区经济水平的数据来源于中国统计年鉴。数据的具体情况已在第三章详细说明，模型中各个变量的描述性统计结果详见表 4-2。

表 4 - 2　农村家庭无风险金融资产选择模型相关变量的描述性统计结果

| 变　量 | 2011 年 | | 2013 年 | |
|---|---|---|---|---|
| | 均值 | 标准差 | 均值 | 标准差 |
| wfx | 0.95 | 0.23 | 0.93 | 0.02 |
| wfxb | 0.96 | 0.16 | 0.88 | 0.03 |
| ck | 0.41 | 0.47 | 0.46 | 0.05 |
| ckb | 0.30 | 0.40 | 0.27 | 0.04 |
| age | 51.52 | 0.13 | 53.28 | 0.14 |
| edu | 2.54 | 1.02 | 2.47 | 0.01 |
| jtrk | 3.85 | 1.63 | 4.07 | 0.02 |
| jjsr | 8.72 | 1.41 | 8.52 | 0.05 |
| swzc | 10.55 | 2.02 | 10.60 | 0.02 |
| sbyb | 0.83 | 0.38 | 0.89 | 0.01 |
| fxph | 0.12 | 0.32 | 0.10 | 0.01 |
| fxyw | 0.66 | 0.48 | 0.73 | 0.01 |
| cxyy | 0.35 | 0.47 | | |
| xxgz | | | 4.03 | 0.02 |
| xdys | 0.32 | 0.46 | 0.25 | 0.01 |
| yhsl | 0.65 | 0.16 | 0.57 | 0.01 |
| xyk | 0.03 | 0.17 | 0.03 | 0.01 |
| region1 | 0.30 | 0.46 | 0.34 | 0.01 |
| region2 | 0.38 | 0.48 | 0.38 | 0.01 |
| pgdp | 3.65 | 0.14 | 4.32 | 0.02 |

注：由 CHFS2011、2013 年数据整理得到。

　　根据 2011 年和 2013 年 CHFS 农村家庭实地调查结果，持有无风险金融资产（现金和银行存款）的样本农村家庭比例分别为 95％ 和 93％，持有银行存款的样本农村家庭比例分别为 41％ 和 46％，表明农村家庭多以现金形式持有其金融资产，约一半家庭拥有银行存款。农村家庭无风险金融资产 I（现金和银行存款）占总金融资产的比例分别为 96％ 和 88％，无风险金融资产 II（银行存款）占比分别为 30％ 和 27％。人口统计变量中,户主年龄变量平均值分别为 51.52 岁和 53.28 岁,文化程度变量平均值分别为 2.54 和 2.47,家庭人口变量平均值分别为 3.85 人和 4.07 人。经济特征变量中,家庭收入变量的对数平均值分别为 8.72 和 8.52,实物资产变量的对数平均值分别为 10.55 和 10.60,保障与保险变量平均值为 0.83 和 0.89。主观态度和金融知识变量中,风险偏好变量平均值分别为 0.12 和 0.10,风险厌恶变量平均值分别为 0.66 和 0.73,表明农村家庭风险厌恶程度远高于风险偏好;储蓄意愿变量平均值为 0.35,金融信息关注程度变量平均值为 4.03,表明农村家庭较少关注经济、金融信息,缺少相关知识和认知。农村金融供给特征变量中,信贷约束变量平均值为 0.32 和 0.25,说明有近 1/3 农村家庭受到来自供给和需求两个方面的信贷约束;家庭存款账户变量平均值分别为 0.65 和 0.57,家庭信用卡变量平均值均为 0.03。控制变量中,东部地区虚拟变量平均值分别为 0.3 和 0.34,中部地区虚拟变量平均值均为 0.38,地区经济水平变量平均值分别为 3.65 和 4.32。

对农村家庭无风险金融资产选择行为的分析中,本章关注的解释变量之一是信贷约束,表 4-3 统计显示,2011 年样本农村家庭在农业/工商业相关经营项目、购买建造装修房屋、购买车辆这三个方面家庭活动中受到来自供给和需求的信贷约束比例分别为 20.97%、25.35% 和 13.81%,2013 年这三项信贷约束比例分别为 19.19%、20.08% 和 13.05%。总体来看,虽然 2013 年较 2011 年各项信贷约束比例均有所下降,但仍然处于较高水平,综合统计显示近 1/4 农村家庭受到来自生产和消费等不同方面的信贷约束。从各项家庭活动所受到的信贷约束来看,用于改善生活品质的购买、修建房屋的这一比例最高。

表 4-3  农村家庭信贷约束比例(%)

| | 2011 年 | | 2013 年 | |
|---|---|---|---|---|
| | 未受到信贷约束 | 受到信贷约束 | 未受到信贷约束 | 受到信贷约束 |
| 农业/工商业经营 | 79.03 | 20.97 | 80.81 | 19.19 |
| 购买建造装修房屋 | 74.65 | 25.35 | 79.92 | 20.08 |
| 购买车辆 | 86.19 | 13.81 | 86.95 | 13.05 |
| 综合统计 | 69.62 | 30.38 | 74.55 | 24.45 |

注:由 CHFS2011、2013 年数据整理得到。

　　农村家庭的风险态度也是本章关注的解释变量,根据 2011 年和 2013 年 CHFS 农村家庭实地调查数据,表 4－4 统计并对比了农村家庭和城镇家庭对"如果有一笔资产,愿意选择哪种投资项目"这一调查问题的回答。可以看出,农村家庭投资风险态度更谨慎,不愿意承担任何风险的占比分别为 50.23% 和 59.26%,远高于城镇家庭的 39.63% 和 49.25%;而其余带有不同风险和回报项目的各选项中,农村家庭的这一比例均低于城镇家庭。

表 4－4　农村家庭和城镇家庭投资风险态度

| | 2011 年 | | 2013 年 | |
| --- | --- | --- | --- | --- |
| | 农村家庭 | 城镇家庭 | 农村家庭 | 城镇家庭 |
| 高风险、高回报项目 | 6% | 6.35% | 6.46% | 5.85% |
| 略高风险、略高回报项目 | 5.45% | 8.46% | 3.06% | 5.92% |
| 平均风险、平均回报项目 | 23.33% | 27.41% | 16.99% | 22.85% |
| 略低风险、略低回报项目 | 14.99% | 18.15% | 14.23% | 16.13% |
| 不愿承担任何风险 | 50.23% | 39.63% | 59.26% | 49.25% |

注:由 CHFS2011、2013 年数据整理得到。

　　根据 2011 年调查问卷问题"假定当前利率为零,且不考虑物价上涨因素。那么,选择在明天得到 1 000 元钱? 或是在一年以后得到 1 100 元钱?"的回答结果,表 4－5 统计显示,超过 2/3 农村家庭更愿意获得即期货币额度;然而,相比于城镇家庭,农村家庭的储蓄意愿更高,33.71% 的农村家庭愿意在一年后取得本息总额,高于城镇家庭的 26.65%。这一方面体现了农村家庭对资产财富的态度更趋于谨慎保守,另一方面也反映出农村地区正规金融资产配置渠道的相对匮乏,家庭富余资金难以通过金融市场进行合理配置、优化家庭金融资产结构。

表 4－5　农村家庭和城镇家庭的储蓄意愿

| | 明天取得 1 000 元 | 一年后取得 1 100 元 |
| --- | --- | --- |
| 农村家庭 | 66.29% | 33.71% |
| 城镇家庭 | 73.35% | 26.65% |

注:由 CHFS2011 年数据整理得到。

根据 2013 年调查问卷问题"对经济、金融方面的信息关注程度",表 4-6 统计结果显示,农村家庭从不关注的比例为 47.91%,远高于城镇家庭的 31.28%;而关注程度的其余各选项中,农村家庭的这一比例均低于城镇家庭。

表 4-6　农村家庭和城镇家庭的经济、金融信息关注

|  | 非常关注 | 很关注 | 一般 | 很少关注 | 从不关注 |
|---|---|---|---|---|---|
| 农村家庭 | 3.66% | 6.58% | 18.44% | 23.41% | 47.91% |
| 城镇家庭 | 4.05% | 8.42% | 27.52% | 28.74% | 31.28% |

注:由 CHFS2013 年数据整理得到。

### 4.3.2　实证结果及分析

基于以上描述性统计分析和计量模型 4-7、4-8、4-9,本章使用统计软件 Stata 15.1 进一步回归分析农村家庭无风险金融资产选择行为,主要从两个方面展开:农村家庭无风险金融资产参与选择和无风险金融资产参与程度。表 4-7 列出了 Probit 模型估计结果,模型(1)、(3)、(5)、(7)分别对两类无风险金融资产(现金+银行存款、银行存款)哑变量进行基础回归,鉴于模型可能存在异方差性而对参数估计产生影响,需要修正回归结果,模型(2)、(4)、(6)、(8)分别采用聚类稳健标准误进行检验。估计结果具有很好的一致性,表明上述模型估计结果具有较强的可靠性。回归结果显示,信贷约束变量系数显著为负,即信贷约束程度越高,农村家庭越有可能减少对无风险金融资产的持有。

表 4-7　农村家庭无风险金融资产选择的 Probit 模型估计结果

| 变量 | 2011 年 | | | | 2013 年 | | | |
|---|---|---|---|---|---|---|---|---|
|  | 无风险金融资产Ⅰ | | 无风险金融资产Ⅱ | | 无风险金融资产Ⅰ | | 无风险金融资产Ⅱ | |
|  | (1) | (2) | (3) | (4) | (5) | (6) | (7) | (8) |
| age | −0.012*** (0.004) | −0.011*** (0.003) | −0.004* (0.002) | −0.004* (0.002) | −0.003 (0.002) | −0.003 (0.002) | −0.008*** (0.002) | −0.008*** (0.002) |
| edu | 0.135*** (0.051) | 0.135*** (0.048) | 0.165*** (0.029) | 0.165*** (0.029) | 0.081*** (0.028) | 0.081*** (0.027) | 0.093*** (0.033) | 0.093*** (0.031) |

| 变量 | 2011 年 | | | | 2013 年 | | | |
|---|---|---|---|---|---|---|---|---|
| | 无风险金融资产Ⅰ | | 无风险金融资产Ⅱ | | 无风险金融资产Ⅰ | | 无风险金融资产Ⅱ | |
| | （1） | （2） | （3） | （4） | （5） | （6） | （7） | （8） |
| jtrk | −0.023 | −0.023 | −0.001 | −0.001 | −0.004 | −0.004 | −0.044* | −0.044* |
| | (0.026) | (0.025) | (0.016) | (0.016) | (0.012) | (0.013) | (0.016) | (0.016) |
| jjsr | 0.093*** | 0.093*** | 0.111*** | 0.111*** | 0.021*** | 0.021*** | 0.049*** | 0.049*** |
| | (0.033) | (0.029) | (0.020) | (0.021) | (0.005) | (0.006) | (0.007) | (0.007) |
| swzc | 0.071*** | 0.070*** | 0.072*** | 0.071*** | 0.048*** | 0.048*** | 0.066*** | 0.066*** |
| | (0.021) | (0.022) | (0.014) | (0.015) | (0.012) | (0.013) | (0.016) | (0.016) |
| sbyb | 0.109 | 0.109 | 0.198* | 0.198* | 0.184* | 0.184* | 0.235** | 0.235** |
| | (0.110) | (0.109) | (0.073) | (0.074) | (0.067) | (0.067) | (0.083) | (0.084) |
| fxph | −0.159 | −0.159 | −0.157* | −0.157* | −0.119 | −0.119 | −0.260** | −0.260** |
| | (0.156) | (0.152) | (0.091) | (0.091) | (0.093) | (0.095) | (0.125) | (0.122) |
| fxyw | 0.008 | 0.008 | 0.114* | 0.114* | 0.040 | 0.040 | 0.057 | 0.057 |
| | (0.110) | (0.110) | (0.063) | (0.062) | (0.066) | (0.066) | (0.078) | (0.078) |
| cxyy | 0.162* | 0.162* | 0.089* | 0.089* | | | | |
| | (0.091) | (0.089) | (0.053) | (0.053) | | | | |
| xxgz | | | | | −0.059** | −0.059** | −0.085** | −0.085** |
| | | | | | (0.022) | (0.023) | (0.025) | (0.025) |
| xdys | −0.276*** | −0.276*** | −0.081** | −0.081** | −0.126** | −0.126** | −0.373*** | −0.373*** |
| | (0.089) | (0.088) | (0.053) | (0.056) | (0.050) | (0.051) | (0.070) | (0.070) |
| yhsl | 0.004 | 0.004 | 0.045* | 0.045* | 0.481* | 0.481* | 0.467** | 0.467** |
| | (0.028) | (0.027) | (0.017) | (0.017) | (0.045) | (0.057) | (0.222) | (0.223) |
| xyk | −0.249 | −0.249 | 0.204 | 0.205 | −0.082 | −0.082 | 0.011 | 0.011 |
| | (0.283) | (0.275) | (0.151) | (0.151) | (0.197) | (0.206) | (0.228) | (0.215) |
| region1 | −0.297* | −0.297* | −0.036 | −0.036 | −0.310** | −0.310** | −0.169* | −0.169* |
| | (0.176) | (0.173) | (0.107) | (0.104) | (0.080) | (0.080) | (0.099) | (0.096) |
| region2 | 0.186* | 0.186* | −0.015 | −0.015 | 0.183** | 0.184** | −0.146** | −0.146* |
| | (0.103) | (0.097) | (0.063) | (0.063) | (0.057) | (0.056) | (0.073) | (0.078) |
| pgdp | 0.187*** | 0.187*** | 0.075** | 0.075** | 0.004 | 0.004 | 0.033 | 0.033 |
| | (0.059) | (0.058) | (0.032) | (0.032) | (0.021) | (0.023) | (0.025) | (0.023) |

| 变量 | 2011 年 | | | | 2013 年 | | | |
|---|---|---|---|---|---|---|---|---|
| | 无风险金融资产Ⅰ | | 无风险金融资产Ⅱ | | 无风险金融资产Ⅰ | | 无风险金融资产Ⅱ | |
| | (1) | (2) | (3) | (4) | (5) | (6) | (7) | (8) |
| C | −0.163* (0.465) | −0.163* (0.439) | −0.277*** (0.293) | −0.278*** (0.300) | −0.606** (0.242) | −0.607** (0.251) | −0.236*** (0.302) | −0.236*** (0.313) |
| N | 2 695 | 2 695 | 2 695 | 2 695 | 7 748 | 7 748 | 7 748 | 7 748 |
| Prob> chi2 | 0.00 | 0.00 | 0.00 | 0.00 | 0.00 | 0.00 | 0.00 | 0.00 |
| Pseudo R² | 0.10 | 0.10 | 0.09 | 0.09 | 0.10 | 0.10 | 0.15 | 0.15 |

注：\*\*\*、\*\*和\*分别表示在1%、5%和10%水平显著。

　　信贷约束不但会对农村家庭是否持有无风险金融资产产生影响，还有可能会影响其无风险金融资产参与程度，即持有比例。表4-8列出了Tobit模型的估计结果，模型(1)、(3)、(5)、(7)分别对两类无风险金融资产持有比例进行基础回归，模型(2)、(4)、(6)、(8)进行稳健标准误检验，可以看出估计结果依然具有很好的一致性。结果显示，信贷约束会降低农村家庭两类无风险金融资产的参与程度。

表4-8　农村家庭无风险金融资产选择的 Tobit 模型估计结果

| 变量 | 2011 年 | | | | 2013 年 | | | |
|---|---|---|---|---|---|---|---|---|
| | 无风险金融资产Ⅰ | | 无风险金融资产Ⅱ | | 无风险金融资产Ⅰ | | 无风险金融资产Ⅱ | |
| | (1) | (2) | (3) | (4) | (5) | (6) | (7) | (8) |
| age | −0.001** (0.001) | −0.001** (0.001) | −0.001 (0.002) | −0.001 (0.002) | −0.001* (0.001) | −0.001* (0.001) | −0.002* (0.001) | −0.002* (0.001) |
| edu | 0.002* (0.004) | 0.002* (0.003) | 0.105*** (0.020) | 0.104*** (0.019) | 0.007* (0.005) | 0.007* (0.004) | 0.061*** (0.012) | 0.061*** (0.012) |
| jtrk | −0.002 (0.002) | −0.002 (0.002) | 0.005 (0.012) | 0.005 (0.012) | −0.003 (0.002) | −0.003 (0.002) | −0.029** (0.006) | −0.029** (0.006) |
| jjsr | 0.066** (0.002) | 0.066** (0.027) | 0.065*** (0.014) | 0.065*** (0.014) | 0.028*** (0.002) | 0.028*** (0.001) | 0.018*** (0.003) | 0.018*** (0.002) |

| 变量 | 2011 年 | | | | 2013 年 | | | |
|---|---|---|---|---|---|---|---|---|
| | 无风险金融资产 I | | 无风险金融资产 II | | 无风险金融资产 I | | 无风险金融资产 II | |
| | （1） | （2） | （3） | （4） | （5） | （6） | （7） | （8） |
| swzc | 0.051*** | 0.051*** | 0.040*** | 0.040* | 0.034* | 0.034* | 0.010* | 0.009* |
| | (0.002) | (0.002) | (0.010) | (0.010) | (0.002) | (0.003) | (0.006) | (0.006) |
| sbyb | 0.010 | 0.010 | 0.103** | 0.103* | 0.030** | 0.030* | 0.012 | 0.012 |
| | (0.009) | (0.007) | (0.052) | (0.054) | (0.012) | (0.013) | (0.032) | (0.032) |
| fxph | −0.003 | −0.003 | −0.150** | −0.150** | −0.018 | −0.018 | −0.099** | −0.100** |
| | (0.011) | (0.014) | (0.063) | (0.060) | (0.015) | (0.015) | (0.039) | (0.040) |
| fxyw | 0.008 | 0.008 | 0.093** | 0.093** | 0.014* | 0.014* | 0.032 | 0.032 |
| | (0.008) | (0.009) | (0.043) | (0.042) | (0.010) | (0.010) | (0.026) | (0.026) |
| cxyy | 0.015** | 0.015** | 0.080** | 0.080** | | | | |
| | (0.007) | (0.007) | (0.037) | (0.036) | | | | |
| xxgz | | | | | −0.003* | −0.002* | −0.042*** | −0.042*** |
| | | | | | (0.004) | (0.003) | (0.009) | (0.009) |
| xdys | −0.007** | −0.007** | −0.070** | −0.070** | −0.046** | −0.046** | −0.127*** | −0.127*** |
| | (0.007) | (0.088) | (0.039) | (0.039) | (0.009) | (0.009) | (0.024) | (0.023) |
| yhsl | 0.001 | 0.001 | 0.017 | 0.017 | 0.019** | 0.019* | 0.509** | 0.508** |
| | (0.002) | (0.002) | (0.012) | (0.012) | (0.004) | (0.004) | (0.012) | (0.016) |
| xyk | −0.035 | −0.035 | 0.102 | 0.102 | −0.046 | −0.046 | 0.036 | 0.035 |
| | (0.018) | (0.025) | (0.095) | (0.084) | (0.025) | (0.025) | (0.063) | (0.067) |
| region1 | −0.041* | −0.041* | −0.038 | −0.038 | −0.048** | −0.048** | −0.019 | −0.019 |
| | (0.013) | (0.011) | (0.075) | (0.073) | (0.013) | (0.012) | (0.032) | (0.032) |
| region2 | 0.002 | 0.002* | −0.024 | −0.024 | 0.023** | 0.024** | −0.090** | −0.090** |
| | (0.008) | (0.008) | (0.044) | (0.045) | (0.010) | (0.010) | (0.026) | (0.026) |
| pgdp | 0.002* | 0.002* | 0.062*** | 0.062*** | 0.004* | 0.004* | 0.009* | 0.009* |
| | (0.004) | (0.004) | (0.022) | (0.021) | (0.003) | (0.003) | (0.008) | (0.008) |
| C | −0.992*** | −0.992*** | −0.161*** | −0.161*** | −0.699*** | −0.699*** | −0.632*** | −0.632*** |
| | (0.036) | (0.039) | (0.206) | (0.208) | (0.040) | (0.044) | (0.109) | (0.110) |
| N | 2 695 | 2 695 | 2 695 | 2 695 | 7 748 | 7 748 | 7 748 | 7 748 |
| Prob> chi2 | 0.00 | 0.00 | 0.00 | 0.00 | 0.00 | 0.00 | 0.00 | 0.00 |

续　表

| 变量 | 2011 年 | | | | 2013 年 | | | |
|---|---|---|---|---|---|---|---|---|
| | 无风险金融资产 Ⅰ | | 无风险金融资产 Ⅱ | | 无风险金融资产 Ⅰ | | 无风险金融资产 Ⅱ | |
| | （1） | （2） | （3） | （4） | （5） | （6） | （7） | （8） |
| Pseudo R² | 0.09 | 0.09 | 0.08 | 0.08 | 0.15 | 0.15 | 0.21 | 0.21 |

注：\*\*\* 、\*\* 和 \* 分别表示在 1%、5% 和 10% 水平显著。

以下将对上述模型估计结果做进一步解释和分析。

### 1. 农村家庭人口特征

两类无风险金融资产模型中，年龄变量的影响显著为负。随着年龄增长，家庭生产生活用途的开支增加，如子女教育开支增多、赡养老人负担加重、为成年子女婚嫁购置修建房屋等固定资产，导致家庭无风险金融资产存量下降。这可能与农村地区家庭的观念和传统有关，而且不同地区农村家庭的金融资产选择行为也有差异。

文化程度变量的影响为正，且呈统计显著性。户主受教育程度高的农村家庭，人力资本相对较高，在传统金融的有限渠道供给模式下，更偏好配置正规无风险资产。相比较于现金，正规金融机构储蓄存款更安全稳定，也可以得到固定收益，具有资产效应。

家庭人口变量的影响为负，但均不显著，人口越多，农村家庭各项支出项相对较多、负担相对较重，影响了家庭金融资产和财富的配置能力。

### 2. 农村家庭经济特征

家庭收入变量对两类无风险金融资产的影响均显著为正，收入水平越高，农村家庭越有能力选择配置金融资产。农村家庭的财富收入主要来源于人力资本和金融资产，这两项家庭资源可带来劳动收入和红利收益。作为农村家庭经济主体最主要的收入来源，劳动收入对家庭资产选择决策具有重要影响作用。由于劳动收入风险通常反向作用于风险资产配置，为确保消费平滑，农村家庭往往会把有限劳动收入投资到无风险资产上（Heaton 等，2000；何兴强等，2009）。

实物资产变量对无风险金融资产的影响全都显著为正，实物资产越多，农村家庭越偏好选择金融资产。在农村地区普遍缺少有效抵押物的情况下，农村家庭能够以农工商业生产设备、房屋、车辆和其他耐用品等实物资产作为有效抵押品，满足正规金融机构较高的放贷条件，更容易获得资金支持，为提高家庭金融资产选择提供了条件。

保险与保障变量的影响为正，社会养老保险和医疗保险能够有效提高农村家庭的实际收入水平，增强其金融资产配置能力。除了如何生产经营以提高收入，农村家庭同样关注"老有所依"，避免"因病致贫"等问题，因此，保险和保障是制约家庭储蓄消费行为的重要因素，也影响其金融资产有效跨期配置①。

### 3. 主观态度金融知识

风险偏好变量的影响为负，但仅对无风险金融资产Ⅱ（银行存款）呈统计显著性；而风险厌恶变量的影响为正，但不显著。这说明，农村家庭储蓄行为会受到其风险态度和金融认知的影响，越趋向规避风险，则越偏好配置流动性较强的无风险金融资产。一方面，这可能是因为农村居民受教育水平普遍不高而缺少风险投资意识和金融知识，因而其风险承受能力也相应较弱；另一方面，传统金融供给模式下的农村地区金融市场环境比较薄弱，难以提供多样化的正规风险资产投资渠道，导致现实中家庭风险资产需求受到很大程度的限制。

储蓄意愿变量的影响显著为正。这意味着，储蓄意愿越强，农村家庭越偏好无风险金融资产。通常低收入人群存在当前倾向的偏好，可能会导致当前消费过多而储蓄偏少。模型计算结果说明我国农村家庭收入水平已经使得家庭具备储蓄能力，但由于缺少更多正规金融资产供给渠道，因而表现出更高的储蓄意愿。信息关注变量的影响显著为负，表明关注经济金融信息的家庭通常具有较高的金融知识水平，在有闲置资金的情况下，其金融资产配置意愿更强烈②。

---

① 根据2011年和2013年CHFS调查数据，在样本农村家庭中，有退休金的分别为5.15%和2%；参加新型农村社会养老保险的农村家庭分别为72.21%和72.14%。拥有社会医疗保险的农村家庭分别为93.11%和94.04%，其中参加新型农村合作医疗保险的分别为90.48%和94.85%。此外，没有参加任何商业保险的样本农村家庭分别为93.75%和97.02%，95%以上的家庭没有失业保险和住房公积金。

② 由于CHFS对2013年调查问卷的问题进行了调整，这使得其中个别问题与2011年问卷问题不能保持一致，因此以"对经济、金融信息关注程度"来反映农村家庭的金融认知和储蓄意愿水平。

### 4.农村金融服务供给特征

信贷约束变量对两类无风险金融资产的影响均显著为负,受到信贷约束的农村家庭更倾向于用流动性强的手持现金和储蓄存款弥补其资金缺口。信贷约束不但会影响农村家庭是否持有无风险金融资产,还会降低其无风险金融资产的参与程度即持有比例,不利于提高家庭效用水平。这一结果与陈治国等(2016)结论相反,其可能原因是较长期的面板数据会受到其他因素影响,如长期中收入水平增长、外部经济环境等,而并非仅是信贷约束导致了农户消费水平的下降,从而使农户更倾向于增加持有现金和储蓄资产。耕地和宅基地作为农村家庭生产生活的最基本经济资源,不具有金融功能,难以抵押融资,在一定程度上限制了农村资源、资金、资产的流动①。因此,当农业生产经营需要资金时,家庭无风险金融资产成为较为直接便利的资金来源。现实中,信贷约束对农村家庭无风险金融资产的影响在短期中应更明显一些,当家庭受到流动性约束和借贷限制时,在有一定存量的自有储蓄存款和手持现金的情况下,农村家庭会首先使用其无风险金融资产弥补资金缺口,开展生产经营活动或用于非日常性消费支出,以尽可能小的交易成本努力提升家庭总效用。

家庭存款账户数变量的影响均为正,这直接反映了农村家庭选择储蓄资产的便利性,有助于提高家庭对储蓄的有限认知和自我控制,帮助有储蓄意愿的家庭达到储蓄目标,有效提高农村家庭金融资产配置水平。金融机构也希望通过服务提高储户存款,因为这是其市场化运营资金的重要来源,但正规金融服务的根本出发点并非为促进优化农村家庭金融资产结构,值得关注和反思。虽然正规金融机构通过在农村地区增加机构网点数量、扩大农村金融机构的覆盖范围,试图提高农村金融服务可得性,但真正能够得到信贷资金的农村家庭比例并未因此提高。当面临流动性约束和借贷限制时,不得不减持流动性较强的无风险金融资产。从宏观层面看,农村金融供给与农村地区家庭的实际金融需求之间仍存在较大缺口。

---

① 2015 年 8 月 10 日,国务院发布《关于开展农村承包土地的经营权和农民住房财产权抵押贷款试点的指导意见》(国发(2015)45 号)。2016 年 3 月 24 日,中国人民银行官网发布《农民住房财产权抵押贷款试点暂行办法》和《农村承包土地的经营权抵押贷款试点暂行办法》,并立即施行。

信用卡变量的影响均不显著,对储蓄存款影响为正,而对现金储蓄总量影响为负。这可能是因为金融机构提供的信用卡服务需要有一定的还款保障,而农村家庭普遍缺少还款抵押物,因此能够拥有信用卡的农村家庭较少。另一方面,保证和证明借方足够的偿付能力,农村家庭会增加其储蓄存款,同时减少手持现金数量。当然,信用卡也为家庭消费行为提供便利,降低了现金支付率。

### 5. 地区环境特征

地区虚拟变量 1 的影响为负,表明东部省份农村家庭相对于西部家庭而言,更倾向于减少持有现金和储蓄存款。这在一定程度上反映了东部地区农村金融市场环境更具竞争性,有利于金融服务和产品的创新,金融服务可得性较高。具体而言,一方面农村家庭获得正规借贷的机会往往比较多,另一方面金融资产的正规供给渠道趋向多样化,农村家庭不再局限于配置现金储蓄等基础性金融资产,有可能转向非基础性金融资产选择。

地区虚拟变量 2 对储蓄存款的影响为负,但对现金储蓄总量的影响显著为正。这说明相对于西部家庭而言,中部地区农村家庭更偏好持有现金和储蓄存款。这一方面反映了中部地区收入水平相对较高,农村家庭有一定的资金盈余;另一方面说明了中西部地区农村金融机构的商业化经营理念相对落后,为农村家庭提供的有效金融服务程度亟须进一步提高。

地区经济水平变量呈显著正向影响,即使是经济发达地区的农村家庭,也较为偏好无风险金融资产,说明其金融资产配置能力相对较强,同时也可能与农村金融机构普遍为农村家庭提供的有效资产配置渠道不足有关。从这个角度来看,尽管地区经济发展水平和区域差异会导致农村家庭收入财富水平、风险态度、金融知识的差异,但总体而言,金融服务可得性的提高,有利于农村地区家庭参与正规金融市场配置资产,优化家庭金融资产结构。

## 4.4 本章小结

传统主流文献通常认为,理性的家庭投资者通过资源跨期优化配置,实现长期效用最大化。从我国农村地区的现实情况来看,在传统金融供给模式下农村家庭金融资产结构单一,主要以无风险且流动性较强的手持现金和储蓄存款为主。按照经济学的基本假定和传统投资组合选择理论分析框架,农村家庭是理性的投资决策主体,为何长期倾向于将家庭稀缺的自有资金资源仅用于单一金融资产配置,而非通过选择多样化金融资产实现资源的跨期优化? 为此,有必要探究农村家庭单一无风险金融资产选择现象的深层次原因,并对其做出合理的经济学解释。本章基于家庭效用理论来解释农村家庭金融资产行为决策的特定性质,进而构建Probit 模型和 Tobit 模型进行实证检验,最终得到如下基本结论:

第一,农村家庭无论是参与选择还是使用无风险金融资产,实际上是一种被动的选择,也是在既定约束下的一种理性选择结果。具体而言,其行为决策目标是家庭长期效用最大化。可从这两个方面理解:① 如果农村家庭有一定资金盈余,在满足基本生产生活支出后,则可以进行资产跨期配置,以应对不确定性的非日常支出,进而提升家庭总效用水平,这与一般经济理论相符合。但是,农村家庭选择金融资产多样化组合需要具备一定的前提,即农村正规金融资产渠道和风险资产品种供给未受约束和限制。事实上,农村家庭只能以无风险的活期、定期存款和现金等有限形式持有其金融资产,很大程度上也受到其自身禀赋条件的影响,如收入相对较低,风险承受能力较弱,普遍缺少风险投资意识和金融知识等。② 如果有金融资产积累的农村家庭面临预算约束和借贷限制,其最优行为选择是减少自有金融资产的持有,以弥补家庭生产经营所需资金和平滑消费,从而获得更高水平跨期收入,实现长期家庭效用最大化目标。

第二,农村家庭无风险金融资产选择主要取决于家庭人口特征、经济特征、主观态度金融知识和农村金融供给特征。实证结果发现:收入财富水平较高的农村家庭,往往配置金融资产能力更强;厌恶风险、储蓄意愿较高的农村家庭,往往更偏好无风险金融资产;关注经济金融信息的家庭通常有一定的金融认知,会提高其金融资产配置意愿;信贷约束则使得农村家庭不得不减少无风险金融资产配置,而金融服务可得性的提高会增加家庭金融资产选择的便利性。

第三,农村家庭无风险金融资产选择与地区因素的相关性也较显著。一方面,地区经济发展水平越高,农村家庭收入和财富水平也相应较高,

其金融资产配置能力也较强,更有利于优化农村金融市场环境,创新金融
服务产品,以提高农村金融服务可得性,同时随着金融资产的正规供给渠
道趋向多样化,农村家庭更倾向于减少持有现金和储蓄存款。另一方面,
尽管存在地区经济发展水平和区域差异,但作为共性的特征,在普遍缺乏
合适的风险金融投资工具和有效配置渠道情况下,无论是较发达地区的
农村家庭,还是相对落后地区的农村家庭,对无风险金融资产的偏好程度
都很高。

  基于上述结论可以得到以下政策启示:首先,需充分考虑农村家庭面
临的信贷约束,提高正规金融服务可得性,有助于促进农村家庭的金融资
产选择行为,实现其效用最大化目标;其次,进一步增加农村地区金融机
构网点,扩大金融服务覆盖面,构建高效的信息沟通工作机制,从根本上
提升农村金融服务家庭资产选择的能力;第三,鉴于农村家庭双重身份和
农村金融供给的特殊性,政府职能部门应提供相应的配套措施,支持农村
金融机构适当放宽准入条件,为农村家庭增收提供必要的资金支持,从根
本上提高其金融资产选择的能力,促进农村地区家庭参与正规金融市场,
优化家庭资产结构。

# 第5章　农村家庭风险金融资产选择:基于社会网络的理论分析与实证检验

## 5.1　引　言

家庭金融行为具有复杂性特征,这一复杂行为系统包含丰富的决策内容,并且同时受个体特征和社会环境等因素的影响,如人口特征、偏好认知、社会网络、体制背景等。这使得不同家庭的金融行为又具有异质性特征,因而难以直接用传统的最优选择理论来加以阐释,需要结合现实情况进行分析。在我国传统金融模式下,农村家庭金融资产选择的最显著特征是主要持有正规无风险金融资产及高储蓄率,前文基于家庭效用理论已证明并做出合理的经济学阐释。但同时,在农村金融供给条件受限或正规风险金融资产选择受到约束的情况下,农村家庭风险金融资产选择行为的特征表现为金融市场的有限参与而非正规的民间借贷活动较为活跃(《中国农村金融发展报告》,2014)。

《最高人民法院关于审理民间借贷案件适用法律若干问题的规定》①第一条明确指出:"民间借贷是指自然人、法人、其他组织之间及其相互之间进行资金融通的行为。"作为一种操作简便快捷、获取条件相对较低的融资手段,民间借贷在一定程度上缓解了正规金融机构信贷供给受限与借贷需求满足程度较低之间的矛盾,有利于促进资金融通和经济发展。但其自身的不规范性以及由此带来的风险隐患也显而易见,民间借贷双

---

① 2015年6月23日,最高人民法院审判委员会第1655次会议通过。根据《规定》第一条,经金融监管部门批准设立的从事贷款业务的金融机构及其分支机构,因发放贷款等相关金融业务引发的纠纷,不适用本规定。

方通常仅靠信誉维持，缺少完备的借贷手续，以及有效的抵押担保和法律保障，极易引发经济纠纷，导致债权人经济利益受损，典型案例如 2011 年 4 月以来的温州民间借贷危机。从我国农村民间金融市场的现实情况来看，农村家庭之间的民间借贷形式多为"帮困扶贫"，是一种以家庭自有闲置资金进行的无偿或有偿的相互借贷活动。互助型借贷主要是亲友之间临时性的资金调剂，金额不等，时间不定，基本不以营利为目的，或仅有微小的象征性补偿收益，主要用途是解决临时性生产生活的急需资金缺口。因此，如何从经济学理论上进行解释并证明农村家庭非正规风险金融资产选择的理性行为动机，成为本章核心研究内容。

中国是一个传统的关系型社会（Bian，1997），因而社会网络作为一种特殊资源禀赋，有着广泛的社会生存土壤，并在人们社会活动和经济事务中扮演着重要角色。家庭通过其所处的社会网络形成社会联系，提供必要的互惠帮助，形成一种自发的风险分担机制。一般而言，当家庭受到外部不确定性和内部流动性约束等冲击时，社会关系联络度高的家庭更容易在网络内部寻求并获得帮助（王铭铭，1997）；进而，已有文献进一步探讨了社会网络在消费保险、增加就业、扶贫以及自主创业等方面的积极影响（Rosenzweig 等，1993；Fafchamps 等，2003；Dehejia 等，2007；张爽等，2007；马小勇等，2009；章元等，2009；马光荣等，2011）。对于物质资本和人力资本相对匮乏的农村家庭而言，基于"血缘、亲缘、地缘"所形成的社会网络作为一种重要的资源配置替代机制（李树等，2012），为农村家庭金融提供了履约保证和信息扩散这两个方面的有利条件（吴卫星等，2015），对非正规民间借出款起着关键作用。

现实中，农村家庭在传统节假日或办红白喜事时相互赠送礼品礼金，以此作为维系亲友之间的情感纽带，在一定程度上反映家庭社会网络所强调的结构关系，可以看作是对社会网络必要的投资和维持。农村家庭的资金借出行为多为口头约定，且多数没有受法律保护的纸质借款契约或抵押担保物，人们通过电话、网络和直接见面等方式的往来联系可较为及时充分地了解借款家庭生产经营活动和生活消费情况，这降低了借贷双方信息不对称程度，在一定程度上缓解了借出款违约的风险。此外，至亲血缘的基本特征决定了农村家庭在其网络结构中的亲友家庭面临流动性约束时，借出自有资金实施援助，而血浓于水的网络关系使得借出资金家庭从主观和客观上都会基本忽略这一金融行为的风险性。因而,家庭社会网络为民间借贷提供了还款履约保证,降低了出借资金的风险,作为一种偿债担保能力更多影响借出家庭的金融资产选择决策和借贷规模。鉴于此,农村家庭所处的社会网络结构有助于降低民间借贷契约执行过程中的信息不对称程度,进而减少其配置非正规风险金融资产的风险,促使农村家庭参与民间借出。

基于以上分析,本章试图借助社会网络理论,在 Campbell(2002)研究思路的基础上,通过构建一个农村家庭风险金融资产选择的扩展理论模型,具体分析农村家庭非正规风险资产选择问题,为农村家庭借出款偏好和决策提供一种解释。

## 5.2 农村家庭风险金融资产选择的理论分析:基于社会网络视角

### 5.2.1 农村家庭风险金融资产选择行为决策的理论描述

假设农村家庭在离散且无限长时期内进行资产选择,任意时间 $t$,家庭财富为 $W_t$,消费为 $C_t$。农村家庭在时间 $t$ 选择消费 $C_t$ 后,对财富 $W_t$ 进行投资,可获得无风险资产和风险资产这两种类型资产,并且第 $i$ 个风险资产的投资比重为 $\theta_{i,t}$,从 $t$ 到 $t+1$ 期分别有固定收益率 $R_{a,t}$ 和风险收益率 $R_{b,t}$。在既定资源禀赋约束下,农村家庭在消费和投资之间进行选择以实现其最大期望效用,可表示为:

$$maxE_t \sum_{t=0}^{\infty} \varphi_i U(C_{t+i})$$

$$s.t W_{t+1} = R_{c,t+1}(W_t - C_t) \tag{5-1}$$

式中,$\varphi$ 是时间贴现因子;$R_{c,t+1}$ 是投资组合收益率。

假设风险资产收益率 $R_{b,t}$ 服从对数正态分布,则当经济处于均衡状态时,可根据边际成本和边际收益来确定农村家庭的最优消费和资产投资,并满足以下欧拉方程:

$$U'(C_t) = E_t \left[ \varphi U'(C_{t+1}) R_{d,t+1} \right] \qquad (5-2)$$

式中，$R_{d,t+1}$ 表示资产收益率，包括无风险资产、风险资产或投资组合等不同形式资产的收益率；$U'(C_t)$ 表示边际成本，可由农村家庭每增加一单位消费所带来的效用增量来衡量；$E_t \left[ \varphi U'(C_{t+1}) R_{d,t+1} \right]$ 表示边际收益，是对下一期消费边际效用 $U'(C_{t+1})$ 与资产收益率 $R_{d,t+1}$ 的乘积进行时间贴现，再以当期的期望进行衡量。

如果将公式(5-2)左右两边同除 $U'(C_t)$，则可变形为：

$$1 = E_t(D_{t+1} R_{d,t+1}) \qquad (5-3)$$

式中，$D_{t+1} = \varphi U'(C_{t+1}) / U'(C_t)$ 表示随机贴现因子，能够对任意时期不同形式的资产进行时间贴现，再以当期支付价格进行衡量。因此，无风险资产欧拉方程可表示为：

$$1 = E_t(D_{t+1} R_{a,t+1}) \qquad (5-4)$$

同样，风险资产欧拉方程也可表示为：

$$1 = E_t(D_{t+1} R_{b,t+1}) \qquad (5-5)$$

将式(5-5)和式(5-4)相减后，整理得到表达式：

$$0 = E_t \left[ D_{t+1} (R_{b,t+1} - R_{a,t+1}) \right] \qquad (5-6)$$

根据式(5-6)，使用期望算子和协方差，风险资产溢价可表示为：

$$E_t(R_{b,t+1}) - R_{a,t+1} = -\frac{\text{cov}_t(D_{t+1} R_{b,t+1} - R_{a,t+1})}{E_t(D_{t+1})} \qquad (5-7)$$

并根据无风险资产的欧拉方程，可进一步简化为：

$$E_t(R_{b,t+1}) - R_{a,t+1} = -R_{a,t+1} \text{cov}_t(D_{t+1} R_{b,t+1}) \qquad (5-8)$$

由式(5-8)可以得出，资产溢价取决于资产收益率与随机贴现因子的协方差，又由于反映资产当前价格的随机贴现因子与消费相关，因此可得到推论：资产溢价取决于资产收益率和消费。由此反映出农村家庭金融资产选择行为的目标是平滑消费，进而实现家庭效用最大化。

根据前文的分析，假设农村家庭投资者偏好的效用函数为：

$$U(C_{t+i}) = \frac{c^{1-\rho}}{1-\rho} \qquad (5-9)$$

式中,$\rho$ 是风险厌恶系数,将随机贴现因子 $D_{t+1}$ 展开,并且设消费财富比为常数,对预算约束采用对数线性化表示,则最优风险资产持有比重 $\theta_{i,t}$ 可表示为:

$$\theta_{i,t} = \frac{E_t(R_{b,t+1}) - R_{a,t+1}}{R_{a,t+1}\rho\sigma_{t+1}^2} \qquad (5-10)$$

式中,$\sigma_{t+1}^2$ 为风险资产收益率方差。

从式(5-10)可以看出,农村家庭的最优风险资产持有比例应与风险溢价、风险资产收益率方差、风险厌恶系数以及无风险资产收益率相关。风险溢价越高,持有资产比例越大;而持有风险程度、风险厌恶程度及无风险资产收益率越高,则持有比例越小。

由于我国农村地区的正规金融资产配置渠道供给条件受限,因此,农村家庭的正规无风险资产收益率较低,多为金融机构储蓄存款利率;又由于正规风险资产配置受到约束,农村家庭风险资产主要持有非正规的民间借出款,名义收益率很少或几乎为零,因此需要修正家庭风险金融资产选择的一般决策模型。本研究将家庭社会网络作为变量引入投资组合决策模型,试图从理论上解释基于社会网络关系的农村家庭民间借出款参与行为,并进一步讨论其内在影响逻辑。

将农村家庭的风险厌恶记为 $\rho \in [0,1]$,其中 $\rho=0$ 表示极度喜好风险,$\rho=0.5$ 表示风险中性,$\rho=1$ 表示极度厌恶风险。农村家庭的风险厌恶与家庭人口特征、所处社会网络、制度背景等因素有关,由于本章关注的是农村家庭社会网络如何影响其风险偏好,进而影响家庭非正规风险金融资产的选择决策,所以设定:

$$\rho = \rho(S) \qquad (5-11)$$

式中,$S$ 衡量农村家庭的社会关系网络;$\rho(S)$ 是 $S$ 的减函数。

式(5-11)所设定的依据是,家庭社会网络范围广、程度高的居民,其生存环境体系相对"安全",包括来自政治、经济、人文等多方面的支持。因而有理由认为,现实中拥有更多支持关系的社会网络的农村家庭,风险金融资产决策中会考虑能从网络里获取其他内部成员的相对充分还款信

息、借出款非名义收益以及其他可能的援助,止损或补损的预期降低了其
参与民间借出款的风险厌恶,从而表现出对不确定性的更高偏好。具体
在公式中,家庭社会网络 $S$ 越强大,风险厌恶程度 $\rho$ 越低,风险资产持有
比重 $\theta_t$ 增加。

### 5.2.2 结果与讨论:正规金融资产配置替代和缓解信贷约束

综合上述分析可以发现,在风险资产溢价 $E_t(R_{b,t+1})-R_{a,t+1}$、无风
险资产收益率 $R_{a,t+1}$ 等其他条件既定的情况下,农村家庭社会网络 $S$ 作
为一种非正式制度因素,起到扩散借款人信息作用,提供了还款履约保
证,因而提高了借出家庭的风险偏好 $\rho$,又由于 $\rho$ 取值在 $0\sim1$ 之间,较高
的风险偏好表示为较小的 $\rho$ 值,进而影响借出家庭的风险金融资产选择
决策。在我国农村地区,基于家庭社会网络的非正规借出款这一资源配
置机制,对借贷双方家庭生产生活都具有重要现实作用。农村家庭表现
出来的民间借出款选择偏好,实质上并非是其自发的主动决策行为,而是
一种典型的被动选择结果,同时也是农村家庭在自身资源禀赋有限和外
部正规金融供给受限的双重约束条件下所做出的最优选择。对借出资金
家庭来说,首先,社会网络这种重要的资源配置替代机制提供了非正规风
险金融资产的配置渠道,保证了资金充足者闲散资金的保值增值,在一定
程度上弥补了农村正规金融资产供给受限的不足和农村金融市场发展的
相对滞后;其次,农村家庭通过借出自有闲置资金,获得直接社会影响力
和间接物质利益的满足,或在未来面临可能的流动性约束或不确定事件
时也得到同等援助,对家庭消费水平具有即期和跨期财富效应;再次,民
间借出款增加了农村非正规借贷供给,弥补了农村正规金融供给不足。
另一方面,对于借入家庭而言,缓解了其当期面临的流动性约束以及可能
受到的正规信贷约束,有助于提升家庭效用水平。这一研究结论的现实
意义在于,以农村家庭金融需求为导向,挖掘并发挥农村家庭社会网络的
作用,设计和构建农村金融机构对农村家庭之间的信息沟通机制,降低农
村金融机构的经营风险和服务成本。

由于借出资金家庭是民间借贷市场的主要供给方,因而,农村正规金
融服务可得性的提高会影响民间借贷行为,对借贷双方家庭都会产生抑
制和替代作用。一方面,促使借出家庭通过正规金融市场选择风险资产,

提高其正规金融市场参与率,同时降低其在非正规民间借贷市场的风险资产配置,调整优化农村家庭金融资产结构;另一方面,民间借贷供给减少也使得借入家庭转而通过正规金融市场进行借贷,同时农村正规金融服务可得性的提高有利于借入方的信贷需求获得满足,实现农村家庭由关系型借贷向契约型借贷过渡。作为金融政策目标之一的改善农村正规金融服务,不仅在于拓宽农村家庭金融资产供给渠道及其可得性,而且也同时需要增加农村金融信贷供给、缓解信贷约束,为农村家庭增收服务。而随着农村社会转型、地区经济水平提高、农村居民收入增加以及金融普惠改革的推进,社会网络对农村家庭民间借出款的作用将趋于减弱。

## 5.3　农村家庭风险金融资产选择行为的实证检验

　　根据本章第二部分的理论分析,在农村家庭金融资产选择决策中,风险金融资产的名义收益率和风险对其风险资产持有并无直接影响,而是通过农村家庭的社会网络间接影响民间借出款的持有。基于此,可得到以下推论:① 家庭社会网络为农村家庭提供了风险金融资产配置渠道,是农村正规风险资产渠道供给受限的有益补充;② 社会网络显著增加民间借出款的信息对称程度,降低农村家庭非正规的风险金融资产不确定性和风险程度;③ 民间借出款缓解了借入家庭正规信贷约束,是解决农村正规信贷市场供给不足的有效途径。因此,下面需要进一步实证检验的是:量化农村家庭社会网络,试图验证哪些方面的社会网络降低了民间借出款的风险程度,为农村家庭风险金融资产选择提供了非正规渠道。

　　个体行动者通过网络的联结形成一系列的社会联系或社会关系,进而形成相对稳定的系统,构成社会结构,即为社会网络(Wellman 等,1988)。随着概念应用范围的拓展,网络的行动者不仅仅局限于个人,也可以是家庭、部门、组织等集合单位。他们通过有差别地占有、配置各类稀缺资源,如关系的数量、方向、强度和成员的网络地位等,影响着资源在社会结构中的流动方式及效率。在市场机制不完善的发展中国家,家庭往往替代市场在其内部担负起配置资源的作用,因而以家庭为单位的行动者在社会网络中的资源配置问题成为研究聚焦,尤其突出表现在信贷、

储蓄和保险等领域。例如,基于荷兰家庭调查数据,Georgarakos 等
(2014)研究了社会网络在家庭负债需求方面的影响作用,家庭负债容易
受到同龄人平均收入的影响,尤其是较低收入者会通过负债来接近"朋友
圈"的消费水平。在社会网络克服家庭储蓄的自我控制问题方面,Kast
等(2012)调查研究发现,智利小组成员的社会网络可以提高成员的储蓄
次数和余额,具有较强的激励促进作用。中国农村社会网络以地缘、血缘
和业缘为纽带,家庭拥有的社会网络通常是基于家庭的亲友关系(Knight
等,2002),在农村信贷资金配置中发挥"特质性"资源作用(黄勇,2009),
包括正规借贷和非正规借贷,但对二者的作用方式、广度和深度都有不同
(郑世忠等,2007)。以上研究支持了社会网络对家庭金融行为影响的理
论,肯定了社会网络在信息资源获取方面的作用和激励效果。然而,有必
要着眼于我国农村家庭的金融资产需求现实情况,进一步进行实证检验,
探讨社会网络对农村家庭风险金融资产选择的影响。

### 5.3.1 变量说明、模型构建与样本描述

为验证以上理论分析的结论,社会网络是影响农村家庭非正规风险
金融资产选择行为的重要非制度因素。下面需要进一步甄别社会网络的
哪些方面因素影响了农村家庭风险金融资产的参与及参与程度,试图证
明农村家庭的民间借出款选择偏好是其在内外部约束条件下的理性选
择,目的是实现长期家庭效用水平最大化。为保证模型检验过程和结果
的严谨性,依据已有文献研究思路,本章解释变量包括两类:民间借出款
参与率和借出款占比,前者通过"1=有借出款;0=无借出款"两个选择进
行测度,后者为农村家庭借出款与金融资产总量之比。统计显示,有借出
款家庭比例占 10%,说明农村民间借贷较为活跃。

本章主要关注的解释变量是农村家庭社会网络,因理论上这一概念
的宽泛性,目前对社会网络的测度方法仍存在较大差别。关于社会网络
的测量,关键在于如何反映其规模和强度。徐伟等(2011)用家庭在过去
的一年中所接受的来自亲戚和朋友的货币或非货币形式的赠予资源的价
值来度量家庭层面的社会网络;Granovetter(1973)按照互动频率、熟识
程度、信任程度和互惠程度来测量关系的强弱;马小勇等(2009)将社会网
络分解为广度规模变量(以亲友数量来衡量)、紧密程度变量(以亲友间交

往程度来度量)以及支持能力变量(以亲友中相对富裕家庭数量来衡量)。本章借鉴易行健等(2012)的方法,将家庭过去一年中与亲友来往的货币或非货币形式的礼品收支总额的对数作为社会网络的代理变量。一般情况下,农村家庭与亲友及其他社会网络成员之间的联系互动多通过人情往来体现,礼金收支多少可以看作是为维护血缘、亲缘和地缘等网络关系而动用的资金规模;同时也符合上述社会网络衡量的三个标准:亲友的广度规模、联系的紧密程度和网络的支持能力。此外,本研究对农村家庭社会关系网络的构造还纳入了通信联络关系、直系亲属关系、家族关系以及血缘亲戚关系等特征变量。因此,预期社会网络变量符号为正,即较强的社会网络会提高农村家庭借出率。控制变量方面主要包括人口特征、经济特征、地区特征三个维度变量。具体解释和描述性分析如下。

### 1. 变量说明

(1) 农村家庭人口特征变量。

与第四章所分析内容相一致,本章在考察农村家庭风险金融资产配置选择时,也需要将反映农村家庭个体及家庭特征的人口统计变量纳入计量模型的分析之中,具体而言,主要解释变量包括农村家庭户主年龄、文化教育程度、家庭人口,风险态度反映农村家庭金融资产配置偏好。

(2) 农村家庭经济特征变量。

根据理论分析的内容,农村家庭将自有闲置资金用于非正规风险资产渠道的配置,仍然是其理性选择的结果,具有直接或间接的财富效应。而对于这种理性的理解和分析,最重要的一点是必须围绕农村家庭的经济特征来考虑。具体来说,可细化为以下三个解释变量:家庭收入、实物资产、保险与保障。各经济特征变量所反映的内容与第 4 章实证部分内容一致,本章不再赘述。

(3) 农村家庭社会网络特征变量。

社会网络涵盖农村家庭所在社区的生产生活领域,在很大程度上决定其获得外部资源的能力,同时又对农村家庭资产选择配置产生影响(刘林平,2006)。家庭的社会网络越广,社会网络的支付能力就越强。具体在变量的处理上,根据前文对社会网络概念的界定,同时考虑到本章研究目标需要,这里将农村家庭社会关系网络的构造纳入以下变量来反映农村家庭社会网络特征：人情往来关系、通信联络关系、直系亲属关系、家族关系以及血缘亲戚关系。其中，人情往来关系表示农村家庭为维护血缘、亲缘和地缘等网络关系而使用的资金规模，用一年中农村家庭在传统节假日和自家办红白喜事以及出席亲友家红白喜事时的礼金收支总额来代替；通信联络关系主要指农村家庭与外界通过电话、网络等通信工具进行联络交往，或者与外界因地缘关系而形成的交际往来，进而影响其资源配置偏好，用家庭的通信费和本地交通费来测度；直系亲属关系、家族关系和血缘亲戚关系主要指因血缘、亲缘、地缘关系所形成的关系网络资本，分别用户主及其配偶的兄弟姐妹人数、是否本地大姓和血缘关系亲戚人数这三个变量来反映。

（4）地区经济金融环境特征变量。

关于农村家庭民间借出款选择问题，以农村家庭和农村金融机构对正规金融资产配置渠道的供求为例，可能受到地区经济发展水平和生产投资环境的共同影响。因此这意味着，经济较为发达的农村地区，农村家庭收入财富水平较高，金融资产选择能力较强，金融机构也更倾向于设计和提供多样化的金融产品，农村家庭通过参与正规金融市场配置其自有闲置资金将会变得相对比较容易。因此，为更准确地分析社会网络对农村家庭风险金融资产选择的主要影响因素，本章增加了三个能够反映样本家庭户所处地区环境特征的变量。其中：区域虚拟变量以西部地区为参照组，控制地域的固定效应，反映地区自然禀赋和区位条件可能对农村家庭风险金融资产选择行为产生的影响；地区经济水平变量反映农村家庭所在地区的外部基础经济环境，地区差异因素所产生的生产投资机会、资金配置状况也不同，可能会影响家庭金融行为；家庭存款账户数在一定程度上反映农村家庭与金融机构的储蓄交易往来程度以及服务范围。

综上分析，本文基于中国家庭金融调查（CHFS）2011 年和 2013 年的全国范围大样本微观家庭金融数据，构造相应的农村家庭社会关系网络测量指标变量，为解释传统金融模式下社会网络与农村家庭金融资产选择的关系提供新的依据。用于实证检验农村家庭风险金融资产选择的计量模型各变量设置及取值说明详见表 5-1。

表 5-1 农村家庭风险金融资产选择模型估计的相关变量说明

| 变量类型 | 变量名称 | 变量代码 | 变量取值说明 |
|---|---|---|---|
| 因变量 Y | 借出款参与 | jck | 无=0,有=1 |
| | 借出款占比 | jckb | 借出款/总金融资产 |
| 家庭人口特征 $X_1$ | 年龄 | age | 户主年龄(岁) |
| | 文化程度 | edu | 1. 没上过学;2. 小学;3. 初中;4. 高中(中专);5. 大专;6. 大学以上 |
| | 家庭人口 | jtrk | 人 |
| | 风险态度 | fxtd | 1. 高风险高回报;2. 略高风险和回报;3. 平均风险和回报;4. 略低风险和回报 |
| 家庭经济特征 $X_2$ | 家庭收入 | jjsr | 家庭年净收入的对数 |
| | 实物资产 | swzc | 家庭实物资产的对数 |
| | 保障与保险 | sbyb | 无=0,有=1 |
| 社会网络特征 $X_3$ | 人情往来关系 | ljsz | 礼金收支额的对数 |
| | 通信联络关系 | txjt | 通信交通费的对数 |
| | 直系亲属关系 | xdjm | 兄弟姐妹(人) |
| | 家族关系(2011) | bddx | 本地大姓:否=0,是=1 |
| | 血亲关系(2013) | xyqq | 1. 没有;2. 1~3 个;3. 4~6 个;4. 6 个以上 |
| 地区环境特征 $X_4$ | 区域虚拟变量 | region1 | 东部=1,其余=0 |
| | | region2 | 中部=1,其余=0 |
| | 地区经济水平 | pgdp | 人均地区生产总值(万元) |
| | 金融机构数 | yhsl | 样本家庭开户银行家数 |

## 2. 模型设定

本章的思路是运用家庭金融调查数据分别估计社会网络对农村家庭参与民间借出款的影响,来验证本章第二部分的理论推论。因此,本章主要采用礼金收支、通信费用、交通费用、家族亲属关系等指标对社会网络进行多维度度量,运用 Probit 和 Tobit 模型考察农村家庭借出款参与率和参与程度的影响因素。Probit 模型具体形式可表示如下：

$$P(y=1|x_1,x_2,x_3,x_4)=\phi(\beta_0+\beta_1x_1+\beta_2x_2+\beta_3x_3+\beta_4x_4)$$

$$(5-12)$$

式中,$y$ 是哑变量,等于 1 表示农村家庭持有非正规风险金融资产——民间借出款,等于 0 表示未持有民间借出款。$x_i$ 为各层面解释变量,分别为:农村家庭社会网络特征变量、农村家庭人口特征变量、农村家庭经济特征变量和地区环境特征变量,定义及取值情况详见表 5-1。$\beta_0$ 为回归截距项,$\beta_i$ 表示各解释变量待估系数,模型采用极大似然法对式(5-13)进行估计。

考虑到农村家庭风险金融资产参与程度是左截断数据,而 Tobit 模型用一个基本潜变量 $y^*$ 来表示被观察到的响应 $y$。因此,本研究使用 Tobit 模型进一步估计影响农村家庭风险金融资产选择的因素,设定为:

$$y^*=\beta_0+\beta_1x_1+\beta_2x_2+\beta_3x_3+\beta_4x_4+\mu\,|\,X\sim Normal(0,\sigma^2)$$

$$(5-13)$$

同时有：

$$y=\max(0,y^*)=\begin{cases}y^*, & y^*\geqslant0\\0, & y^*<0\end{cases}$$

$$(5-14)$$

式中,$y^*$ 是无法观测变量或潜变量;$y$ 表示农村家庭持有的非正规金融资产——民间借出款,是一个非负数。即如果 $y^*\geqslant0$,则 $y=y^*$;但当 $y^*<0$,则 $y=0$。同样,$x_i$ 为四个层面解释变量。以上因变量和各自变量的定义及取值情况依据表 5-1 确定。

### 3. 样本描述

本章计量模型分析所使用的样本数据与第 4 章来源一致,具体情况已在第 3 章详细说明,为 2011 年和 2013 年西南财经大学在全国范围内进行的中国家庭金融调查(CHFS),调查问卷主要由家庭人口统计学特征、资产与负债、保险与保障、支出与收入四大部分组成①,拥有详细的中国农村家庭各项金融资产信息。此外,样本地区经济水平的数据来源于

---

① 其中,人口统计学特征包含受访家庭的基本信息、主观风险态度、金融知识等;资产与负债部分涉及家庭非金融资产、金融资产和负债等情况;支出与收入包括家庭消费性支出、转移性收支等各项支出与收入情况。

各省统计年鉴。表 5 - 2 列出了模型各个变量的描述性统计结果。

**表 5 - 2　农村家庭风险金融资产选择模型相关变量的描述性统计结果**

| 变　量 | 2011 年 | | 2013 年 | |
|---|---|---|---|---|
| | 均值 | 标准差 | 均值 | 标准差 |
| jck | 0.11 | 0.29 | 0.10 | 0.01 |
| jckb | 0.06 | 0.17 | 0.05 | 0.01 |
| age | 51.45 | 0.13 | 53.73 | 0.14 |
| edu | 2.53 | 1.02 | 2.46 | 0.01 |
| jtrk | 3.83 | 1.65 | 4.02 | 0.02 |
| fxtd | 3.95 | 1.22 | 4.19 | 0.02 |
| jjsr | 8.95 | 1.41 | 8.80 | 0.05 |
| swzc | 10.66 | 2.02 | 10.43 | 0.03 |
| sbyb | 0.82 | 0.38 | 0.89 | 0.01 |
| ljsz | 8.52 | 1.18 | 6.33 | 0.04 |
| txjt | 7.22 | 1.20 | 6.99 | 0.02 |
| xdjm | 3.46 | 1.99 | 3.16 | 0.03 |
| bddx | 0.55 | 0.49 | | |
| xyqq | | | 2.69 | 0.02 |
| region1 | 0.31 | 0.46 | 0.34 | 0.01 |
| region2 | 0.38 | 0.48 | 0.38 | 0.01 |
| pgdp | 3.56 | 0.14 | 4.32 | 0.02 |
| yhsl | 3.05 | 0.16 | 2.57 | 0.01 |

注:由 CHFS2011、2013 年数据整理得到。

根据 2011 年和 2013 年 CHFS 农村家庭实地调查结果,有借出款家庭比例占 10%,民间借出款占家庭金融资产比重的平均值分别为 0.06 和 0.05。农村家庭人口统计变量中,户主年龄变量平均值分别为 51.45 岁和 53.73 岁,文化程度变量平均值分别为 2.53 和 2.46,家庭人口变量平均值分别为 3.83 人和 4.02 人。经济特征变量中,家庭收入变量的对数平均值分别为 8.95 和 8.80,实物资产变量的对数平均值分别为 10.66 和

10.43,保障保险变量的平均值分别为0.82和0.89。家庭社会网络特征变量中,人情往来关系变量的对数平均值分别为8.52和6.33,这表明用于人情往来的礼金收入和支出在农村家庭生活中有着重要分量;通信联络关系变量的对数平均值为7.22和6.99,直系亲属关系变量平均值分别为3.46和3.16,家族关系变量平均值为0.55,血缘亲戚关系变量平均值为2.69。

在2011年和2013年对农村家庭借出款对象的调查中,基于血缘、亲缘的民间借出比例分别为63.73%和66.43%,而城镇家庭为47.03%和47.93%,远低于农村家庭。城镇家庭借出款中,超过50%借给朋友或同事,更倾向于契约型借出,而农村家庭这一比例仅为33.01%和32.35%(见表5-3)。对"是否担心借款不能收回"的回答中,有86.13%的农村家庭表示不担心借款收回,而城镇家庭为81.19%,由此可见,基于血缘、亲缘的民间借出款更有还款保证,农村家庭借出款风险程度低于城镇家庭的民间借出风险。关于借出款利率,94.1%(2011年)和93.15%(2013年)的农村家庭表示为零利率,即无息借出,且几乎无抵押和第三方担保。对"预计多长时间收回该借款"的回答中,预计还款期限一年以内的短期借款占66.67%,一至两年还款的18.22%,两至三年还款的约为8%,总体来看,农村家庭借出款主要为短期临时借款。

表5-3 农村家庭和城镇家庭借出款对象统计(%)

|  | 2011年 | | 2013年 | |
| --- | --- | --- | --- | --- |
|  | 农村家庭 | 城镇家庭 | 农村家庭 | 城镇家庭 |
| 父母 | 0.33 | 1.01 | 0.98 | 0.64 |
| 子女 | 2.94 | 0.87 | 3.68 | 1.73 |
| 兄弟姐妹 | 28.76 | 23.44 | 28.80 | 21.67 |
| 其他亲属 | 31.70 | 21.71 | 32.97 | 23.89 |
| 朋友/同事 | 33.01 | 50.07 | 32.35 | 50.19 |
| 民间金融组织 | 0 | 0.14 | 0.37 | 0.75 |
| 其他 | 3.27 | 2.75 | 0.86 | 1.13 |

注:由CHFS2011、2013年数据整理得到。

### 5.3.2 实证结果及分析

**1. 全样本回归结果和分析**

基于上述理论分析和计量模型 5 - 13 和 5 - 15,本章借助统计软件 Stata 15.1 对农村家庭非正规风险金融资产参与行为及参与程度进行验证。为了详细检验社会网络对农村家庭民间借出参与率和参与程度的影响并验证其稳健性,实证回归模型采取逐一添加各个维度影响变量的方法(见表 5 - 4)。进行模型回归前,考虑到选取的变量设置中的礼金收支额、通信交通费与家庭收入,兄弟姐妹数与家庭人口等变量之间可能存在的相关共同趋势,为克服多重共线性问题对模型回归所产生的实际后果,因此首先需进行多重共线性检验。诊断结果显示,VIF 均值都小于 3,能够说明各变量之间不存在共线性问题。表 5 - 4 列出了模型具体估计结果,模型回归中,在模型(1)、(3)、(5)、(7)中仅控制经济特征变量,考察社会网络变量礼金收支对数对民间借出款的影响,模型(2)、(4)、(6)、(8)中继续加入家庭人口特征变量和地区经济金融环境变量。逐步加入其他控制变量后,可以看出回归结果依然稳定,社会网络始终显著正向影响农村家庭民间借出参与率和借出款占比。

人情往来关系变量的影响显著为正,在真实的人情往来世界里,农村家庭在传统节假日或做寿庆生等红白喜事时相互赠送礼品或金钱,以此作为维系亲友之间的情感纽带,在一定程度上反映家庭社会网络所强调的结构关系(王聪等,2015),可以看作是对社会网络必要的投资和维持。农村家庭通过实物馈赠及货币转移等形式进行当期横截面上的风险分担,缓解由于收入水平相对较低和收支不确定性带来的冲击,同时也起到巩固加强家庭社会网络的作用,增强信息等资源的获取能力。借出资金家庭从礼金收入中可获得间接的借款利息回报,同时也为缓解自身将来可能发生的不确定性所带来的流动性约束做好人情关系准备,从而不影响家庭总效用水平。具体而言,农村家庭金融资产选择决策中,其所处的社会网络结构提供了履约保证和信息扩散的有利条件,降低了民间借贷契约执行过程中的信息不对称程度和出借风险,从而促使农村家庭参与民间借出。

表 5 - 4 全样本基本模型回归结果

| 变量 | Probit 模型(借出款参与率) | | | | Tobit 模型(借出款比率) | | | |
|---|---|---|---|---|---|---|---|---|
| | 2011 年 | | 2013 年 | | 2011 年 | | 2013 年 | |
| | (1) | (2) | (3) | (4) | (5) | (6) | (7) | (8) |
| ljsz | 0.141*** (0.043) | 0.133*** (0.046) | 0.063*** (0.007) | 0.051*** (0.007) | 0.116*** (0.033) | 0.106*** (0.034) | 0.055*** (0.007) | 0.043*** (0.007) |
| jjsr | 0.102*** (0.038) | 0.104*** (0.041) | 0.027*** (0.004) | 0.023*** (0.005) | 0.062** (0.029) | 0.065** (0.031) | 0.023*** (0.004) | 0.017*** (0.004) |
| swzc | 0.141*** (0.030) | 0.107*** (0.034) | 0.116*** (0.012) | 0.066*** (0.013) | 0.100*** (0.023) | 0.075*** (0.026) | 0.104*** (0.011) | 0.058*** (0.011) |
| sbyb | 0.144 (0.140) | 0.173 (0.149) | 0.036 (0.062) | 0.030 (0.064) | 0.121 (0.106) | 0.133 (0.110) | 0.030 (0.056) | 0.023 (0.056) |
| age | | -0.018*** (0.004) | | -0.014*** (0.002) | | -0.013*** (0.003) | | -0.012*** (0.002) |
| edu | | 0.010 (0.054) | | 0.099* (0.023) | | 0.005 (0.039) | | 0.089* (0.021) |
| jtrk | | -0.037 (0.034) | | -0.019 (0.012) | | -0.020 (0.025) | | -0.016 (0.011) |
| fxtd | | -0.033* (0.041) | | -0.052** (0.016) | | -0.029* (0.030) | | -0.048** (0.014) |

续 表

| 变 量 | Probit 模型(借出款参与率) | | | | Tobit 模型(借出款比率) | | | |
| --- | --- | --- | --- | --- | --- | --- | --- | --- |
| | 2011 年 | | 2013 年 | | 2011 年 | | 2013 年 | |
| | (1) | (2) | (3) | (4) | (5) | (6) | (7) | (8) |
| region1 | | −0.149* (0.257) | | −0.003* (0.067) | | −0.161* (0.190) | | −0.011* (0.059) |
| region2 | | 0.055 (0.125) | | 0.007 (0.052) | | 0.002 (0.091) | | 0.012 (0.045) |
| pgdp | | −0.006* (0.069) | | −0.014* (0.018) | | −0.012* (0.051) | | −0.012* (0.016) |
| yhsl | | −0.044 (0.034) | | −0.226* (0.019) | | −0.022 (0.025) | | −0.170* (0.018) |
| C | −0.494*** (0.504) | −0.369*** (0.681) | −0.318*** (0.143) | −0.191*** (0.212) | −0.361*** (0.438) | −0.257*** (0.526) | −0.288*** (0.157) | −0.164*** (0.193) |
| N | 3 240 | 3 240 | 8 932 | 8 932 | 3 240 | 3 240 | 8 932 | 8 932 |
| Prob>chi2 | 0.00 | | 0.00 | | 0.00 | | 0.00 | |
| Pseudo R² | 0.12 | 0.12 | 0.06 | 0.11 | 0.11 | 0.11 | 0.05 | 0.11 |

注:括号内为标准差,***、** 和 * 分别表示在 1%、5% 和 10% 水平显著。限于表格篇幅,并根据研究目标需要,表中仅列出实证回归模型逐一添加各个维度影响变量中两个步骤的回归估计结果。

从模型(1)～(8)的其他回归结果还可以看出：经济特征方面，家庭收入和实物资产变量均为显著正向影响。收入水平较高、拥有较多实物资产的农村家庭，无论是用于生产经营的固定投资，还是用于生活消费的家产，往往与较多的家庭财富相对应，从而提高了其资金借出的能力和可能性。这与李凤等(2016)的观点一致，即收入高、经济实力较强的农村家庭越偏好风险金融资产的配置。家庭参与社会保险保障也会提高民间借出参与，但并不显著。人口特征方面，年龄变量为显著负向影响，随年龄增长家庭用于各项消费的支出会相继增加，如子女教育、修建房屋、娶亲婚嫁等，这些都是农村家庭普遍面临的现实需求。因此，家庭流动性较强的金融资产更倾向于自用以平滑消费，而非转借给他人。教育影响为正，文化程度较高的农村家庭通常人力资本较高，相应地，获取生产投资机会和生产经营能力也较高，往往具有借出自有资金资源的意愿和实力。人口影响为负，但并不显著。较多的人口会使农村家庭的必要消费支出相应增多，从而影响其借出资金的能力。风险态度负向影响民间借出，但不显著，这与尹志超等(2015)研究结果一致。农村家庭的非日常性消费支出中，有相对较高的概率是用于支付突发性或持续性的医疗费用；同时，对于主要以务农或打工为生的农村家庭来说，养老也是其不得不关注的问题。近年来，新型农村养老保险和农村合作医疗保险的覆盖面逐步扩大，在一定程度上降低了农村家庭的养老成本和医疗支出。

地区经济环境变量方面，东部地区虚拟变量对民间借出的影响显著为负，而中西部地区变量影响为正但不显著，这表明东部省份农村家庭相对于其他地区的农村家庭而言，更倾向于通过正规渠道配置金融资产，说明东部地区农村金融市场化程度相对较高，即一方面资金盈余家庭的金融资产正规供给渠道可得性较高，另一方面资金不足家庭获得正规借贷的机会也往往较多。地区虚拟变量2的影响为正，但不显著，说明中部地区农村家庭更偏好民间借贷，反映出这一区域经济相对发达而农村金融服务可得性却相对较低的现实情况。地区经济水平变量的影响显著为负，表明地区经济越发达，越有利于降低农村家庭民间借出率。较发达地区的农村家庭自有资源禀赋条件相对较好，所面对的农村金融环境有利于家庭参与正规金融市场进行金融资产选择。开户银行数越多的家庭民间借出率越低，表明较好的正规金融环境有利于降低农村家庭借出率。

### 2. 稳健性检验

为防止只使用礼金收支总额作为农村家庭社会网络代理变量可能存在的测量误差,而最终导致实证结果的不稳健,本章沿用马小勇等(2009)的社会网络衡量标准,选取通信联络关系、直系亲属关系、家族关系和血缘亲戚关系这四个变量分别作为社会网络的替代变量,进一步验证结论的稳健性。由表 5-5 可见,模型(1)~(6)为 2011 年和 2013 年分别加入三种不同社会网络替代变量的回归结果,所有社会网络替代变量的系数为正,且统计意义显著,表明较强的社会网络关系促进了农村家庭参与民间借出,其余解释控制变量的系数与基准回归结果基本一致。因而,进一步表明基本回归检验结果较为稳健。

表 5-5  模型稳健性检验结果:参与率

| 变  量 | 2011 年 | | | 2013 年 | | |
|---|---|---|---|---|---|---|
| | (1) | (2) | (3) | (4) | (5) | (6) |
| jjsr | 0.075*** (0.026) | 0.086*** (0.026) | 0.090*** (0.026) | 0.023*** (0.005) | 0.023*** (0.005) | 0.023*** (0.026) |
| swzc | 0.069*** (0.022) | 0.097*** (0.021) | 0.097*** (0.021) | 0.058*** (0.013) | 0.076*** (0.012) | 0.076*** (0.012) |
| txjt | 0.160*** (0.033) | | | 0.103*** (0.016) | | |
| xdjm | | 0.028* (0.018) | | | 0.014** (0.011) | |
| bddx | | | 0.166** (0.070) | | | |
| xyqq | | | | | | 0.006* (0.017) |

注:括号内为标准差,***、**和*分别表示在 1%、5%和 10%水平显著。表中估计结果包含了表 5-4 中所包括的其他变量,根据研究目标需要,表中仅列出关注变量社会网络替代变量的估计结果。

表 5-6 中,模型(1)~(6)为分别加入 2011 年和 2013 年三种不同社

会网络替代变量的回归结果,所有社会网络替代变量的系数也均为正且
呈统计显著性,表明农村家庭社会网络关系对其民间借出款比例具有显
著正向影响,其余解释控制变量的系数与基准回归结果基本一致,也验证
了基本回归结果的稳健性。

表 5-6　模型稳健性检验结果:参与程度

| 变量 | 2011 年 | | | 2013 年 | | |
| --- | --- | --- | --- | --- | --- | --- |
| | (1) | (2) | (3) | (4) | (5) | (6) |
| jjsr | 0.049**<br>(0.020) | 0.059***<br>(0.020) | 0.061***<br>(0.020) | 0.017***<br>(0.004) | 0.018***<br>(0.004) | 0.018***<br>(0.004) |
| swzc | 0.050***<br>(0.017) | 0.072***<br>(0.017) | 0.071***<br>(0.017) | 0.051***<br>(0.011) | 0.067***<br>(0.011) | 0.067***<br>(0.011) |
| txjt | 0.115***<br>(0.026) | | | 0.087***<br>(0.014) | | |
| xdjm | | 0.023*<br>(0.014) | | | 0.012**<br>(0.010) | |
| bddx | | | 0.108**<br>(0.055) | | | |
| xyqq | | | | | | 0.004*<br>(0.015) |

注:括号内为标准差,***、**和*分别表示在1%、5%和10%水平显著。表中估计结果包含
了表5-4中所包括的其他变量,根据研究目标需要,表中仅列出关注变量社会网络替代变量的
估计结果。

　　具体而言,通信联络关系主要指农村家庭与外界通过电话、网络等通
信工具进行联络交往,或者与外界因地缘关系而形成的交际往来,用家庭
的通信费和本地交通费来测度,反映网络紧密程度。通信联络关系变量
的影响显著为正,现实中,农村家庭的资金借出行为多为口头约定,且多
数没有受法律保护的纸质借款契约或抵押担保物,人们通过电话、网络和
直接见面等方式的往来联系可较为及时充分地了解借款家庭生产经营活
动和生活消费等情况,这有效地降低了借贷双方信息不对称程度,在一定
程度上缓解了借出款违约的风险。

　　直系亲属关系、家族关系和血缘亲戚关系主要指因血缘、亲缘、地缘

关系所形成的关系网络资本,分别用户主及其配偶的兄弟姐妹人数、是否本地大姓和血缘关系亲戚人数这三个变量来测度,反映网络广度。直系亲属关系变量的影响显著为正,从农村实际情况看,根据亲友间的亲疏远近关系,兄弟姐妹之间和父母子女之间的借贷成为首选。至亲血缘的基本特征决定了有金融资产配置能力的农村家庭在其一母同胞的亲人家庭面临流动性约束时,借出自有资金实施援助,而血浓于水的关系使得借出资金家庭从主观和客观上都会基本忽略这一金融行为的风险性。家族关系变量和血缘亲戚关系变量的影响也显著为正。除兄弟姐妹这些直系亲属以外,其他有血缘关系且日常关系密切的亲戚也是农村家庭社会网络的重要行动者,用自有闲置资金进行"帮困济贫"的互助型临时资金调剂,解决亲友生产、生活急需,虽然是利他行为,却提升了资金借出家庭在当地的声誉和影响力,可看作是其非正规风险金融资产配置的一种无形的借款回报。随着农村社会经济的发展,农村家庭总体收入增加并产生一定分化,部分家庭能够较为便利地通过正规金融市场进行资产配置和借贷交易,长期以来高度依赖血缘亲缘的社会网络关系会趋于弱化,从"熟人社会"向"半熟人社会"转变。

### 3. 样本家庭按收入分组回归结果分析

为验证社会网络是否对较低收入农村家庭民间借出的影响更显著,本文将样本家庭按照年收入 1 万元以下、1 万~5 万元和 5 万元以上进行分类,划分为较低、中等、较高三个层次,进而按照不同收入层次分别对家庭样本进行回归,以检验不同收入阶层家庭的社会网络对其民间借出参与率和参与程度的影响差异。农村家庭收入水平越高,其借出自有资金的能力越强。收入及收入结构对农村家庭金融行为有重要影响,具体可分为农业收入和非农收入对家庭金融行为的影响,体现在日常现金管理、储蓄及借贷等选择行为方面,并随着收入水平的提高更加趋于合理。社会网络对不同收入农村家庭民间借出参与率影响的回归结果如表 5-7 所示,模型(1)、(4)的社会网络变量系数显著为正,模型(2)、(5)中该系数也为正,但仅 2013 年在 10% 水平呈统计显著性,而模型(3)、(6)的这一系数边际效应较小且不显著。因此,相对于较高收入的农村家庭,社会网络对中低收入家庭参与民间借出的作用更有效。

表5-7 按样本家庭收入分组模型回归结果：参与率

| 变 量 | 2011 年 | | | 2013 年 | | |
|---|---|---|---|---|---|---|
| | (1) 低收入 | (2) 中收入 | (3) 高收入 | (4) 低收入 | (5) 中收入 | (6) 高收入 |
| jjsr | 0.160*** | 0.093** | 0.150** | 0.056*** | 0.042** | 0.087* |
| | (0.061) | (0.044) | (0.117) | (0.014) | (0.034) | (0.090) |
| ljsz | 0.344*** | 0.091 | 0.013 | 0.054*** | 0.037* | 0.012 |
| | (0.089) | (0.062) | (0.126) | (0.009) | (0.165) | (0.039) |

注：括号内为标准差，***、** 和 * 分别表示在1%、5%和10%水平显著。表中估计结果包含表5-4中所包括的控制变量，根据本章研究目标需要，表中仅列出关注变量社会网络变量的估计结果。

表5-8 中，模型(1)～(6)为 2011 年和 2013 年社会网络对不同收入农村家庭民间借出款持有比例影响的回归结果。模型(1)、(4)的社会网络变量系数在1%统计水平上显著为正，表明社会网络对较低收入家庭民间借出参与程度的影响更大。

表5-8 按样本家庭收入分组模型回归结果：参与程度

| 变 量 | 2011 年 | | | 2013 年 | | |
|---|---|---|---|---|---|---|
| | (1) 低收入 | (2) 中收入 | (3) 高收入 | (4) 低收入 | (5) 中收入 | (6) 高收入 |
| jjsr | 0.112** | 0.074** | 0.066* | 0.052*** | 0.041** | 0.047* |
| | (0.061) | (0.061) | (0.065) | (0.013) | (0.025) | (0.045) |
| ljsz | 0.305*** | 0.065 | 0.031 | 0.049*** | 0.027* | 0.002 |
| | (0.083) | (0.043) | (0.065) | (0.008) | (0.012) | (0.019) |

注：括号内为标准差，***、** 和 * 分别表示在1%、5%和10%水平显著。表中估计结果包含表5-4中所包括的控制变量，根据本章研究目标需要，表中仅列出关注变量社会网络变量的估计结果。

## 4. 进一步讨论

为进一步验证收入增加是否会减弱社会网络对农村家庭民间借出的影响，在基准回归中加入社会网络和家庭收入的交互项，表5-9模型(1)、(3)、(5)、(7)结果显示，交互项系数显著为负，表明随着收入水平提高，社会网络对农村家庭民间借出款的正向影响效应会逐步减弱。进而，为探讨正规金融发展对基于社会网络的农村民间私人借出是否存在挤出效应，在表5-9的模型(2)、(4)、(6)、(8)中，加入社会网络与样本家庭开户银行数的交互项，结果显示交互项系数在10%水平上显著为负。这表明农村金融供给服务覆盖越广，使得家庭正规金融服务的可得性提高，社会网络对民间私人借出的正向效应也会趋于下降。

表 5 - 9　经济金融发展下社会网络对农村家庭民间借出款的影响

| 变　量 | 借出款参与率 | | | | 借出款占比 | | | |
|---|---|---|---|---|---|---|---|---|
| | 2011 年 | | 2013 年 | | 2011 年 | | 2013 年 | |
| | (1) | (2) | (3) | (4) | (5) | (6) | (7) | (8) |
| jjsr | 0.649** (0.287) | 0.083** (0.040) | 0.098* (0.009) | 0.023*** (0.005) | 0.469** (0.206) | 0.046* (0.029) | 0.093* (0.008) | 0.018*** (0.004) |
| swzc | 0.750** (0.309) | 0.103** (0.050) | 0.072*** (0.013) | 0.074*** (0.012) | 0.571*** (0.223) | 0.092*** (0.036) | 0.064*** (0.011) | 0.065*** (0.011) |
| ljsz * jjsr | -0.065** (0.330) | | -0.005** (0.001) | | -0.049** (0.023) | | -0.004** (0.001) | |
| ljsz * yhsl | | -0.007* (0.004) | | -0.023* (0.006) | | -0.004* (0.003) | | -0.018* (0.005) |

注:括号内为标准差,***、**和*分别表示在 1%、5% 和 10% 水平显著。表中估计结果包含表 5 - 4 中所括的控制变量,根据本章研究目标需要,仅列出关注变量社会网络交互项的估计结果。

## 5.4　本章小结

在传统的乡土中国，由于人口缺乏流动性，村庄成为地方性情境下的亲密社群，社会网络以血缘和地缘为纽带，因而家庭拥有的社会网络通常是基于亲友的人际关系或社会联系（Knight and Yueh，2002）。社会网络扮演着"软垫"的角色，缓冲可能的损失，因此投资者在进行决策时倾向于更多的风险偏好（Weber 等，1999；Chua 等，2009）。正因为民间借出款决策者所拥有的社会关系网络显著正向影响其风险偏好，依赖社会"安全"网络体系进行经济支持的农村家庭则表现出更弱的不确定性规避（Tanaka 等，2010）。基于上述理论分析，本章尝试从社会网络视角来解释农村家庭非正规风险金融资产选择行为的问题，通过构建风险金融资产选择的数理模型，进而构建 Probit 模型和 Tobit 模型进行实证检验，为传统金融模式下农村家庭参与民间借出款活动提供了一种解释，并得到如下基本结论：

第一，引入社会网络可以为解释农村正规金融供给条件受限情况下的农村家庭参与风险金融资产选择行为提供一个理论视角，如果家庭社会网络关系较强，理性的农村家庭将借出自有闲置资金，导致我国农村非正规的民间借贷活动较为活跃的两个关键因素即正规金融资产供给渠道和正规信贷均受到约束，不利于实现农村家庭效用最大化的经济目标。理论分析发现，社会网络可以起到信息甄别的作用，社会网络在获取信息和社会资源等方面具有优势，在网络结构内部亦起到扩散信息的作用，从而降低资金借出家庭和借入家庭之间的借贷信息不对称，使得借出款成为农村家庭在其所受到的内外部约束条件下做出的最优风险金融资产选择。家庭的社会网络越广，社会网络的支付能力就越强，越有利于增加对借入家庭的了解，从而降低双方的信息不对称，将民间借贷的风险最小化。基于家庭社会网络的民间借出款配置机制，对借贷双方家庭都有着现实作用，具体而言：一方面，为有金融资产需求的农村家庭提供了较为安全的风险金融资产渠道，通过借出资金这一民间利他行为，家庭获得其所处社会网络中无形声誉和社会影响力的直接提升，还可以间接获得有形的物质利益,即从受惠家庭的回报(如礼金收入)中获得实际收益,或在未来面临可能的预算约束或不确定事件时得到回馈援助;另一方面,增加网络内部的信贷供给,实现跨期借贷,缓解了借款家庭流动性约束和面临的信贷约束问题。

第二,社会网络特征和经济特征对农村家庭民间借出参与率和参与程度的选择决策具有显著正向影响。实证检验结果发现:礼金收支额和日常通信交通费较多的农村家庭,其与外界因血缘、亲缘和地缘关系而形成的交际往来频率和社会网络紧密程度也较高,能够更有效地甄别借款家庭信息并进行风险控制,往往出借自有闲置资金的意愿也较强;兄弟姐妹和血缘亲戚的数量越多,家庭所在地区的家族体系越庞大,由这些亲族所共同形成的社会关系网络就越强大、越广泛,有可能扩大农村家庭的金融资产选择余地,借出自有闲置资金进行临时性互助资金调剂,解决亲人家庭生产、生活面临的流动性约束;收入和财富水平较高的农村家庭,往往生产投资能力更强,在当地社会具有较高的影响力和经济实力,容易成为被借款对象。

第三,收入水平不同的农村家庭,社会网络对其民间借出款参与率和借出比例的影响存在差异,在中低收入家庭中作用较大且显著。收入资产较高的农村家庭能够自主应对各种流动性风险和不确定性冲击,因此不需过度依赖社会网络(易行健等,2012),同时也间接表明社会网络中对收入较高农村家庭参与民间借出的作用越小。而随着农村家庭收入增加、正规金融发展,社会网络对借出款的作用将逐步减弱。一方面,农村经济的发展促使家庭总体收入增加并产生一定分化,为部分家庭较为便利地通过正规渠道配置金融资产和借贷交易提供了物质财富基础,在一定程度上弱化其高度依赖血缘亲缘的社会网络关系;另一方面,由于家庭借出款是民间借贷的主要供给方,因而,农村正规金融的发展提高了金融服务可得性,对民间借贷双方都会产生抑制和替代,社会网络的非市场力量的作用会趋于下降。

第四,农村家庭风险金融资产选择与地区因素也有较明显的相关关系。地区经济发展水平越高,农村家庭资源禀赋条件相应较好,有助于扩大农村正规金融机构的服务空间,增加农村家庭参与正规金融市场进行资产选择和资金借贷的机会,从而更倾向于减少参与民间借贷活动。然而，尽管经济发展水平和区域差异会导致农村家庭借出资金行为存在差异，但总体而言，在适合农村家庭的风险金融资产供给渠道普遍缺失的情况下，民间借出款仍不失为借贷双方互惠互利的有效资产配置方式。

根据上述结论，本章相应的政策启示是：首先，在考虑到地区经济综合发展水平的基础上，加强正规金融机构的服务意识，创新符合农村家庭资源禀赋特征的金融服务产品，提高多样化正规金融资产渠道的可得性，为有金融资产需求的农村家庭提供必要的增加红利收入的有效途径；其次，在宏观管理层面上进一步明确农村金融机构的支农服务职能，提高农村家庭正规金融服务的可得性，实现基于亲缘的关系型借贷向市场化契约型借贷逐步过渡；第三，农村正规金融机构应加大宣传力度，为农村家庭提供相应的金融资产服务信息，培养农村居民现代金融意识和理财能力，提高金融服务产品在农村地区的认知度和使用率；最后，政府管理部门应针对农村地区的特殊性提供相应的配套措施，鼓励农村金融机构合作，避免同质化竞争，建立服务于农村家庭金融资产行为的多层次金融服务体系。

# 第6章 数字信息技术对农村家庭金融市场参与及资产选择的影响:数字信息渠道 vs.社会网络渠道

　　第4章和第5章阐述了传统金融模式下受信贷约束和金融资产供给渠道受限双重约束的农村家庭金融资产选择的内在逻辑,分别从家庭效用和社会网络这两个角度理论上分析了农村家庭无风险金融资产和非正规的风险金融资产(民间借出款)的选择行为,并进行实证检验。在此基础上,本章将充分考虑数字信息技术与金融供给紧密结合的现实背景,在数字金融模式下探讨数字信息技术影响农村家庭金融市场参与及资产选择行为的作用机制,在理论分析的基础上,运用中国家庭金融调查数据和数字普惠金融指数构建实证模型,分别检验数字信息技术对农村家庭金融市场参与及资产选择的影响,并比较数字信息渠道和传统网络渠道以及数字普惠金融发展对不同类型风险金融资产选择的影响差异。本章主要由四部分构成:第一部分引言;第二部分从农村家庭生命周期内获得的金融服务成本、潜在金融需求及其效用的角度分析农村家庭的数字信息技术水平对其金融市场参与及资产选择的影响机制;第三部分采用Probit模型和Tobit模型进行实证检验,并比较这一影响对不同金融素养农村家庭作用效果的差异;第四部分是本章小结。

## 6.1 引　言

　　世界银行研究报告[①]指出,到目前为止,全球不同地区和国家普惠金

---

　　① World Bank. *2014 Globe Fiancial Development Report*. September, 2104. Washington, D.C..

融体系的建设取得了较为丰富的成果和实践经验，不仅在宏观层面上促进了经济变革发展，也为微观经济主体提供了更为丰富的金融服务资源，从而满足不同阶层和群体的多样化金融服务需求。由此可见，金融普惠是通过提高金融覆盖的广度、扩大金融服务的受益面，使得原本被排斥在正规金融体系之外的长尾群体能够以较低的成本相对容易地获得金融服务。农村家庭作为一个生产和消费的统一体，其行为动机是追求家庭效用最大化和基于劳动力资源最优供给决策的货币收入最大化，因而提高每一个农村家庭的正规金融服务可得性、缓解其面临的流动性约束和借贷限制，也可等同视为一种金融普惠。焦瑾璞(2014)将普惠金融定义为一个全方位、多层次的金融体系，因而金融普惠不仅应该实现客户群体的公平性，即保证长尾客户与其他阶层群体一样能够获得均等的金融服务资源，还应充分实现多样化、多层次的金融产品和服务的有效供给，如存取汇兑、信贷、银行理财、信托、租赁等全方位、多功能的金融服务(贝多广，2015；2016)。在金融普惠实践的过程中，尤其应注重挖掘开发弱势群体、弱势产业和弱势地区的潜在金融需求，创新设计出有针对性的金融服务产品，使其从受到"金融排斥"转变为实现"金融普惠化"框架下的包容性增长。

然而，普惠金融的广泛包容性特征客观上决定了其自身的风险成本与收益不相匹配，因而，可负担和可持续的冲突始终是普惠金融发展过程中无法回避的现实问题。但在数字技术大规模应用之前，无论是各国政府的支持模式还是小额贷款技术的创新，都没有像今天这样，让我们对普惠金融的大规模、可持续发展具有信心(CF40 数字普惠金融课题组，2019)。回溯中国数字金融的发展历程，可以将 2004 年年底支付宝账户体系上线作为初始端，而业内惯例则以 2013 年 6 月余额宝开张作为数字金融元年。到目前为止，金融数字化进程显著提高了金融覆盖的广度和服务效率，支持了普惠金融的可持续发展(傅秋子等，2018)。数字技术的天然优势在于，通过互联网平台所建立的场景紧密黏住数以亿计的移动端客户，同时又基于平台获取的客户信息大数据进行信用分析和评估。以互联网为代表的新兴产业，推动了新常态下经济增长，也为普惠金融提供了新的发展契机(阎庆民等，2015)。基于信息技术数字金融大大降低了获客与风控成本，为普惠金融的发展提供了技术支撑和具体实现路径。目前驱动金融发展的关键技术，主要包括大数据、云计算、区块链和人工智能等,从规模、速度和精度三个维度加强数据处理能力,通过降低金融供给成本、提高风险控制能力和打破客群排斥,消除原有金融服务壁垒,进而实现金融普惠性的提升。

我国提出数字普惠金融的概念最早是在 2016 年,理论研究认为,以数字信息技术为驱动的金融发展为破解普惠金融实践难题提供了重要技术条件和市场环境(北京大学互联网研究中心课题组,2016)。例如,在解决农村"金融排斥"问题方面,互联网金融有效借助数字技术打破时空约束、成本限制和信息壁垒,提高了资源配置效率(王曙光等,2017)。鉴于此,有必要建立数字普惠金融的长效机制。在数字信息技术与金融服务相结合的初期,创新主要表现为存取汇兑等基础性金融服务的互联网化,随着融合程度加深,创新出多样化、多层次的数字化金融产品和服务,进一步扩大了农村金融服务的覆盖受益面。数字化金融服务兼具了数字信息化和金融均等化的双重属性,其获取渠道、服务方式和便利程度均优于传统金融服务,通过信息渠道的拓宽和信息传输便利性的提升,打破金融信息壁垒,促进信息筛选效率的提高。这使得更多农村家庭能够较为便捷地了解到相关金融信息,从而激发其潜在的金融市场参与和风险资产配置需求,进而增加其获得非基础性金融服务的机会和可能性。

也有学者从需求者角度研究了数字普惠金融问题,发现现代通信设备的使用会增加投资者股票市场的参与(Liang 等,2015)。从消费者对数字信息技术及其产品的实际使用程度来看,中国互联网络信息中心(CNNIC)的最新统计数据显示(见表 6-1),从 2006 年至 2020 年 6 月我国互联网普及率增加了 6 倍多,手机网民规模迅速递增了近 55 倍。到 2020 年 6 月,互联网普及率达到 67%,较 2020 年 3 月提高 2.5 个百分点;手机网民人数为 9.32 亿,比 2020 年 3 月净增长 3 546 万人,利用手机上网的网民占比高达 99.2%。

表 6-1  中国网民规模、互联网普及率及手机网民规模情况统计

| 年(月)份 | 网民规模(万人) | 互联网普及率 | 手机网民规模(万人) | 手机网民占比 |
|---|---|---|---|---|
| 2006 | 13 700 | 10.5% | 1 700 | 12.4% |
| 2007 | 21 000 | 16.0% | 5 040 | 24.0% |

| 年(月)份 | 网民规模<br>（万人） | 互联网普及率 | 手机网民规模<br>（万人） | 手机网民占比 |
|---|---|---|---|---|
| 2008 | 29 800 | 22.6% | 11 760 | 39.5% |
| 2009 | 38 400 | 28.9% | 23 344 | 60.8% |
| 2010 | 45 730 | 34.3% | 30 274 | 66.2% |
| 2011 | 51 310 | 38.3% | 35 558 | 69.3% |
| 2012 | 56 400 | 42.1% | 41 997 | 74.5% |
| 2013 | 61 758 | 45.8% | 50 006 | 81.0% |
| 2014 | 64 875 | 47.9% | 55 678 | 85.8% |
| 2015 | 68 826 | 50.3% | 61 981 | 90.1% |
| 2016 | 73 175 | 53.2% | 69 531 | 95.1% |
| 2017.6 | 75 116 | 54.3% | 72 361 | 96.3% |
| 2017.12 | 77 198 | 55.8% | 75 265 | 97.5% |
| 2018.6 | 80 166 | 57.7% | 78 744 | 98.3% |
| 2018.12 | 82 851 | 59.6% | 81 698 | 98.6% |
| 2019.6 | 85 449 | 61.2% | 84 681 | 99.1% |
| 2020.3 | 90 359 | 64.5% | 89 690 | 99.3% |
| 2020.6 | 93 984 | 67.0% | 93 236 | 99.2% |

数据来源：根据中国互联网络信息中心（CNNIC）《中国互联网络发展状况统计报告》整理
得到。

分地区来看，截至 2020 年 6 月，我国城镇网民群体为 6.45 亿人，占
全体网民总数的 69.6%，比 2020 年 3 月增长了 562 万人；农村网民群体
为 2.85 亿人，占网民整体的 30.4%，比 2020 年 3 月增长了 3 063 万人（见
图 6-1）。虽然农村网民规模只占总体网民的三分之一，且只有城镇网民
总数的一半不到，但其增加量更大、增速更快，尤其在 2020 年新冠疫情发
生以来，农村网民规模具有较大的增长空间和潜力。截至 2020 年 12 月，
我国城镇地区手机网民的移动支付使用率为 89.9%，较 2020 年 3 月提升
0.3%；农村地区手机网民的移动支付使用率为 79%，较 2020 年 3 月提升
4.2%；城乡地区移动支付使用率差距缩小 3.7 个百分点。很多尚未接触
过电脑的农村居民直接开始使用智能手机，以电子支付、手机银行、网络

购物为主要媒介的数字金融也在广大农村地区得到推广。

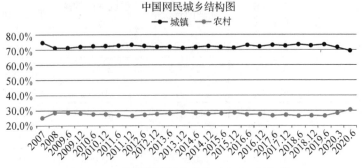

**图 6-1　中国网民城乡结构:2007—2020 年**

数据来源:根据中国互联网络信息中心(CNNIC)《中国互联网络发展状况统计报告》整理得到。

从增长速度来看,2004 年年底数字金融伊始到 2013 年互联网金融元年,中国互联网普及率始终保持了 10% 以上的年均增速,其中 2005年—2010 年的平均增长率甚至达到 30.37%;然而,互联网普及程度在城乡间差距显著,截至 2019 年 6 月,城镇互联网普及率为 76.9%,农村互联网普及率仅为 40%,并且从 2010 年以来这一差距始终保持在 35% 左右[①](见图 6-2)。

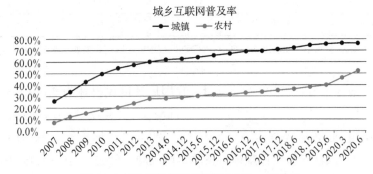

**图 6-2　城乡互联网普及率:2007—2020 年**

数据来源:根据中国互联网络信息中心(CNNIC)《中国互联网络发展状况统计报告》整理得到。

---

①　2020 年 3 月和 6 月数据显示,城乡互联网普及率差距不断缩小,降至 30% 以下水平。这主要是由于 2020 年初始的新冠肺炎疫情的爆发以及随之而至的严防严控措施,自我隔离和无接触消费模式等促使信息获取、传播的方式发生进一步变革,通过互联网、人工智能等新技术进行多种线上消费成为社会全体的主流趋势。

以上统计数据表明，我国城乡间的信息化基础设施和互联网普及率存在较大差距，相应地，不同地区的家庭内部数字信息技术水平也有差异，这在一定程度上反映出"数字鸿沟"在现实中仍客观存在。一般情况下，家庭实际使用数字信息技术及其产品的频度越高，越有助于提升其自身的数字信息技术水平，这意味着家庭可通过新型渠道获得所需信息，降低信息获取成本，提高信息筛选效率（谢雪梅等，2013）。进而，新型信息渠道可为家庭提供更多接触和了解金融服务和产品的机会，促使其金融知识水平提高，从而激发其多样化、多层次的潜在金融需求。

基于上述分析，本章着重关注并试图解释以下问题：农村家庭自身的数字信息技术是否有助于激发其潜在多样化的金融资产配置需求和参与金融市场？中国农村是一个有着很深文化传统的乡土社会，基于"血缘—地缘"关系的熟人社会网络是典型的传统网络渠道，新型数字信息渠道和传统社会网络渠道对农村家庭风险金融资产配置是否存在差异化的影响？这两种渠道之间有什么关联性？从金融供给层面上，农村数字金融的普惠程度是否对农村家庭风险金融资产配置产生影响？对不同金融素养水平的农村家庭而言，上述作用效果的差异如何？

## 6.2 数字信息技术影响农村家庭金融市场参与及资产选择的作用机制

### 6.2.1 数字信息技术对农村家庭金融市场参与及资产选择影响的理论分析

在第3章理论框架分析的基础上，本节内容进一步从成本和效用的角度分析数字信息技术对农村家庭金融市场参与及资产选择的影响机理，并讨论"数字信息技术"与"传统社会网络"这两种渠道对农村家庭金融资产选择的影响关系。假定农村家庭获得的金融资产服务可以量化，则构建如下基本理论模型：

$$U_{total}(Q_t, C_t) = \max E_t \sum_0^t U_t(Q_t, C_t)$$

$$s.t\ Q_t = Q_{1t} + Q_{2t}$$
$$C_t = C_{1t} + C_{2t} \qquad\qquad (6-1)$$
$$C_{1t} = C_1(Q_{1t} + Q_{2t})$$

式中,$U_{total}$ 表示农村家庭在整个生命周期内获得的金融资产服务总效用。$Q_t$ 表示农村家庭在第 $t$ 期所获得的金融资产服务总量。假定家庭在生命周期内获得的金融资产服务种类为既定,由于条件受限,在前 $n$ 期可能存在潜在的金融资产服务需求,但随着数字信息技术的进步和信息获取渠道的拓宽,改变了家庭原有禀赋资源状况,这为从第 $n+1$ 期开始的金融服务种类增加提供了可能性。$Q_{1t}$ 表示农村家庭在任一时期通过传统金融渠道(如银行物理网点)所得到的金融资产服务总量。$Q_{2t}$ 表示农村家庭通过网络渠道获得的金融资产服务总量。网络渠道包括两类,一是农村乡土社会中基于"血缘—地缘"熟人关系的传统网络渠道,二是随着新技术在金融领域中的创新融合而形成发展的数字信息渠道(如网上银行、手机银行、互联网平台)。$C_t$、$C_{1t}$ 和 $C_{2t}$ 分别表示第 $t$ 期农村家庭为获得金融资产服务而花费的总成本、传统金融渠道成本和网络渠道成本。结合农村家庭面临的资源约束和金融供给的实际情况,提出以下条件:

(1) 如果 $\dfrac{\partial U_t}{\partial Q_t} > 0$,则增加一单位金融资产服务,家庭效用也随之增加,说明随着农村家庭可获得金融资产服务种类的增多,农村金融普惠程度也相应提升,促使家庭实现更高水平效用。

(2) 如果 $\dfrac{\partial U_t}{\partial C_t} < 0$,则增加一单位金融服务成本的支付,家庭效用随之减少,说明农村家庭为获得金融资产服务而花费的总成本越高,越不利于家庭效用水平的提升。

(3) 如果 $\dfrac{\partial C_{1t}}{\partial Q_{1t}} > 0$,则从传统金融渠道获得一单位金融资产服务,成本支付(通常包括时间成本、交通成本)随之增加,而事实上,农村家庭在自身原有禀赋条件下,通过传统金融渠道获得信息也是需要花费一定成本的,并且很有可能会受到地理(距离)、时间、天气等因素的制约,说明随着获得金融资产服务种类的增多,为获得更多金融服务信息所花费的成本也越高,农村家庭付出的传统金融渠道成本相对越多。

（4）如果$\frac{\partial C_{1t}}{\partial Q_{2t}}<0$，则从网络渠道（包括数字信息渠道和社会网络渠道）获得一单位金融资产服务，传统金融渠道的成本支付随之减少，说明网络渠道可有效避免地理、时间、天气等客观制约因素，降低了交易成本，在一定程度上形成对传统金融渠道的替代；尽管网络渠道改善了原有金融供给模式，但其最终目的并未发生改变，即增加正规金融服务的可得性，促进农村家庭金融资产多元化配置，优化金融资产结构。

基于上述分析，禀赋条件既定的农村家庭要获得种类更多、层次更高的金融资产服务，往往需要家庭决策者或成员具有一定的金融素养，或者至少要获知究竟有哪些品种的金融产品和服务，才有可能在下一期实现从潜在金融资产配置需求到实际获得金融资产服务的转化，这使得相关金融服务信息的获得及其获取渠道成为关键。一方面，金融信息可得性有助于丰富农村家庭的金融相关知识，提高其金融素养和信息筛选效率；另一方面，金融信息获取渠道的拓宽有利于降低金融资产选择的交易费用，从而激发农村家庭在传统金融模式下受到抑制的隐性金融资产服务需求。由此，农村家庭从网络渠道获得金融资产服务的种类和层次受到其自身社会网络和数字信息技术水平的影响，以 $D_t$ 表示农村家庭的数字信息技术水平，$S_t$ 表示农村家庭的熟人社会网络，$O_t$ 表示农村家庭从网络渠道获得金融服务的其他影响因素，则有：

$$Q_{2t}=Q_{2t}(D_t,S_t,O_t)，并且\quad \frac{\partial Q_{2t}}{\partial D_t}>0,\frac{\partial Q_{2t}}{\partial S_t}>0 \qquad (6-2)$$

即随着农村家庭数字信息技术水平和金融科技普及程度的提高以及家庭社会网络的增强，获得信息化金融服务的可能性也随之提高。进一步推导出农村家庭总效用与上述公式中各要素的关系：农村家庭数字信息技术水平 $D_t$ 提高，从网络渠道获得金融服务的成本 $C_2$ 随着时间的推移或使用频率的增加而被摊薄，这是因为初期开通相关数字信息服务会有一个较少的固定费用产生，但由于数字信息产品自身具有操作简便、不受地域时空限制等优点，大大提高了农村家庭通过新型网络渠道获取金融服务的频率，也进一步降低了信息渠道的初始投入费用。而且，农村家庭的数字信息技术使用和逐渐普及促使其所处社会网络 $S_t$ 的黏合度增强，是对社会网络渠道的重要补充，也变相摊薄了初期成本。此时，从网络渠道获得金融资产服务的成本 $C_{2t}$ 下降,非传统金融渠道获得的金融资产服务总量 $Q_{2t}$ 增加。同时,由于部分 $Q_{1t}$ 被 $Q_{2t}$ 替代,所以传统金融渠道获得的金融资产服务总量 $Q_{1t}$ 也相应减少。

此外,数字农村的推进有效地提升了农村网民规模及互联网普及率。农村家庭自身数字技术水平的提高使得信息获取渠道得以拓宽,并且信息传输的便利性进一步提高了这一群体的金融认知水平和信息筛选能力。从供给层面来看,金融服务数字化提升了农村家庭获取相关金融服务信息的便利程度,在更为便捷使用数字支付等基础性金融服务的同时,激发其潜在的、多样化的金融资产配置需求。因而,通过提高自身数字信息技术水平,农村家庭既有资源禀赋状况得以改善,为下一期实现从潜在金融资产配置需求到实际获得金融资产服务的转化提供了必要条件,从而增加家庭金融资产服务的种类,提高了金融资产服务的层次。同时,鉴于网络渠道有着更低的交易成本,也促使获得金融资产服务的总成本趋于下降。

### 6.2.2 结果与讨论:信息获取渠道与金融服务可得性

综上分析,在数字信息技术的作用下,网络渠道获取的金融资产服务对传统金融渠道获得的金融服务具有一定的替代作用,最大化地激发农村家庭潜在的多元化金融资产配置需求,最终其实际获得的金融资产服务总量 $Q_t$ 增加、总成本 $C_t$ 减少,进而提升了家庭总效用水平 $U_{total}$。根据已有文献和理论模型的分析,农村家庭从传统金融渠道获得的基础性金融资产服务可以看成是一种必需品消费,只要交易成本可负担,就能实现金融资产的配置。相比之下,更高层次的非基础性金融资产服务则相当于一种奢侈品消费,由于农村家庭原有禀赋资源相对较少,加之正规金融资产供给渠道匮乏且交易费用较高,则会被家庭作为"非刚性"消费需求而实行自我抑制。此外,Hong Harrison(2004)研究发现,一些资源禀赋不高的家庭未参与金融市场配置资产,其根本原因在于信息渠道的匮乏,而并非是受到家庭自身禀赋条件的制约。数字通信技术水平的提高使得家庭在交易成本下降的条件下获得的金融服务种类增加,提升了农村金融普惠的程度。

在数字信息技术与金融供给紧密结合的现实背景下,对于农村家庭而言,数字信息技术拓宽了其信息获取渠道,增加了了解更多金融服务信息的机会，提高了金融知识水平和金融素养，进而影响其金融市场参与及资产选择行为。在这种情况下，农村家庭金融资产行为面临的决策有其特定性质：在考虑到家庭自身信息化水平的前提下，数字信息技术有可能激发不同农村家庭潜在的多元化、高层次的金融资产配置需求。然而这并不等同于说数字信息技术能够创造金融需求，而是指随着数字信息技术的进步，金融服务信息渠道拓宽、金融知识增加、信息筛选效率及精准度提高，以及金融交易成本的进一步降低，具有潜在金融需求的农村家庭实现了金融产品和服务的实际获得。因此，分析数字信息技术对家庭金融资产选择的影响，是能够也更有助于解释数字金融模式下农村家庭参与金融市场及资产选择的行为特征，以实现家庭福利效用水平的提升。其相应的政策含义是，需充分考虑农村家庭自身信息技术水平及其潜在、多元化的金融需求，并致力于缓解金融排斥，提高正规金融服务的可得性，这有助于促进农村家庭金融市场参与及资产选择行为，实现其效用最大化目标。

## 6.3 数字信息技术对农村家庭金融市场 参与及资产选择影响的实证检验

根据本章第二部分的理论分析，如果通过传统金融渠道获取等同的金融服务，那么资源禀赋较低的农村家庭的成本支付占财富比例必然会大于更高资源禀赋的农村家庭，这使得财富水平低的农村家庭在获取金融服务方面存在天然劣势，尤其是在信息获取渠道受限、交易成本较高、附加交易条件等不利因素影响下，这些家庭主体极易对其金融需求实行自我抑制，从而大大降低了潜在金融需求的实际转化概率。在数字信息技术影响农村家庭金融资产选择行为的作用机制中，数字信息技术拓宽了信息获取渠道，增加了家庭主体了解更多金融服务信息的机会，提高了金融知识水平和金融素养，进而影响其金融市场参与及资产选择行为。基于此，可得到以下推论：① 在家庭层面上，数字信息技术为农村家庭提供了更多金融资产服务的信息渠道，是对传统金融模式下农村正规金融资产渠道供给受限的有益补充，也在一定程度上替代了从传统金融渠道获得的金融资产服务。② 农村家庭自身数字信息技术水平的提高显著增加了金融资产产品和服务的信息对称程度,能够更为便捷地了解和获得正规金融服务,对家庭金融市场参与及资产选择产生积极效应,其本身也与家庭社会网络渠道形成互补效应。③ 在金融供给层面上,数字普惠金融的发展可以大幅降低金融机构供给成本,促使其增加金融服务和产品的供给,并逐渐趋近于社会预期的最优供给量,提高家庭获得金融资产服务的可得性,促进家庭风险金融资产配置程度。同时,数字普惠金融程度的提升能在一定程度上提高了部分农村家庭的信贷可获得性,即在借出方而言,降低了农村家庭借出款概率。④ 金融素养会加大"数字鸿沟",农村家庭金融素养水平越高,数字信息技术对其金融市场参与及资产选择的影响越大。充分利用数字信息技术的优势,为不同群体尤其是受教育程度较低、金融素养不高的这些家庭提供更有针对性的金融产品和服务,是通过数字金融手段实现普惠金融高效率发展的关键。

因此,下面需要进一步实证检验的是:量化农村家庭数字信息技术水平,试图验证数字信息技术及金融服务数字化对农村家庭参与金融市场进行资产选择的影响,并比较数字信息渠道和社会网络渠道对农村家庭风险金融资产的影响差异,以及上述影响在不同金融素养水平家庭之间的作用差异。从总体上看,农村家庭的数字信息技术水平是指家庭在利用信息通信技术联结互联网络、拓宽信息获取渠道以及提高信息传输与筛选效率等方面的能力。随着互联网通信技术的快速发展,农村互联网普及率从 2007 年的不足 10% 增加到 2020 年 6 月的 40% 以上,农村家庭对联网计算机、智能手机等信息化设备的拥有量也在不断增加,农村网民规模占网民整体的 30.4%,且增加量更大、增速更快,具有较大的增长空间和潜力。家庭自身具有一定的数字化条件,相应地,实际使用数字信息技术及其产品的频度越高,有助于进一步提升其自身的数字信息技术水平,这意味着家庭可通过新型渠道获得所需信息,降低信息获取成本,提高信息筛选效率。进而,新型信息渠道可为家庭提供更多接触和了解金融服务和产品的机会,促使其金融知识水平提高,从而激发其多样化、多层次的潜在金融需求。借鉴已有研究衡量家庭信息技术的思路,采用家庭拥有和实际使用信息技术设备情况作为变量指标(杨京英等,2007;李向阳,2014),而由于数字金融目前在农村的影响方式主要是通过移动端,基于此综合考虑,本章用"是否使用智能手机""是否使用过互联网"这两个哑变量来度量农村家庭的数字信息化水平,将使用智能手机和互联网的农村家庭视为信息技术水平相对较高的家庭。此外,选用"拥有智能手机数量""网络通信费"这两个指标来反映农村家庭对数字信息技术的使用程度。

### 6.3.1 变量说明、模型构建与样本描述

为验证以上理论分析的结论,数字信息技术为农村家庭提供了新型信息渠道,是影响其金融资产选择行为的重要因素。下面需要进一步识别数字信息技术的哪些方面因素影响了农村家庭金融市场参与及资产选择行为这一命题。结合第4章和第5章在传统金融模式下实证检验的变量选取,本章的实证分析部分选取了农村家庭人口统计特征变量、经济特征变量、网络渠道特征变量(包括数字信息渠道和社会网络渠道)、地区环境变量,共四组变量,以保证模型检验过程和估计结果的严谨性和稳健性。各组解释变量分析、模型设定及相关说明如下。

**1. 变量说明**

(1) 农村家庭人口特征变量。

一般情况下,反映个体及家庭特征的人口统计变量是微观层面农村家庭实证研究的基础变量,本章在考察数字信息技术对农村家庭金融资产选择的影响时借鉴前两章的思路,主要考虑变量包括农村家庭户主年龄、性别、文化教育程度、金融素养[①]。

(2) 农村家庭经济特征变量。

根据前面的理论分析,农村家庭配置金融资产的理性目标是追求家庭效用最大化,有必要围绕农村家庭的经济特征来考虑其自身禀赋资源。具体可细化为以下几个变量:家庭收入、实物资产、保险与保障、信用卡。

---

① CHFS2017年调查问卷中四个关于金融知识的问题:1.高收益项目通常伴随着高风险,您认为是否正确?(1)是;(2)否。2.假设银行的年利率是4%,如果把100元存1年定期,1年后获得的本金和利息是多少?(1)小于104元;(2)等于104元;(3)大于104元;(4)算不出来。3.假设银行的年利率是5%,通货膨胀率每年是3%,把100元钱存银行一年之后能够买到的东西将如何?(1)比一年前多;(2)跟一年前一样多;(3)比一年前少;(4)算不出来。4.投资多种金融资产要比投资一种金融资产的风险小,您认为该说法是否正确?(1)是;(2)否。根据受访者对以上问题回答情况定义农村家庭金融素养水平。

其中：家庭收入反映的是农村家庭 2016 年各项收入情况[①]，以收入总和的对数来表示；家庭实物资产反映的是农村家庭实物财富配置情况，能够提供家庭经济担保、社会声望以及被用于创造更多财富等，主要包括农业/工商业资产、房屋资产、车辆资产和其他耐用品属性实物资产，取折算总额之和的对数来表示；保险与保障在一定程度上可以表现为农村家庭金融资产选择的预算约束，影响家庭防御性储蓄资产配置，在模型分析中用虚拟变量来表示。有无信用卡反映出金融机构向农村家庭提供的信用额度和便利支付服务，在模型中用虚拟变量来表示。

（3）农村家庭网络渠道特征变量。

包括数字信息渠道和社会网络渠道两类特征变量。首先，在具体衡量农村家庭数字信息技术水平时，由于数字金融目前在农村的影响方式主要是通过移动终端，故本文使用农村家庭"是否拥有智能手机"和"是否使用过互联网"这两个哑变量，尝试观察智能手机和互联网的使用对农村家庭参与金融市场及资产选择的影响。同时，鉴于农村家庭自身数字信息技术水平与家庭人口特征之间可能存在内生的相关共同趋势，需要选择合适的工具变量替代进行稳健性检验，本文采用"智能手机数量"和"网络通信费"作为家庭信息技术水平的工具变量，在一定程度上反映出农村家庭对数字信息技术的使用频率和程度。其次，借鉴和沿用第 5 章对社会网络变量的概念界定和处理方法，同时考虑到本章研究目标需要，取一年中农村家庭在传统节假日、自家办红白喜事、出席亲友家红白喜事时礼金收支总额的对数来表示。农村家庭与亲友及其他社会网络成员之间的联系互动多通过各种人情往来体现，礼金收支总额反映了家庭为维护血缘、亲缘和地缘等网络关系而动用的资金规模，也符合社会网络衡量的标准：广度规模、紧密程度和支持能力。

（4）地区环境特征变量。

此外，为了更准确地分析数字信息技术对农村家庭金融资产选择的影响，本章在模型中匹配了区域、地区经济水平、距离、地区金融环境。其中：区域和地区经济水平反映了农村家庭所在地区及其外部经济环境，与

---

① 根据国家统计局统计口径，农村居民收入按其来源可以划分为工资性、家庭经营性、财产性、转移性四个方面的收入。

地区农村金融发展环境相关,也可能会对农村家庭金融行为产生影响。距离变量表示家庭住址到金融机构的距离。理论上,数字信息技术除了对农村家庭层面的影响作用外,也对金融机构的供给行为产生影响。本文采用"北京大学数字普惠金融指数"反映地区数字金融发展程度,这一数字金融合成指数与个体家庭金融行为之间没有直接的关联,可以较好地避免因为反向因果关系产生的内生性问题,从而确定数字信息技术的真实作用。

综上分析,本文基于中国家庭金融调查(CHFS)2017 年全国范围大样本微观家庭金融数据,构造相应的农村家庭网络渠道测量指标变量,用于实证检验数字信息技术对农村家庭金融资产选择影响的计量模型各变量设置及取值说明详见表 6-2。

**表 6-2 数字信息技术对农村家庭金融市场参与及
资产选择影响模型估计的相关变量说明**

| 变量类型 | 变量名称 | 变量代码 | 变量取值说明 |
|---|---|---|---|
| 因变量 Y | 风险金融资产 I | jck | 是否有借出款:无=0,有=1 |
| | | jckb | 借出款占金融资产比重 |
| | 风险金融资产 II | fxzc | 股票基金理财债券等:无=0,有=1 |
| | | fxzcb | 股票基金理财债券等占金融资产比重 |
| 家庭人口特征 X₁ | 年龄 | age | 户主年龄(岁) |
| | 性别 | gen | 男=1,女=2 |
| | 文化程度 | edu | 1. 没上过学;2. 小学;3. 初中;4. 高中(中专);5. 大专/高职;6. 大学以上 |
| | 金融素养 | jrsy | 1. 较低;2. 中等;3. 较高 |
| 家庭经济特征 X₂ | 家庭收入 | jjsr | 家庭年净收入的对数 |
| | 实物资产 | swzc | 家庭实物资产的对数 |
| | 保险与保障 | sbyb | 无=0,有=1 |
| | 信用卡 | xyk | 无=0,有=1 |

| 变量类型 | 变量名称 | 变量代码 | 变量取值说明 |
|---|---|---|---|
| 网络渠道特征 $X_3$ | 社会网络 | ljsz | 礼金收支总额的对数 |
| | 智能手机 | znsj | 是否使用：否＝0，是＝1 |
| | 互联网 | net | 是否使用过：否＝0，是＝1 |
| | 智能手机数量 | znsjs | 部 |
| | 网络通信费 | txf | 网络通信花费的对数 |
| 地区环境特征 $X_4$ | 区域变量 | area | 是否属于中西部地区：否＝0，是＝1 |
| | 地区经济水平 | pgdp | 人均地区生产总值对数 |
| | 距离 | juli | 家庭住址—金融机构（千米） |
| | 数字金融发展 | index | 普惠金融指数 |

## 2. 模型设定

根据本章第一部分的理论分析结论和上述变量说明，在数字信息技术影响农村家庭金融资产选择行为的作用机制中，数字信息技术拓宽了信息获取渠道，增加了家庭主体了解更多金融服务信息的机会，提高了金融知识水平和金融素养，进而影响其金融市场参与及资产选择行为。本章所讨论的农村家庭金融资产选择问题，是在数字金融模式下最优化选择的结果。具体而言，农村家庭自身数字信息技术及金融数字化水平的提升显著增加了金融资产产品和服务的信息对称程度，提高了金融信息筛选效率和精准程度，大幅降低了获取金融服务的交易费用，对家庭参与金融市场及资产配置产生积极效应，其本身也是对社会网络渠道的重要补充。为检验上述理论推论，本章主要采用 Probit 模型和 Tobit 模型来分别考察数字信息技术对农村家庭金融市场参与及资产选择的影响，并比较数字信息渠道和传统网络渠道的影响差异，以及上述影响在不同金融素养家庭之间的作用差异。Probit 模型基本形式可表示如下：

$$jck_i^* = \beta_0 + \beta_1 X_{1i} + \beta_2 X_{2i} + \beta_3 X_{3i} + \beta_4 X_{4i} + \varepsilon_i$$

其中　　　　　　　　$jck_i = 1(jck_i^* > 0)$ 　　　　　　（6-3）

$$fxzc_i^* = \beta_0 + \beta_1 X_{1i} + \beta_2 X_{2i} + \beta_3 X_{3i} + \beta_4 X_{4i} + \varepsilon_i$$

其中 $$fxzc_i = 1(fxzc_i^* > 0) \qquad (6-4)$$

式(6-3)中，$jck_i^*$ 是 $jck_i$ 的潜变量，$jck_i$ 表示农村家庭是否持有民间借出款，等于 1 表示有，否则为 0。类似地，式(6-4)中，$fxzc_i^*$ 是 $fxzc_i$ 的潜变量，$fxzc_i$ 表示农村家庭是否参与金融市场，等于 1 表示持有，否则为 0。$X_{1i}$ 表示农村家庭人口特征，$X_{2i}$ 表示农村家庭经济特征，$X_{3i}$ 表示网络渠道特征，$X_{4i}$ 表示地区环境特征。$\beta_0$ 为回归截距项，$\beta_i$ 表示各解释变量待估系数。进而，Tobit 模型基本形式设定为：

$$jckb_i^* = \beta_0 + \beta_1 X_{1i} + \beta_2 X_{2i} + \beta_3 X_{3i} + \beta_4 X_{4i} + \varepsilon_i$$

其中 $$jckb_i = \max(0, jckb_i^*) = \begin{cases} jckb_i^*, & jckb_i^* \geqslant 0 \\ 0, & jckb_i^* < 0 \end{cases} \qquad (6-5)$$

$$fxzcb_i^* = \beta_0 + \beta_1 X_{1i} + \beta_2 X_{2i} + \beta_3 X_{3i} + \beta_4 X_{4i} + \varepsilon_i$$

其中 $$fxzcb_i = \max(0, fxzcb_i^*) = \begin{cases} fxzcb_i^*, & fxzcb_i^* \geqslant 0 \\ 0, & fxzcb_i^* < 0 \end{cases} \qquad (6-6)$$

式(6-5)中，$jckb_i^*$ 是 $jckb_i$ 的潜变量，$jckb_i$ 表示农村家庭的民间借出款；式(6-6)中，$fxzcb_i^*$ 是 $fxzcb_i$ 的潜变量，$fxzcb_i$ 表示农村家庭持有的股票基金理财债券等风险金融资产，均为非负数。以上因变量和各自变量的定义及取值情况依据表 6-2 确定。

### 3. 样本描述

第 4 章和第 5 章的实证分析使用了西南财经大学在全国范围内进行的中国家庭金融调查(CHFS)2011 年、2013 年两期数据，讨论在传统金融模式下农村家庭金融资产选择行为及其影响因素。本章着重考察数字金融模式下农村家庭金融资产选择问题，计量模型检验使用了 CHFS 2017 年样本数据，样本地区经济水平的数据来源于中国统计年鉴。需要说明的是，在 CHFS 的 2015 年问卷中，已经初步涉及农村家庭智能手机的问题但相关信息并不充分；同时考虑到互联网金融在全国范围开展不久，相较于城镇地区而言，数字化发展对农村地区的影响会由于教育文化程度、金融知识、经济水平等因素而具有滞后性。因此，本章运用家庭数字信息技术相关问题较充分、信息较完备的 2017 年问卷数据做截面回归,同时也采用同一年度的"北大数字普惠金融指数"进行匹配。

数据的具体情况已在前面部分详细说明,模型各个变量的描述性统计结果详见表6-3。从表6-3可以看出,样本农村家庭中持有民间借出款和股票基金等风险金融资产的比率分别为13%和2%,表明农村家庭持有的风险资产多以借出款为主。农村家庭人口统计变量中,户主年龄变量平均值为56.95岁,户主性别变量平均值为1.10,文化程度变量平均值为2.48,金融素养变量平均值为1.85。农村家庭经济特征变量中,家庭收入和实物资产的变量平均值分别为8.83和10.39,保障与保险变量平均值为0.97,家庭信用卡变量平均值为0.08,家庭社会网络变量平均值为5.97。农村家庭数字信息特征变量中,智能手机变量平均值为0.43,互联网使用的平均值为0.23,家庭智能手机数平均值为1.60,网络通信费变量平均值为6.77。地区环境变量中,区域变量均值为0.59,地区经济水平变量平均值为10.78,家庭住址到金融机构距离的平均值为5.67千米,数字普惠金融指数变量的平均值为272.38。

表6-3 数字信息技术对农村家庭金融市场参与及资产
选择影响模型相关变量的描述性统计结果

| | 均 值 | 标准差 | 最小值 | 最大值 | 单 位 |
|---|---|---|---|---|---|
| jck | 0.13 | 0.33 | 0 | 1 | — |
| jckb | 0.06 | 0.19 | 0 | 1 | — |
| fxzc | 0.02 | 0.14 | 0 | 1 | — |
| fxzcb | 0.01 | 0.06 | 0 | 1 | — |
| age | 56.95 | 12.22 | 18 | 117 | 岁 |
| gen | 1.10 | 0.30 | 1 | 2 | — |
| edu | 2.48 | 0.91 | 1 | 6 | — |
| jrsy | 1.85 | 0.01 | 1 | 3 | — |
| jjsr | 8.83 | 2.70 | 0 | 15.30 | — |
| swzc | 10.39 | 3.23 | 0 | 16.81 | — |
| sbyb | 0.97 | 0.16 | 0 | 1 | — |
| xyk | 0.08 | 0.27 | 0 | 1 | — |

|  | 均　值 | 标准差 | 最小值 | 最大值 | 单　位 |
|---|---|---|---|---|---|
| ljsz | 5.97 | 3.48 | 0 | 12.61 | — |
| znsj | 0.43 | 0.49 | 0 | 1 | — |
| net | 0.23 | 0.42 | 0 | 1 | — |
| znsjs | 1.60 | 1.50 | 0 | 15 | — |
| txf | 6.77 | 1.61 | 0 | 11 | — |
| area | 0.59 | 0.79 | 0 | 1 | — |
| pgdp | 10.78 | 0.35 | 10.18 | 11.734 | — |
| juli | 5.67 | 8.29 | 0 | 200 | 千米 |
| index | 272.38 | 19.83 | 240.2 | 336.65 | — |

注：由 CHFS2017 年数据整理得到。

### 6.3.2　实证结果与分析

#### 1. 基础回归模型

基于上述理论分析和计量模型 6-3、6-4，本章借助统计软件 Stata 15.1 实证检验数字信息技术对农村家庭金融市场参与行为的影响，并比较数字信息渠道和社会网络渠道的影响差异。为了详细检验数字信息技术对农村家庭风险金融资产参与率的影响并验证其稳健性，实证回归模型采用逐步添加各维度影响变量的方法。进行模型回归前，考虑到选取的变量设置中的手机互联网使用、礼金收支额与家庭收入，金融素养与文化程度等变量之间可能存在的相关共同趋势，为克服多重共线性问题对模型回归所产生的实际后果，因此首先需进行多重共线性检验。诊断结果显示，VIF 均值都小于3，能够说明各变量之间不存在共线性问题。表6-4列出了模型具体估计结果，模型回归中，在模型(1)和(5)中仅控制经济特征变量，模型(2)和(6)中加入网络渠道特征变量，考察数字信息渠道和社会网络渠道变量对风险金融资产参与率的影响，模型(3)和(7)中继续加入家庭人口特征变量，模型(4)和(8)中再加入地区环境特征变量。逐步加入其他控制变量后，可以看出回归结果依然稳定，表明在控制其他因素的影响后,数字信息技术始终显著正向影响农村家庭金融市场和民间借出的参与率。具体而言,农村家庭自身的数字信息化程度越高,越有助于激发其潜在的多元化金融资产配置需求和参与金融市场,其本身也是对传统社会网络渠道的一种重要补充。

表6-4 全样本基本模型回归结果:参与率

| 变量 | 风险金融资产Ⅰ(借出款) | | | | 风险金融资产Ⅱ(股票基金理财等) | | | |
|---|---|---|---|---|---|---|---|---|
| | (1) | (2) | (3) | (4) | (5) | (6) | (7) | (8) |
| ljsz | 0.046*** (0.005) | 0.041*** (0.005) | 0.041*** (0.005) | 0.041*** (0.005) | 0.025* (0.009) | 0.017 (0.009) | 0.017 (0.010) | 0.016 (0.010) |
| znsj | 0.482*** (0.037) | 0.427*** (0.038) | 0.343*** (0.040) | 0.343*** (0.040) | 0.267*** (0.086) | 0.175*** (0.088) | 0.165** (0.091) | 0.135** (0.095) |
| net | 0.407*** (0.039) | 0.355*** (0.040) | 0.302*** (0.040) | 0.292*** (0.040) | 0.864*** (0.077) | 0.775*** (0.078) | 0.730*** (0.081) | 0.734*** (0.083) |
| jjsr | | 0.053*** (0.007) | 0.044*** (0.007) | 0.045*** (0.007) | | 0.077*** (0.018) | 0.062*** (0.015) | 0.074*** (0.017) |
| swzc | | 0.029*** (0.006) | 0.026*** (0.006) | 0.024*** (0.006) | | 0.031** (0.015) | 0.023** (0.015) | 0.017** (0.011) |
| sbyb | | 0.012 (0.101) | 0.043 (0.102) | 0.060 (0.104) | | 0.096 (0.202) | 0.090 (0.203) | 0.175 (0.220) |
| xyk | | 0.312*** (0.049) | 0.284*** (0.050) | 0.284*** (0.050) | | 0.571*** (0.069) | 0.511** (0.069) | 0.513*** (0.074) |
| age | | | −0.007** (0.001) | −0.008** (0.001) | | | −0.024 (0.018) | −0.001 (0.003) |
| gen | | | −0.091 (0.059) | −0.090 (0.059) | | | −0.052 (0.108) | −0.155 (0.111) |
| edu | | | 0.088*** (0.018) | 0.074*** (0.018) | | | 0.111*** (0.035) | 0.078** (0.036) |
| jrsy | | | 0.039 (0.029) | 0.041 (0.029) | | | 0.282*** (0.059) | 0.176*** (0.059) |
| area | | | | 0.068*** (0.025) | | | | −0.117** (0.055) |

续　表

| 变量 | 风险金融资产Ⅰ（借出款） | | | | 风险金融资产Ⅱ（股票基金理财等） | | | |
|---|---|---|---|---|---|---|---|---|
| | （1） | （2） | （3） | （4） | （5） | （6） | （7） | （8） |
| pgdp | | | | −0.016<br>(0.111) | | | | 0.096**<br>(0.234) |
| juli | | | | 0.006**<br>(0.003) | | | | −0.019**<br>(0.007) |
| index | | | | −0.001<br>(0.002) | | | | 0.025***<br>(0.004) |
| C | −2.58***<br>(0.131) | −2.58***<br>(0.131) | −2.245***<br>(0.181) | −2.023***<br>(0.779) | −3.919***<br>(0.333) | −3.874***<br>(0.302) | −4.573***<br>(0.404) | −1.223<br>(0.158) |
| N | 12 119 | 12 119 | 12 119 | 12 119 | 12 119 | 12 119 | 12 119 | 12 119 |
| Prob＞<br>chi2 | 0.00 | 0.00 | 0.00 | 0.00 | 0.00 | 0.00 | 0.00 | 0.00 |
| Pseudo<br>$R^2$ | 0.09 | 0.11 | 0.11 | 0.12 | 0.15 | 0.19 | 0.21 | 0.25 |

注：***、** 和 * 分别表示在 1%、5% 和 10% 的置信水平上具有统计显著性。

对风险金融资产Ⅰ而言，农村家庭的借出款长期与其自身资产禀赋和强纽带关系有关，从实证结果来看，反映社会网络渠道的变量（ljsz）对家庭民间借出参与率的影响在 1% 统计水平上显著为正，这与第五章的主要研究结论一致，因此传统社会网络结构的加强有助于提高家庭的借出款。而家庭自身的数字信息渠道，无论是智能手机的使用还是宽带互联网的使用，都极大限度地提高了其加强强纽带关系的可能性，提高其借出款参与度，从而与社会网络渠道形成互补效应。表 6-4 的实证结果显示，反映数字信息网络渠道的两个变量（znsj 和 net）对农村家庭民间借出参与率的影响均在 1% 统计水平上显著为正，由此验证了本章前文的推论。

对于股票理财等风险金融资产Ⅱ，数字信息渠道可以显著拓宽其金融信息途径和获取服务途径，能显著增加其金融资产可选项，进而提升参与金融市场的可能性。从实证结果来看，反映农村家庭自身数字信息技术水平的两个变量（znsj 和 net）对参与金融市场的影响均为正，且分别在 5% 和 1% 水平上具有统计显著性，说明家庭通信技术水平在一定程度上能激发其潜在的多元化的金融需求,增加其获得非基础性金融资产服务的可能性。因此,数字信息渠道可以说是对传统金融模式下农村正规金融资产渠道供给受限的有益补充,也在一定程度上替代了从传统金融渠道获得的金融资产服务。但是,传统社会网络(ljsz)等的加强,既不能直接增加家庭的资产禀赋,也不能从本质上提升其弱纽带(对应新金融信息等)的获取能力,因而其对农村家庭金融市场参与率的影响也不显著。

从模型(1)~(8)的其他估计结果还可以看出:经济特征方面,家庭收入和实物资产变量的影响均显著为正。通常收入水平较高、拥有较多实物资产的农村家庭,无论是用于生产经营的固定投资,还是用于日常生活的消费资产,往往与较多的家庭财富相对应,从而提高了其参与金融市场和借出资金的能力和可能性,说明收入高、经济实力较强的农村家庭越偏好风险金融资产的配置(李凤等,2016)。家庭参与社会保险保障对两类风险金融资产参与率的影响也为正,但并不显著。信用卡反映家庭金融的可得性,对两类风险金融资产参与率的影响均为正且呈统计显著性,说明金融可得性越高的农村家庭,其参与金融市场的概率更大,风险承受度也越强。人口特征方面,年龄变量对两类风险金融资产的影响显著为负,农村家庭随年龄增长普遍面临各项消费支出相继增加的现实需求,如子女教育、修建住房、娶亲婚嫁等,因此,家庭流动性较强的金融资产更倾向于自用以平滑消费,而非转借给他人或购买非基础性风险金融资产。性别变量影响为负且不显著,这可能是由于男性户主的风险承受力相对较强,同时在社会网络中与外界交往也较多。教育影响为正且显著,文化程度较高的农村家庭通常人力资本较高,生产经营能力也相应较高,家庭财富积累相对较多,从而影响其借出资金和金融市场参与的能力。金融素养变量的影响在1%水平上显著为正,但对民间借出则不呈统计显著性,说明农村家庭金融相关知识越丰富,金融信息的筛选效率也越高,对其参与金融市场配置资产的影响越大,而民间借出主要取决于其自身禀赋资源和强纽带社会网络关系,与专业金融知识关联性不大。

地区经济环境变量方面,地区虚拟变量对民间借出的影响显著为正,而对基金理财等风险金融资产的影响显著为负。这表明相对于中西部地区的农村家庭而言,东部省份农村家庭更倾向于通过正规渠道配置风险金融资产,同时也反映出东部地区农村金融市场化程度相对较高,资金盈

余家庭的正规金融供给渠道可得性较高,而资金不足家庭获得正规借贷
的机会也往往较多。中西部地区农村家庭更偏好民间借贷,反映出农村
金融服务可得性相对较低的现实情况。地区经济水平变量对借出款的影
响为负,但对正规金融渠道进行风险资产配置的影响显著为正,表明地区
经济越发达,越有利于降低农村家庭民间借出率;较发达地区的农村家庭
自有资源禀赋条件相对较好,所面对的金融环境有利于提高家庭参与正
规金融市场进行资产选择的概率。距最近金融机构的距离对家庭民间借
出影响显著为正,而对家庭参与金融市场的影响显著为负,表明较好的正
规金融供给渠道有利于降低农村家庭借出率,也有利于提高其金融市场
参与率。本章沿用傅秋子等(2018)的数字金融衡量标准,以"北京大学数
字普惠金融指数"来反映数字金融发展程度,并测度其对农村家庭金融资
产服务需求的影响。数字金融发展变量对借出款的影响为负,但显著正
向影响金融市场参与行为,表明受数字金融这一发展新趋势的影响,提升
了正规金融服务供给渠道的可得性,从而激发农村家庭通过正规金融市
场配置多样化资产的潜在需求。

　　进一步地,基于计量模型 6-5 和 6-6,参照已有研究,以农村家庭风
险金融资产(Ⅰ和Ⅱ两类)占金融资产总额的比例作为衡量指标,实证检
验数字信息技术对农村家庭风险金融资产参与程度的影响并验证其稳健
性,进而比较数字信息渠道和社会网络渠道的影响差异。同样地,实证回
归模型采取逐一添加各个维度影响变量的方法。表 6-5 的模型(1)和
(5)中仅控制经济特征变量,模型(2)和(6)中加入网络渠道特征变量,模
型(3)和(7)中继续加入家庭人口特征变量,模型(4)和(8)中再加入地区
环境特征变量。逐步加入其他控制变量后,回归结果依然稳定,表明在控
制其他因素的影响后,数字信息技术始终显著正向影响农村家庭两类风
险金融资产的持有比例。

　　从表 6-5 具体实证结果来看,对风险金融资产Ⅰ而言,反映社会网
络渠道的变量(ljsz)对家庭民间借出款占比的影响显著为正,说明传统社
会网络结构的加强有助于提高农村家庭借出款比例。而反映数字信息网
络渠道的两个变量(znsj 和 net)对农村家庭民间借出比例的影响也显著
为正,表明通过智能手机或宽带互联网等移动端的使用和逐渐普及,促使
其所处社会网络的黏合度增强,提高其借出款比重,是对社会网络渠道的

重要补充。对于股票理财等风险金融资产Ⅱ,反映农村家庭自身数字信息技术水平的变量对风险金融资产持有比例的影响显著为正,说明随着家庭数字信息技术水平提高和使用频率的增加,从网络渠道获得金融服务的成本持续被摊薄,且由于操作简便、获取方式灵活,家庭通过信息化渠道获取金融资产服务的频率和总量增加,进而也相应提高其风险金融资产配置比例。与此同时,由于部分传统金融渠道被数字信息渠道替代,所以从传统金融渠道获得的金融资产服务总量也相应减少。但是,传统社会网络(ljsz)等的加强,不能增加家庭的实际资产禀赋和新金融信息的获取能力,因而对农村家庭正规金融渠道配置的风险金融资产持有比例的影响也不显著。从模型(1)~(8)的其他回归结果还可以看出,经济特征、人口特征以及地区环境特征等变量对农村家庭两类风险金融资产持有比例的影响与参与率回归模型结果保持一致,进一步验证了本章前文的推论。

表6-5　全样本基本模型回归结果:风险资产持有比例

| 变量 | 风险金融资产Ⅰ(借出款) | | | | 风险金融资产Ⅱ(股票基金理财等) | | | |
|---|---|---|---|---|---|---|---|---|
| | (1) | (2) | (3) | (4) | (5) | (6) | (7) | (8) |
| ljsz | 0.037***<br>(0.004) | 0.032***<br>(0.004) | 0.032***<br>(0.004) | 0.032***<br>(0.004) | 0.017*<br>(0.006) | 0.010<br>(0.006) | 0.008<br>(0.006) | 0.008<br>(0.006) |
| znsj | 0.404***<br>(0.031) | 0.358***<br>(0.031) | 0.286***<br>(0.032) | 0.286***<br>(0.032) | 0.175***<br>(0.062) | 0.102***<br>(0.060) | 0.088**<br>(0.062) | 0.069**<br>(0.061) |
| net | 0.296***<br>(0.032) | 0.254***<br>(0.032) | 0.211***<br>(0.032) | 0.205***<br>(0.032) | 0.604***<br>(0.063) | 0.511***<br>(0.060) | 0.476***<br>(0.060) | 0.453***<br>(0.059) |
| jjsr | | 0.039***<br>(0.005) | 0.032***<br>(0.005) | 0.032***<br>(0.005) | | 0.053***<br>(0.010) | 0.050***<br>(0.010) | 0.048**<br>(0.010) |
| swzc | | 0.024***<br>(0.004) | 0.021***<br>(0.004) | 0.020***<br>(0.004) | | 0.023***<br>(0.008) | 0.022***<br>(0.008) | 0.013**<br>(0.007) |
| sbyb | | 0.001<br>(0.082) | 0.028<br>(0.082) | 0.038<br>(0.082) | | 0.064<br>(0.143) | 0.057<br>(0.143) | 0.105<br>(0.141) |
| xyk | | 0.214***<br>(0.039) | 0.193***<br>(0.039) | 0.192***<br>(0.039) | | 0.377***<br>(0.052) | 0.355***<br>(0.051) | 0.316***<br>(0.050) |
| age | | | −0.007**<br>(0.001) | −0.007**<br>(0.001) | | | −0.002<br>(0.002) | −0.001<br>(0.002) |
| gen | | | −0.079*<br>(0.047) | −0.078*<br>(0.047) | | | −0.133*<br>(0.071) | −0.121*<br>(0.071) |

续　表

| 变量 | 风险金融资产Ⅰ（借出款） | | | | 风险金融资产Ⅱ（股票基金理财等） | | | |
|---|---|---|---|---|---|---|---|---|
| | (1) | (2) | (3) | (4) | (5) | (6) | (7) | (8) |
| edu | | | 0.057*** (0.015) | 0.048*** (0.015) | | | 0.085*** (0.023) | 0.065*** (0.023) |
| jrsy | | | 0.024 (0.023) | 0.025 (0.023) | | | 0.084** (0.038) | 0.104*** (0.050) |
| area | | | | 0.043** (0.020) | | | | −0.065** (0.035) |
| pgdp | | | | −0.010* (0.111) | | | | 0.097*** (0.152) |
| juli | | | | 0.004** (0.003) | | | | −0.011** (0.005) |
| index | | | | −0.001 (0.002) | | | | 0.015*** (0.003) |
| C | −2.13*** (0.116) | −2.05*** (0.113) | −1.677*** (0.148) | −2.023*** (0.779) | −2.796*** (0.333) | −2.653*** (0.238) | −3.127*** (0.301) | −0.600** (0.106) |
| N | 12 119 | 12 119 | 12 119 | 12 119 | 12 119 | 12 119 | 12 119 | 12 119 |
| Prob> chi2 | 0.00 | 0.00 | 0.00 | 0.00 | 0.00 | 0.00 | 0.00 | 0.00 |
| Pseudo $R^2$ | 0.08 | 0.09 | 0.10 | 0.10 | 0.14 | 0.19 | 0.20 | 0.25 |

注：***、**和*分别表示在1%、5%和10%的置信水平上具有统计显著性。

　　以上具体分析了数字信息技术水平及金融服务数字化对农村家庭金融市场参与及资产选择的影响，并比较数字信息渠道和社会网络渠道对家庭风险金融资产的影响差异。下面将综合上述模型估计结果（见表6-6)，进行进一步的综合分析。

　　表6-6　农村家庭金融市场参与及资产选择影响因素的实证结果：
数字信息渠道 vs.社会网络渠道

| | 风险金融资产Ⅰ（借出款） | 风险金融资产Ⅱ（股票基金理财等） |
|---|---|---|
| 数字信息渠道（智能手机、互联网等） | 正向、显著 | 正向、显著 |

|  | 风险金融资产 I（借出款） | 风险金融资产 II（股票基金理财等） |
|---|---|---|
| 社会网络渠道（礼金往来等） | 正向、显著 | 正向、不显著 |
| 数字金融发展（数字普惠金融指数） | 负向、不显著 | 正向、显著 |

　　首先，数字信息渠道变量对农村家庭民间借出款和股票基金等风险金融资产均具有显著促进作用。表明农村家庭的数字信息化程度越高，越有助于激发其潜在的多元化金融资产配置需求和参与金融市场，也促使其所处社会网络的纽带关系增强，提高其借出款参与度和持有比例。这一结果的直接含义是：对那些有金融资产需求的农村家庭（这里指既有选择能力又有配置意愿的农村家庭）来说，通过智能手机和宽带互联网等数字信息技术工具的使用，拓宽家庭的金融信息获取渠道，提高金融信息精准度和筛选效率，对增加农村家庭非基础性金融资产服务可得性十分有必要，也是对社会网络渠道的一种重要补充。

　　其次，社会网络渠道变量对农村家庭民间借出款和股票基金等风险金融资产均具有正向影响，但对后者的影响不呈统计显著性。一方面，农村家庭拥有的社会网络关系提供了履约保证和信息扩散的有利条件，缓解了民间借贷履约执行过程中的信息不对称程度和借出风险，即社会网络强纽带关系促使农村家庭参与民间借出。另一方面，传统社会网络结构的加强，难以从根本上增强农村家庭的金融知识、新金融信息的获取筛选能力等综合金融素养，因而对农村家庭参与金融市场进行风险金融资产配置的影响十分有限。

　　第三，数字金融发展变量对农村家庭民间借出款具有一定负向影响但并不显著，而对股票基金等风险金融资产有着显著促进作用。对风险金融资产 II 具有显著正向影响，表明在金融供给层面上，随着农村数字普惠金融的发展，金融资产服务的供给渠道趋于多元化，从而促使农村家庭潜在的、多样化的金融资产需求转化为现实获得；同时金融数字化也在一定程度上替代了从传统金融渠道获得的金融资产服务，进一步降低交易成本、提高金融资源配置效率。而对风险金融资产 I 具有负向影响，则意味着数字普惠金融程度的提升能在一定程度上提高部分农村家庭的信贷可获得性，降低了向其他家庭借入的概率；在借出方层面上，降低农村家庭借出款概率,可选择把闲置资金用于更多元化的资产配置渠道。

## 2. 稳健性检验

为防止只使用"户主是否使用智能手机"和"是否用过互联网"作为农村家庭数字通信技术水平代理变量可能存在的测量误差,而最终导致实证结果的不稳健,本章选取"家庭智能手机数量"和"网络通信费"这两个变量作为农村家庭数字通信水平的替代变量,进一步验证结论的稳健性。户主使用智能手机能在一定程度上反映家庭数字信息水平,智能手机数量则可以进一步度量家庭成员整体信息技术水平和数字化普及程度。农村家庭通过网络、电话等通信工具与外界进行联络交往,反映家庭数字信息化使用频度,可用家庭的网络通信费来测度。通过移动端的信息渠道,农村家庭可增加接触和了解金融信息的机会,降低信息获取成本,同时掌握更多金融相关知识有助于提升家庭金融素养,增强其金融信息筛选效率。家庭使用数字信息技术的能力越高,其参与金融市场进行资产配置的交易成本也随之降低。

由表 6-7 可见,模型(1)～(4)为分别加入两种不同数字通信技术水平的替代变量的回归结果,稳健性检验显示:关键解释变量和其他解释变量的估计值系数符号、显著性水平与基础回归模型的估计结果基本保持一致,农村家庭自身的信息技术对其参与金融市场进而获得正规金融资产服务的影响为正,且边际效应达到了 9.1% 和 13%,统计意义均在 1% 水平上显著;家庭信息技术水平对民间借出款影响也显著为正,说明数字信息技术的使用不仅拓宽了农村家庭金融信息获取渠道,同时也在一定程度上加强了农村社会网络的联结度,缩短了交往距离,增加了交往频率,从而缓解了中国农村"正在从熟人社会向半熟人社会转变"这一新变化趋势(杨华,2021),是民间私人借款的网络渠道条件。社会网络关系显著正向影响家庭借出款,这与第五章研究结论一致;但社会网络关系对其参与金融市场及资产选择行为的影响为正却不呈统计显著性,且边际效应较小,说明传统社会网络的加强,既不能直接增加家庭的资产禀赋,也不能显著提升其弱纽带(对应新信息等)的获取能力,因此其对家庭金融市场参与的影响不明显。其余解释控制变量的系数与基准回归结果基本一致。因而,进一步表明基本回归检验结果较为稳健。

表 6 - 7　模型稳健性检验结果

| 变量 | 风险金融资产 I | | | | 风险金融资产 II | | | |
| --- | --- | --- | --- | --- | --- | --- | --- | --- |
| | (1) | | (2) | | (3) | | (4) | |
| | 参与率 | 持有比例 | 参与率 | 持有比例 | 参与率 | 持有比例 | 参与率 | 持有比例 |
| jjsr | 0.042*** (0.007) | 0.030*** (0.005) | 0.043*** (0.007) | 0.031*** (0.005) | 0.073*** (0.017) | 0.049*** (0.010) | 0.074*** (0.017) | 0.049*** (0.010) |
| swzc | 0.021*** (0.006) | 0.018*** (0.004) | 0.021*** (0.006) | 0.017*** (0.004) | 0.017 (0.011) | 0.014* (0.007) | 0.018* (0.011) | 0.014* (0.007) |
| ljsz | 0.044*** (0.005) | 0.035*** (0.004) | 0.041*** (0.005) | 0.033*** (0.004) | 0.022 (0.010) | 0.013 (0.006) | 0.020 (0.010) | 0.012 (0.006) |
| index | −0.001 (0.002) | −0.001 (0.002) | −0.001 (0.002) | −0.001 (0.002) | 0.023*** (0.004) | 0.015*** (0.003) | 0.023*** (0.004) | 0.015*** (0.003) |
| znsjs | 0.136*** (0.011) | 0.104*** (0.009) | | | 0.153*** (0.018) | 0.091*** (0.014) | | |
| txf | | | 0.177*** (0.021) | 0.141*** (0.013) | | | 0.217*** (0.043) | 0.130*** (0.024) |

注：***、** 和 * 分别表示在 1%、5% 和 10% 置信水平上具有统计显著性。表中估计结果包含表 6 - 4 和表 6 - 5 中所包括的其他控制变量，根据本章研究目标需要，仅列出关注变量数字信息技术及收入资产等变量的估计结果。

## 3. 数字信息技术对农村家庭金融市场参与及资产选择的异质性影响

数字信息技术的使用客观上拓宽了农村家庭金融信息获取渠道，降低了金融服务获得的交易成本，但是数字信息资源是否能得到合理利用与农村家庭自身的金融素养水平有较强的相关性。拥有一定金融知识、金融素养水平较高的农村家庭，更有意识地主动运用数字信息渠道，进而影响其金融资产选择行为，从而提高金融市场参与比率和参与程度。因此，对金融素养水平不同的农村家庭来说，自身数字信息化水平对其参与金融市场配置资产存在异质性影响。一般情况下，金融素养的内涵包括两个层面：主观金融素养和客观金融素养。主观素养指标以受访户对经济金融信息和股票债券基金等金融产品了解程度的自主评估来进行测度，而客观素养是向受访户提问有关金融知识的问题并根据其答案的正确性来进行客观评价。根据已有研究，由于客观金融素养受主观意识态度影响小，因而比主观金融素养更为可靠，能较为客观合理地衡量受访者金融知识水平(Xia 等,2014)。

为验证数字信息技术水平是否对较高金融素养农村家庭的边际作用影响更显著，本章选择 CHFS2017 年调查问卷中关于金融知识的四个客观评价问题：① 高收益项目通常伴随着高风险，您认为是否正确？② 假设银行的年利率是 4%，如果把 100 元存 1 年定期，1 年后获得的本金和利息是多少？③ 假设银行的年利率是 5%，通货膨胀率每年是 3%，把 100 元钱存银行一年之后能够买到的东西将如何？④ 投资多种金融资产要比投资一种金融资产的风险小，您认为该说法是否正确？借鉴周雨晴等(2020)的分组方法①，按客观金融素养来考察数字信息对农村家庭风险金融资产选择的异质性影响。金融知识水平高的居民更容易理解、接受金融市场和金融产品，从而减少金融排斥的概率(尹志超等，2014)。

然后，分别对不同金融素养水平家庭样本进行回归，以考察数字信息

---

① 如果受访者对以上 4 个问题全部回答错误，则划分为"金融素养较低"组别；如果受访者能够正确回答 1~2 个问题，则划分为"金融素养中等"组别；如果受访者能够正确回答 3~4 个问题，则划分为"金融素养较高"组别。

技术水平对不同金融素养水平家庭的影响差异。表6-8回归结果所示，数字信息技术对金融素养不同的农村家庭金融市场参与及资产选择行为存在明显异质性影响。相对于金融素养较低水平的家庭，数字信息技术对其风险金融资产选择的促进作用相对较弱；而数字信息技术对较高水平家庭的风险金融资产配置作用更有效。从数字金融供给层面来看，随着农村数字普惠金融的发展，正规金融资产服务渠道拓宽，农村家庭参与金融市场选择资产的服务可得性增强，对金融素养水平较高家庭的非基础性金融资产配置有着积极的促进作用。由此进一步说明，金融素养会加大"数字鸿沟"，农村家庭金融素养水平越高，数字信息技术对家庭参与金融市场进行风险资产选择的作用越显著。这一结果的含义是：在数字金融下乡服务中，要重视加大对农村家庭金融基础知识的宣传培训，并充分发挥数字信息技术的优势，针对不同群体尤其是文化水平较低、金融素养不高的这些家庭设计和提供相应的金融产品和服务，是通过数字金融方式实现金融普惠的有效路径。

表6-8　按样本家庭金融素养分组模型回归结果：风险金融资产Ⅱ

| 变　量 | (1) 较低参与率 | (1) 较低持有比例 | (2) 中等参与率 | (2) 中等持有比例 | (3) 较高参与率 | (3) 较高持有比例 |
|---|---|---|---|---|---|---|
| znsj | 0.127 9<br>(0.223 8) | 0.116 1<br>(0.209 4) | 0.128 5*<br>(0.115 4) | 0.116 5*<br>(0.073 8) | 0.190 2**<br>(0.017 1) | 0.127 3**<br>(0.055 2) |
| net | 0.282 5*<br>(0.223 9) | 0.292 2<br>(0.220 2) | 0.393 4**<br>(0.101 4) | 0.397 1***<br>(0.072 1) | 0.438 0**<br>(0.135 4) | 0.365 2**<br>(0.060 5) |
| index | 0.019 3*<br>(0.011 1) | 0.017 7<br>(0.011 0) | 0.025 2***<br>(0.004 6) | 0.025 7***<br>(0.003 1) | 0.028 1**<br>(0.007 2) | 0.025 1**<br>(0.004 8) |

注：括号内为标准差，***、**和*分别表示在1%、5%和10%水平显著。表中估计结果包含表6-4和表6-5中所包括的其他控制变量，根据本章研究目标需要，仅列出关注变量数字信息技术的估计结果。

# 6.4　本章小结

在家庭需求层面上，一些资源禀赋不高的家庭未参与金融市场配置资产,其根本原因在于信息渠道的匮乏,而并非是受到家庭自身禀赋条件的制约。随着数字信息技术水平的提高,农村家庭金融服务信息渠道拓宽、金融知识增加、信息筛选效率及精准度提高,以及金融交易费用的进一步降低,最大化地增加了其潜在金融需求的实际转化概率,提升了农村金融普惠的广度和深度(Hong Harrison,2004)。基于上述理论分析,本章尝试从数字化视角来解释农村家庭参与金融市场及风险资产选择行为的问题,通过构建网络渠道作用下家庭金融资产选择的基本理论模型,进而实证检验数字信息技术对农村家庭金融市场参与及资产选择的影响,并比较数字信息渠道和社会网络渠道的影响差异,为农村家庭参与金融市场选择资产活动提供了一种解释,并得到如下基本结论:

第一,对于农村家庭而言,其自身信息技术水平的提高有助于改善原有禀赋条件,拓宽金融信息获取渠道,这使得在传统金融供给模式下仅能从机构网点或新闻媒体获得的非常有限的金融信息,现在则通过移动客户端的应用推送或网页浏览等方式就可以更为便利、快速、低成本地获取。从金融供给层面来看,通过与互联网信息技术的深度融合,创新设计出了多元化的非基础性新型数字金融服务和产品,由于具有易获取、易操作、易复制等信息化产品优势,更易于产生双向规模效应,对金融机构而言降低了其服务供给的门槛条件,同时从金融需求方面降低了家庭获得多样化、多层次金融服务的准入要求。在这种情况下,农村家庭金融资产行为面临的决策有其特定性质:在考虑到家庭自身信息化水平的前提下,数字信息技术有可能激发不同农村家庭潜在的多元化、高层次的金融资产配置需求。即随着数字信息技术的进步,具有潜在金融需求的农村家庭由于金融服务渠道拓宽、交易成本降低或金融知识增加而获得了实际金融服务,也在一定程度上替代了从传统金融渠道获得的金融资产服务。

第二,数字信息技术除了对金融机构的供给行为产生影响外,在家庭层面上拓宽了农村家庭信息获取渠道,增加了了解更多金融服务信息的机会,提高了金融认知水平,进而影响其金融资产选择行为,是对传统金融模式下农村正规金融资产渠道供给受限的有益补充。利用中国家庭金融调查(CHFS,2017)数据和北大数字普惠金融指数,采用 Probit 模型和 Tobit 模型进行实证检验。研究结果表明:① 农村家庭自身数字信息技术水平的提高显著增加了金融资产产品和服务的信息对称程度,能够更为便捷地了解和获得正规金融服务,对家庭金融市场参与及资产选择产生积极效应;② 家庭自身的数字信息渠道提供了其加强社会网络强纽带关系的便利,提高了农村家庭借出款参与程度,其本身与家庭社会网络渠道形成互补效应;③ 区域数字普惠金融指数更反映其所在区域互联网新兴金融中介服务等的普及程度,能显著增加农村家庭金融资产服务可选项,进而提升其参与金融市场配置资产的可能性,但较难影响其基于自身资源禀赋基础和强纽带社会网络关系的借出款参与度;④ 数字信息技术对金融素养不同的农村家庭金融市场参与及资产选择行为存在异质性影响,金融素养会加大"数字鸿沟",农村家庭金融素养水平越高,数字信息技术对其金融市场参与及风险金融资产选择的影响越显著。从供给层面看,农村数字普惠金融的发展对金融素养水平较高家庭的参与金融市场配置风险资产有着较积极影响。

本章主要的贡献和创新在于,基于农村家庭潜在的、多样化的金融资产服务需求,从网络渠道使用、获得金融服务成本和家庭效用等方面,解释和分析农村家庭数字信息技术及金融数字化水平对金融市场参与及资产选择行为的影响机制,并提供了实证依据。根据上述结论,本章相应的政策启示是:首先,充分考虑农村家庭自身信息技术水平及其潜在、多元化的金融需求,加强正规金融机构的服务意识,并致力于缓解金融排斥、提高多样化正规金融资产渠道的可得性,创新符合农村家庭资源禀赋特征的金融服务产品,为有金融资产需求的农村家庭提供必要的增加红利收入的有效途径,实现其效用最大化目标;其次,充分利用数字信息技术的优势,通过数字金融手段实现普惠金融高效率发展,针对不同群体尤其是文化水平较低、金融素养不高的这些家庭设计和提供相应的金融产品和服务;第三,在数字金融下乡服务中,农村金融机构应加大金融宣传力度和基础知识培训,为农村家庭提供必要的金融服务信息,培养农村居民运用数字信息化渠道、手段的现代金融意识和理财能力,提高金融服务产品在农村地区的认知度和使用率,是通过数字金融化手段实现金融普惠的关键。

# 第7章 数字化视角下农村家庭金融资产选择影响消费的理论分析:生命周期—持久收入理论及其扩展

　　为从理论上阐释农村家庭金融资产选择行为影响消费的作用机制,本章将基于生命周期—持久收入理论模型,并试图对其进行扩展,应用于解释和分析农村家庭金融资产、附加约束和消费水平三者之间的关系。本章主要由三部分构成:第一部分回顾生命周期—持久收入理论模型,并结合跨期消费决策模型,重点讨论在具有资产选择能力并进行实际决策后,农村家庭消费决策如何受到资产财富影响的一般机制。第二部分首先以农户经济理论模型为基础,构建附加约束的农村家庭跨期金融资产选择—消费决策的一般均衡模型,重点阐述在实际预算和借贷限制的"双重约束"下,农村家庭金融资产选择行为影响消费水平的作用机制,以此证明尽管金融资产配置渠道不同,但都会影响到农村家庭消费,只是影响的途径和程度存在差异;其次,充分考虑数字信息技术与金融供给紧密结合的现实背景,从农村家庭和金融机构两个层面探讨数字化视角下农村家庭金融资产选择对消费影响的具体作用机制。第三部分是本章小结。

## 7.1 生命周期和持久收入假说理论: 资产财富效应与消费水平

　　凯恩斯消费理论假定人们在特定时期的消费与其在该时期可支配收入相关,并由此引入消费函数。虽然这是符合直觉的最简单明了的假设,然而与现实不完全相符。事实上,当人们在做出消费和储蓄决策时,会提前预测未来收入,在更长跨度时期内规划消费开支,以实现其生命周期内最佳组合配置。基于此,Modigliani(1954)将居民资产纳入绝对收入—消费的分析框架中,提出以财富作为消费函数重要变量的理由,认为资产是影响人们消费行为的关键因素。这一结论可以用公式表示如下:

$$C = \alpha W + \beta Y \tag{7-1}$$

式中,$W$ 为实际财富;$\alpha$ 为财富的边际消费倾向;$Y$ 为工作收入;$\beta$ 为工作收入的边际消费倾向。

消费者的预算约束为期初资产与当期收入之和再减去当期消费,即消费者在每一时期末的资产总额。同时,根据 Friedman(1957)的持久性收入假说,确定情况下的家庭消费水平应取决于其持久性收入,即所观察到的家庭若干年所有收入的加权平均值,进一步说明了消费并不完全受当期收入波动影响或影响过多。上述 LCH-PIH 理论框架关于家庭资产和消费之间的关系,可以通过一个 Fisher(1930)的跨期消费决策模型加以说明。考虑一个农村家庭只面临两个时期的消费决策,在第一个时期取得收入 $y_1$,消费 $c_1$ 并储蓄 $w$;在第二个时期取得收入 $y_2$,并消费 $c_2$;由于没有第三个时期,家庭在第二个时期既不储蓄也不借贷,只是花光所有积蓄资产。假设没有通货膨胀,并且农村家庭有机会进行借贷或储蓄,因此变量 $w$ 既可以代表储蓄结余也可以代表借贷资金,即在不同时期内,家庭消费与同期收入的大小关系是不确定的。两期的消费决策可分别用如下公式表示:

$$\text{I}: w = y_1 - c_1 \tag{7-2}$$

$$\text{II}: c_2 = (1+r)w + y_2 \tag{7-3}$$

式中,$w$ 为第 I 期储蓄财富,在第 II 期,消费等于积累的储蓄财富即第 I 期储蓄本息之和,再加上第 II 期的收入。如果第 I 期的消费小于收入,农村家庭资产财富 $w$ 大于零;反之,则小于零。这意味着,两期的消费 $c_t$ 都有可能大于或小于同期收入 $y_t$。为简便起见,假定储蓄利率和借贷利率相同,则可得到:

$$c_2 = (1+r)(y_1 - c_1) + y_2 \tag{7-4}$$

经整理后得到:

$$c_1 + \frac{c_2}{1+r} = y_1 + \frac{y_2}{1+r} \tag{7-5}$$

式(7-5)将两个时期的消费和收入联系在一起，表示农村家庭跨期消费预算约束。正常情况下，$r>0$，将未来的消费和收入用因子$\frac{1}{1+r}$进行贴现，由于未来消费可由储蓄的利息来支付，所以未来消费的成本低于现期消费成本，因子$\frac{1}{1+r}$是家庭为得到一单位第Ⅱ期消费所必须放弃的第Ⅰ期消费的数量。

图7-1是一个包括实际资产财富水平、收入和资产获得增值可能性的两期费雪图形，可以用来分析农村家庭跨期消费和资产财富的分配问题。消费预算约束可用一条向右下方倾斜的直线$AB$来表示，斜率为$-(1+r)$，由于假设农村家庭可以在两期之间借贷，则$AB$表示通过两期消费花光收入的所有可能的组合。在$A$点，家庭在第Ⅰ期完全不消费$(c_1=0)$，因此第Ⅱ期消费等于两期收入加上第Ⅰ期储蓄得到的利息，即$c_2=(1+r)y_1+y_2$；在$B$点，家庭计划在第Ⅱ期不消费$(c_2=0)$，把第Ⅱ期收入完全借贷到第Ⅰ期，因此第Ⅰ期消费等于两期收入减去借贷所需支付的利息，即$c_1=y_1+\frac{y_2}{1+r}$。无差异曲线$I_1$表示农村家庭跨期消费偏好，即获得同样满足的第Ⅰ期与第Ⅱ期消费的组合；其斜率表示两期消费之间的边际替代率，即家庭愿意用第Ⅱ期消费替代第Ⅰ期消费的比率。在最优决策$E_0$点，农村家庭跨期消费最优决策的均衡条件为：边际替代率$MRS=-(1+r)$。如果农村家庭的收入财富和实际利率水平发生变动，其消费决策会受到影响，则家庭跨期消费的最优均衡点也会发生变化，这两种影响分别为"收入和资产的水平效应"和"收入和资产的价格效应"。

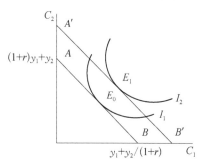

**图7-1 费雪模型：农村家庭跨期消费决策及收入财富增加对消费的影响**

因而,随着家庭当期收入、未来收入或者资产财富水平的增加,其预算约束线都将由 $AB$ 外移至 $A'B'$,意味着农村家庭可选择更好的消费组合,并且会将其资产(包括人力资产、金融资产和实物资产)平滑分摊至第 Ⅰ 期和第 Ⅱ 期的消费上,以实现"消费平稳化"和资源跨期最优配置。考虑到家庭可以在不同时期内进行储蓄或借贷,因而取得收入的具体时间与其消费总量的关联性不大,故认为家庭消费取决于当期收入与未来收入财富现值之和,这说明农村家庭的消费是以预期其一生中所得到的资源为基础的。

农村家庭的跨期收入和消费可通过利率联系起来,实际利率或资产价格的变动能够影响其消费决策。图 7 - 2 中,假定家庭在第 Ⅰ 期储蓄,由于预算约束线斜率为 $-(1+r)$,随着 $r$ 上升,会使得预算约束线 $AB$ 围绕两期收入组合($y_1$,$y_2$)顺时针旋转为 $A'B'$,最优消费均衡点由 $E_0$ 点移动到 $E_1$ 点,即减少第 Ⅰ 期消费,增加第 Ⅱ 期消费。实际利率 $r$ 上升对家庭消费的总量影响则可分解为替

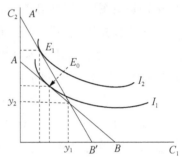

图 7 - 2　利率变动对农村家庭消费决策的影响

代效应和收入效应:收入效应即利率上升直接使得家庭收入财富增加,消费满足程度可向更高的无差异曲线移动,并把增加的财产分摊到两期消费中;替代效应即两期消费的相对价格发生变化,第 Ⅰ 期储蓄的利率上升会使第 Ⅱ 期消费比第 Ⅰ 期消费相对变得更便宜,理性家庭则应该减少第 Ⅰ 期消费而增加第 Ⅱ 期消费。因此,实际利率或资产价格上升的情况下,收入效应和替代效应都增加了农村家庭的第 Ⅱ 期消费,但两种效应对于第 Ⅰ 期的消费影响是相反的,可能增加也可能减少第 Ⅰ 期消费,这最终取决于两种效应的相对规模。

通过对 LCH - PIH 理论框架下家庭收入资产和消费关系的分析,农村家庭具有资产选择能力并进行实际决策后,会通过收入财富水平和价格效应促进家庭消费。如果进一步放松对农村家庭的借贷限制,短期中借入资金可缓解农村家庭流动性约束,通过生产性投资或资产选择的途径提高资本回报率,进而增加未来收入及资产财富水平,并保证当期和下

期消费支出,提升家庭总体效用水平。而在长期中,更高的金融服务可得性将助力农村家庭提高生产经营能力和人力资源素质,不断积累实物资产和金融资产,进一步优化家庭既有资产结构和借贷资金配置效率,实现最大化效用目标。但是,在缺乏符合规范的抵押品和信息不对称的现实情况下,相当一部分农村家庭受到正规金融机构的"金融排斥",面临信贷约束问题;与此同时,农村家庭收入水平相对较低,风险承受能力也相应较弱,普遍缺少风险投资意识和相关金融知识,面临正规金融资产渠道供给受限、可选择金融服务产品较少的问题。这使得农村家庭生产经营投资活动和资产选择决策受到一定程度的限制,不利于家庭消费水平的提升,以及实现较高水平的家庭资源合理配置。

综上所述,生命周期和持久收入假说分析需满足三个假设条件:消费者具有经济理性、无借贷约束和有资产储蓄。结合我国农村地区实际情况来看:第一,二十世纪八十年代初农村家庭土地联产承包责任制的推行和全球化体系下市场化改革的不断深化,促使农户逐渐成为独立自主的经济主体,家庭内部人力资本配置方式由过去的单一农业劳动格局向多种就业方式、多种组合形式转变。农村家庭内部共享收益、共担风险,遵循统一的资源配置原则,劳动力资源在农业就业和非农就业之间进行策略性抉择以实现家庭效用最大化。在这种非契约性的劳动力资源内部化配置模式下,农村家庭通过集体行动规避各类风险,为其资本积累提供非正式制度保障,表现为一种"家庭经济理性"(薛桂霞等,2013),而市场化的环境为其经济理性假设成立提供前提条件(吴言林等,2010)。从这个意义上,中国农村家庭的生产投资、储蓄消费行为同样具有资本家的本质——在权衡利益大小和分析各种风险后,为追求利益最大化或家庭效用满足程度最大化而进行理性选择,对资源调配总是趋于最优(Schultz,1965;Popkin,1979)。第二,我国农村居民人均收入的显著增长[①]为家庭储蓄转化为投资继而实现财产性收入目标提供了条件,现实中,由于农村家庭兼具"生产者、消费者、资产投资者"三重身份,因此农村家庭不仅面

---

① 中国社会科学院农村发展研究所《农村绿皮书:中国农村经济形势分析与预测(2014—2015)》指出,2014年全国农村常住居民人均可支配收入10 489元,同比名义增长11.2%,剔除价格因素影响,实际增长9.2%;农村居民人均纯收入9 892元。根据国家统计局公布数据,2015年农村居民人均可支配收入11 422元,比上年增长8.9%,扣除价格因素实际增长7.5%;城乡居民收入倍差2.73,比上年缩小0.02。

临消费和储蓄之间的分配决策,同样也面临生产投资和资产投资间的分配选择。然而,家庭资产跨期配置是否能够有效实现,在一定程度上受到农村家庭借贷资金的可得性以及所面临的流动性约束影响,这使得家庭的储蓄、消费、生产经营、投资等行为活动之间具有高度关联性,需要统筹考虑。如前所述,信贷约束是普遍存在于不同国家的现实问题,我国也不例外,特别是农村地区的居民家庭,受到更严格的正规借贷限制,不利于部分农村家庭的资产跨期配置,进而影响其消费水平。第三,农村经济发展和各类就业方式中农村家庭劳动力资源多种组合配置,使得农村家庭具备了储蓄和配置各类资产的能力。其中,住房在农村家庭总资产构成中占比最大,这是因为农村住房是农民安身之本,作为家庭的经济基础,住房既是遮风避雨的生活设施,又是生产劳动的直接或间接场所;此外家庭生产经营活动资产也占有相当比例,如农业机械、经销种子化肥农药等。但由于农村土地房产价值低,"两权"抵押试点工作中仍存在抵押登记、抵押物处置、风险补偿、后续法律制度有效衔接等配套支持问题[1],加之生产性资产的特殊属性,导致农村家庭实物资产价格上升空间有限。而金融资产通常流动性较强,虽然农村正规金融资产供给渠道受到约束,农村家庭只能持有有限形式的金融资产,但仍为满足家庭生产经营或消费等不确定性支出提供了资金储备,有助于提高家庭总效用水平。因此,在对基本假设进行修正的基础之上,可以将 LCH - PIH 理论模型运用于我国农村家庭金融资产选择行为与消费之间关系的理论分析。

## 7.2  数字化视角下农村家庭金融资产选择影响消费的作用机制

以上构建了跨期最优决策的消费函数,求解了收入资产变化的非确

---

① 2018 年 12 月 23 日第十三届全国人民代表大会常务委员会第七次会议上,《国务院关于全国农村承包土地的经营权和农民住房财产权抵押贷款试点情况的总结报告》指出,2016—2018 年三年来"两权"抵押贷款试点取得积极成效。截至 2018 年 9 月末,全国 232 个试点地区农地抵押贷款余额 520 亿元,同比增长 76.3%;59 个试点地区农房抵押贷款余额 292 亿元,同比增长 48.9%。一是进一步盘活农村资源资产,二是推动缓解"三农"领域融资难、融资贵问题,三是支持农户增收致富。试点工作中存在的主要困难有颁证进度存在滞后,抵押农房流转和处置难度较大,相关法律制度有效衔接,以及全国推广等问题。

定性条件下消费者跨期最优消费路径。根据费雪的跨期消费决策模型，其中一个重要的基本假设是消费者可以借贷或储蓄，而现实中，对不少农村家庭而言，有时借贷是不可能的，尤其是从正规金融渠道获得借贷资金。整体上看，目前我国农村家庭居民消费行为能够较好地用 LCH – PIH 来刻画，但流动性约束对消费也有重要影响（高梦涛，2011），因而对农村家庭消费进行附加约束的跨期考察具有理论和现实意义。本章第二部分将基于农户经济学理论，考虑在实际预算约束和借贷约束的前提条件下，农村家庭如何进行金融资产选择来影响其消费水平，下面将构建一个附加约束的跨期金融资产选择—消费决策的一般均衡模型来加以说明，并深入讨论不同金融资产是否都可以提高农村家庭消费。进而在此基础上，充分考虑随着农村地区数字经济新型基础设施建设的完善，农村网民规模及互联网普及率不断提高和农村金融服务数字化水平逐渐提升的现实背景，从农村家庭和金融机构两个层面探讨数字化视角下农村家庭金融资产选择对消费影响的作用机制。

### 7.2.1 数字化视角下农村家庭金融资产选择与消费关系的跨期均衡考察

延续第一部分的分析，消费者必须既满足实际预算约束又满足借贷约束，这里存在两种可能的情况：第一种是农村家庭的第 I 期消费小于当期收入，即 $c_1 < y_1$，此时家庭不存在实际预算约束，更不受到借贷约束影响，两个时期的消费取决于两期收入的现值，即 $y_1 + \dfrac{y_2}{1+r}$。图 7 – 3(a) 中，梯形面积部分 $Oy_1EA$ 表示农村家庭能选择的第 I 期消费和第 II 期消费所有的可能组合。第二种情况是农村家庭希望第 I 期消费大于当期收入，即 $c_1 > y_1$，但是由于借贷约束的存在而使得其不能达成这一目的，而只能实现既定预算约束下的最好选择，也就是完全消费完第 I 期的家庭收入，消费函数可表示为 $c_1 = y_1, c_2 = y_2$。即对那些面临消费资金缺口且受限于借贷约束的农村家庭而言，当期消费只取决于当期收入。如图 7 – 3(b)所示，均衡点 $E'$ 是家庭想要实现的消费组合点，但由于借贷约束，最多只能实现 $E''$ 点处的消费组合，位于图中离原点近的无差异曲线上，代表着较低的家庭效用水平。

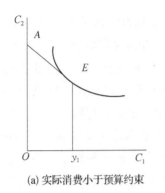 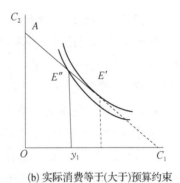

(a) 实际消费小于预算约束　　　　　(b) 实际消费等于(大于)预算约束

**图 7 - 3　借贷约束下的农村家庭跨期消费决策**

Bamum 等(1979)、Singh 等(1986)发展并完善了农户模型,以家庭为分析中心,将农户作为生产消费决策的统一体,求解总资源约束条件下的最优家庭效用,认为农村家庭决策的本质决定了其生产和消费行为均以家庭总效用最大化为目标。一旦约束条件和外生变量发生变化,农村家庭就会相应调整其行为,进而做出不同的决策。Iqbal(1986)进而将借贷、储蓄和投资等变量引入家庭决策系统,动态考察预算约束下两个生产周期的生产、消费和投资选择,认为农村家庭是否能够通过金融市场参与获取资金支持,将会对其生产经营活动及消费行为产生显著差别。基于此,下面对上述第二种情况进行延伸讨论,即农村家庭的第 I 期消费 $c_1$ 大于当期收入 $y_1$。此时在实际预算约束下,如果农村家庭能够获得借贷机会,即能够自由借贷或受到较小的借贷限制,则会缓解第 I 期预算约束并提升家庭的消费和生产投资水平,进而跨期影响第 II 期的收入、消费水平和借贷资金的要素成本支付,最终影响家庭总效用水平,具体过程可通过图 7 - 4 进行解析。

图 7 - 4(a)描述了发生一笔临时性消费支出后,农村家庭在不同借贷条件下的跨期消费情况。$y_1 y_2$ 为初始消费预算约束线,相对应的消费无差异曲线为 $I$,$(c_1, c_2)$ 表示初始状态下的两期家庭消费水平组合。$y'_1 y_2$ 和 $I'$ 分别表示临时性消费支出 $c_1 c'_1$ 发生后的家庭预算约束线和无差异曲线,相应的两期消费组合为 $(c'_1, c'_2)$。从图中可以看出,由于没有外部借贷资金支持,农村家庭为保证临时性消费支出 $c_1 c'_1$ 必须增加第 I 期消费预算至 $y'_1 y_2$,所增加的消费预算势必会挤占当期生产投资预算,进而

影响下一期产出和收入水平,具体情况可通过图 7 - 4(b)加以解释和分析。右图 7 - 4(b)描述了农村家庭临时性消费支出 $c_1c'_1$ 发生后,不同借贷条件下的跨期生产投资及收入情况。$Y_1Y_2$ 为初始投资预算约束线,相对应的投资偏好无差异曲线为 $I_v$,$(i,p)$ 表示初始状态下的两期投资收入水平组合。$Y'_1Y_2$ 和 $I_v'$ 分别表示临时性消费支出 $c_1c'_1$ 发生后的家庭投资预算约束线和无差异曲线,相对应的两期投资收入组合为 $(i',p')$。由于缺少外部资金支持,第 Ⅰ 期的临时性消费资金缺口由当期生产投资预算来弥补,投资预算约束线沿横轴向左移动至 $Y'_1Y_2$,两期投资产出及收入都受影响下降到 $(i',p')$ 水平,反映在图 7 - 4(a)中,最终表现为下降的第 Ⅱ 期消费水平 $c'_2$。但如果农村家庭获得了外部借贷资金的支持,那么临时性消费支出 $c_1c'_1$ 产生的资金缺口可由借贷资金来平抑,投资预算约束线 $Y_1Y_2$ 不变,当期投资预算水平不受影响,将有利于保证下期收入以及消费水平。图 7 - 4(a)中虚线表示的消费预算约束线 $y'_1y'_2$ 和消费无差异曲线 $I''$ 较为直观地说明了这一情况,借贷资金实际上使得农村家庭的初始消费预算约束线 $y_1y_2$ 同时沿着横轴和纵轴向右移动到 $y'_1y'_2$,与离原点更远的消费无差异曲线 $I''$ 相切,在代表更高水平消费组合的切点处达到跨期最优消费效用。

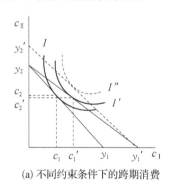 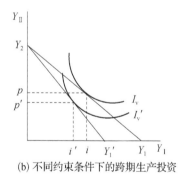

(a) 不同约束条件下的跨期消费    (b) 不同约束条件下的跨期生产投资

**图 7 - 4　附加约束的农村家庭跨期金融资产选择—消费决策模型**

在上述通过借贷资金平滑消费的跨期生产消费行为分析中,农村家庭的支付成本为按期还本付息。假设生产投资回报率为 $R$,借款利率为 $r$,借贷金额为 $\Delta I$,且 $c_1c'_1 \leqslant \Delta I$,如果生产性投资 $\Delta I$ 获得的收益大于借款成本,即满足条件 $R > r$,那么第 Ⅱ 期收入将增加 $\Delta Y = \Delta I(R-r)$,从而确保第 Ⅰ 期生产经营不受影响并且避免收入下降,实现家庭两期消费水平的增长。

以上讨论了农村家庭面临实际预算约束即没有储蓄且发生临时性消费支出的前提下,通过农村金融市场获得借贷支持,实现跨期生产投资——消费均衡,进而提升家庭消费总效用水平。如前所述,我国农村地区普遍存在信贷约束问题,部分农村家庭难以从正规借贷渠道获得融资,因此,具有资产储备尤其是流动性较强的金融资产配置的农村家庭会相应调整其经济行为,做出有利于实现家庭效用最大化的生产消费决策。继续沿用图 7-4,将家庭金融资产变量引入家庭生产消费决策系统,考察附加约束条件下农村家庭金融资产如何影响当期消费和生产投资,进而跨期影响下期收入和消费水平。

在借贷约束下,如果农村家庭持有金融资产,则可将流动性较强的这一类金融资产用于临时性消费支出 $c_1 c'_1$,放松第 I 期消费预算约束至 $y'_1 y_2$,并使得当期投资水平不受影响,投资预算约束线 $Y_1 Y_2$ 保持不变,可以保证初始状态的最优投资收入水平组合 $(i, p)$,从而在更高消费水平组合点即 $y'_1 y'_2$ 与 $I''$ 相切处实现家庭消费效用水平的提升。在通过金融资产平滑临时性消费的跨期生产消费行为分析中,农村家庭的支付成本为金融资产的财产性收入。假设生产投资回报率为 $R$,资产收益率为 $r'$,所动用家庭金融资产的金额为 $\Delta w$,且临时性消费支出 $c_1 c'_1 \leqslant \Delta w$,如果生产性投资 $\Delta w$ 获得的收益大于资产收益,即满足条件 $R > r'$,那么第 II 期收入将增加 $\Delta Y = \Delta w (R - r')$,从而确保第 I 期生产经营不受影响并且避免收入下降,实现家庭两期消费水平的增长。

以上阐述了在传统金融模式下受信贷约束和金融资产供给渠道受限双重约束的农村家庭跨期金融资产选择影响消费的内在逻辑,在此基础上,进一步充分考虑数字信息技术与金融供给紧密结合的现实背景,探讨数字金融模式下农村家庭金融资产选择对消费影响的具体作用机制。农村家庭进行跨期金融资产配置,一方面取决于现期闲置资金的数量规模,另一方面受到金融资产选择成本的影响,即家庭配置其金融资产过程中所产生的各种与此相关的交易费用,一般情况下,所耗费成本越低,农村家庭参与金融市场选择资产的意愿就越强。与传统金融服务供给渠道相比,新型数字信息渠道在获取相关金融信息的便利性、信息筛选效率及信息精准度等方面都具有显著优势,有助于降低农村家庭在金融服务信息获取、使用等方面的相关交易费用,即金融资产的配置成本,促进和优化农村家庭的金融资产选择决策,最终提升家庭生命周期各阶段的消费效用水平。

基于标准消费资本资产定价模型(CCAPM),并借鉴 Bogan(2008)关于互联网影响股票市场参与的分析方法,本章将数字信息渠道及相关成本纳入农村家庭跨期金融资产选择—消费决策模型,考察数字信息渠道对家庭参与金融资产选择的成本和效用之间的逻辑关系,讨论数字化视角下农村家庭金融资产选择对消费的影响机制。假定在无摩擦的金融市场中,构建如下消费者跨期期望效用基本理论模型：

$$U(C) = \text{Max} E_t \sum_{t=0}^{T} \delta_t U(C_t)$$
$$s.t \begin{cases} C_t = W_t + Y_t - S_t - \sigma_t F_t \\ W_{t+1} = S_t(1+r) + \rho F_t \end{cases} \quad (7-6)$$

式中,$\delta_t$ 为时间折现系数,下标 $t$ 表示时期,$C_t$、$Y_t$、$W_t$、$S_t$、$\sigma_t$、$F_t$ 分别是 $t$ 时期的实际消费、劳动收入、实际财富、实际储蓄、金融资产价格和风险金融资产；$r$ 是无风险金融资产利率；$\rho$ 是风险金融资产收益率。

由于金融资产在交易中会存在"市场摩擦",因而在上述模型中加入家庭参与金融资产选择的成本,则得到：

$$U(C) = \text{Max} E_t \sum_{t=0}^{T} \delta_t U(C_t)$$
$$s.t \begin{cases} C_t = W_t + Y_t - S_t - \sigma_t F_t - Z_t \\ W_{t+1} = S_t(1+r) + \rho F_t \end{cases} \quad (7-7)$$

由式(7-7)可以看出,金融资产的配置成本 $Z_t$ 如果很大,将影响农村家庭当期消费 $C_t$、无法达到最大期望效用,同时较高的信息获取成本和交易成本会降低家庭金融资产配置意愿和参与程度,不利于资产财富积累,进而影响家庭跨期消费效用水平。在资源禀赋既定情况下,农村家庭通过传统金融渠道(如银行物理网点)获得资产配置服务不仅需要花费一定成本(如时间耗费、交通费用、信息获取以及金融服务成本),并且很有可能会受到地理(距离)、时间、天气等因素的制约,因而要获得更多金融服务,付出的成本也相对越高。随着数字农村建设的发展,数字信息技术提升了农村家庭自身原有禀赋状况,家庭通过使用新型数字信息渠道

(如网上银行、手机银行、互联网平台等)增加了金融知识,提高了金融信息筛选效率,可能会降低其金融资产选择成本 $Z_t$。假定农村家庭数字信息渠道成本为 $D_{t1}$,使用数字信息渠道而减少的信息获取成本和交易成本为 $D_{t2}$,则有:

$$C_t = W_t + Y_t - S_t - \sigma_t F_t - Z_t + (D_{t2} - D_{t1}) \qquad (7-8)$$

如果 $D_{t2} > D_{t1}$ 且 $D_{t2}$ 很大,则进一步降低金融资产的传统配置成本,进而增加家庭消费达到期望效用。结合现实情况,对于数字信息渠道而言,初期开通相关数字信息服务可能有较少固定成本和一定网络费用产生,但由于操作简便、获取方式灵活,能够大大降低农村家庭金融信息获取成本和交易成本,并随着时间的推移和使用频率的增加,进一步摊薄了初期投入成本。此外,数字信息渠道有利于微观家庭主体获得更多接触和了解金融服务信息的机会,丰富了农村家庭对多样化、多层次的非基础性金融资产服务的认知,从而激发其潜在的多元化金融资产配置需求,在下一期转变为金融服务实际获得的可能性也随之提高,进而跨期影响家庭财富收入和消费水平。

综合上述分析,可以得出以下推论:在不同约束条件下,农村家庭会根据内外部经济环境变化进行调整并做出相应的生产投资和消费决策,充分体现了以家庭总效用最大化为目标的经济理性。当面临借贷约束时,农村家庭通过其持有的金融资产来平抑临时性资金缺口,从而确保当期投资预算水平不受影响,避免家庭下期收入下降,由此对家庭消费产生影响。由于数字信息技术提升了传统金融模式下农村家庭原有资源禀赋,家庭通过使用数字信息渠道提高金融素养和信息筛选效率,从而降低金融信息获取成本以及其他相关的交易费用,进而影响农村家庭跨期金融资产选择—消费决策,最终实现其效用最大化目标。但由于金融资产也具有价格效应,还需进一步分析数字化视角下农村家庭持有的不同种类金融资产对消费的具体作用机制,下面将按风险程度分别讨论无风险金融资产、风险金融资产及相应的资产收益如何影响农村家庭总体消费水平。

### 7.2.2 数字化视角下农村家庭金融资产选择对消费影响的作用机理:无风险 vs.风险

家庭金融的本质在于,通过对现期富余资金进行跨期的多元化金融资产配置,促使家庭在生命周期不同阶段保持较为平稳的现金流和一定资产储备,以应对其内部消费需求和不确定性外生冲击,进而实现家庭效用最大化目标。已有研究表明,我国农村地区金融市场发展较为缓慢,其中有效供给不足是长期以来的典型特征之一(江春等,2012)。农村家庭金融资产结构较为单一,主要以无风险的现金和储蓄存款为主,家庭参与风险金融市场比例极低,持有的风险金融资产基本为民间借出款①,而非股票、基金、债券、金融理财产品等正规风险金融产品(卢建新,2015)。与此同时,农村居民之间私人借贷的参与率较高,有近 50% 的农村家庭通过民间借贷来缓解生产性资金预算约束和平滑消费(CHFS,2013)。在这种情况下,很难认为农村金融市场的资源配置活动是有效的,而如何调整农村金融政策和产品设计,促进农村地区有限金融资源在有潜在的多样化金融需求家庭之间的优化配置,进而最大限度地发挥农村金融市场对农村家庭消费增长的支持作用,显得尤为突出。

为此,本章这一部分将在分析传统金融模式下附加约束的农村家庭跨期金融资产选择—消费决策的基础上,充分考虑我国数字技术创新应用日益广泛的现实背景,从深入分析农村家庭持有和使用不同金融资产的过程入手,阐明数字化视角下农村家庭金融资产是否都可通过“总量效应”和“价格效应”促进家庭消费。上文的理论分析表明:家庭具有资产选择能力并进行实际决策后,收入财富水平和实际利率水平的变动会对其消费决策产生影响,家庭跨期消费的最优均衡点也会随之发生变化;与此同时,农村家庭会根据内外部不同约束条件调整其生产投资和消费决策,通过家庭持有的金融资产来平抑临时性资金缺口,直接或间接作用于生产经营过程,最终影响家庭未来收入和消费;数字信息技术提升了传统模式下农村家庭原有的自身资源禀赋,家庭通过使用数字信息渠道提高了金融素养和信息筛选效率,从而降低了金融资产选择成本,激发了其潜在

---

① 根据 2013 年 CHFS 调查数据,我国农村家庭所持无风险金融资产占比高达 84.3%,其中,定期存款占比为 56.8%,现金和活期存款占比为 15.8%,社保账户余额占比为 11.7%;风险金融资产主要为民间借出款,占比为 13.9%,股票、基金、债券、金融理财等各类正规风险金融产品的参与比例均低于 0.5%,远低于全国和城市的平均水平,而农村家庭民间借贷参与比例则高达 43.8%,这一比例与 2011 年相当,均比全国水平高约 7%。2017 年 CHFS 调查结果也显示,90.41% 样本农村家庭持有无风险金融资产,12.67% 样本农村家庭有民间借出款,仅 2.11% 家庭持有股票、债券、理财、基金等风险金融资产。

的多元化金融资产配置需求,进而跨期影响家庭财富收入和消费水平,达到生命周期的期望效用水平。

首先,储蓄存款。即基础性金融资产,是在传统金融供给模式下有一定资产积累的农村家庭最基本的无风险金融资产配置方式。基于生存理性的安全逻辑对我国农村居民金融理财工具的选择行为起着决定性作用,因此农村家庭更偏好风险回避型的金融资产投资方式(彭慧蓉,2012),尤其是有国家信用做保证的银行储蓄方式。这一方面是由于农村家庭普遍收入水平相对较低,因而他们对理财功能的追求更侧重于资金有安全保障和规避金融市场风险;另一方面,受限于自身文化水平和有限的信息网络渠道,农村居民大多金融理财知识匮乏,理财意识和规划能力欠缺。此外,金融供给渠道的限制也使得农村家庭无法获得多样化、多层次的金融资产服务资源,这些都成为农村居民更倾向于保守理财的动因。农村家庭将闲置资金存入正规金融机构,储蓄期限大多为三年以内的中短期,说明其金融投资注重一定的流动性。金融投资的两个主要动机是"今后扩大再生产"的生产创业动机和"今后改善家庭生活"的生活动机,前者希望通过金融资产管理来积累和储备生产经营资金的来源,后者则是通过金融投资来积蓄闲置资金,用于修建房屋、子女教育、婚丧嫁娶、医疗保障等农村地区家庭传统"大事件"支出。无论生产性动机还是生活性动机的金融投资,都有助于促进家庭物质资本和人力资本提升,激发农村家庭的生产经营能力,实现收入水平质和量的提高,直接或间接影响家庭消费。这反映出储蓄存款对农村家庭消费具有资产财富"总量效应",即随着储蓄存款增加,家庭消费预算约束下降,可选择代表更高水平的消费组合,并且将无风险储蓄资产平滑分摊到不同时期消费上,有助于实现消费平稳化和基于整个生命周期的跨期资源最优配置。除此之外,农村家庭将其金融资产使用权出让给金融机构,作为回报获得的存款利息是家庭的财产性收入。在其他条件相同的情况下,金融资产余额的变化将会在消费者开支方面引起变动(Pigou,1943),财富的增加会影响农村家庭消费支出,具有一定"价格效应"。

随着农村网民规模及互联网普及率不断上升,农村家庭自身数字技术水平的提高使得信息获取渠道得以拓宽,并且信息传输的便利性进一步增强了这些弱势群体的信息筛选能力。从获得方式和具体路径来看,金融服务数字化提升了农村家庭获取相关金融服务信息的便利程度,在更为便捷使用数字支付等金融服务的同时,激发其潜在的、多样化的金融服务需求,从而获得种类更多的基础性金融服务、提高金融服务层次。同时,家庭通过金融信息化渠道进行交易,能够有效避免地理距离、时间、天气等客观制约因素,降低金融交易成本,进一步提升储蓄存款对农村家庭消费的财富"总量效应"和"价格效应"。

其次,手持现金。金融的发展意味着家庭可以获得更多的金融服务,进而促进家庭的正规金融资产配置行为(尹志超等,2015)。现实中,尽管我国农村金融改革已取得明显成效(江春等,2012),但农村地区金融服务的可得性和覆盖面在不少地方还是问题,网点支付服务设施较为薄弱(郑丽水,2013),适合农村居民的金融理财产品供给受到抑制。在这种情况下,农村家庭以现金形式持有无风险金融资产,一方面是出于谨慎性和预防性动机,另一方面更多考虑的是现金使用的便利性和流动性。手持现金虽然不能获得利息增加财产性收入,但可及时缓解家庭不可预期的资产变动冲击和流动性约束,特别是在受到正规借贷限制的情况下,农村家庭可使用金融资产中流动性最强的手持现金来平滑当期消费以实现效用最大化,或者用于弥补生产经营性用途的资金缺口,将有助于保证下期收入水平,进而影响家庭总体消费水平。由此可见,手持现金对农村家庭消费具有显性的资产财富"总量效应"。而农村家庭持有现金,主要是兼顾谨慎预防性动机和便利流动性,及时缓解家庭不可预期的资产变动冲击和流动性约束,平滑当期消费,或者用于弥补生产经营性用途的资金缺口,将有助于保证下期收入水平,进而影响家庭总体消费水平,也具有显性的资产财富"总量效应"。随着数字信息技术水平的提高,农村家庭主体可通过新型信息渠道接触和了解到更多金融服务信息,从而提高其对种类丰富的更多非基础性金融服务的认知水平。在数字金融供给方式下,原先没有利息收入的手持现金可以选择"随用随取"的金融理财产品进行存储,既可以获得利息收入,又保证了家庭资金的便利性和流动性,因此以数字化形式持有的现金对农村家庭消费又具有一定的"价格效应"。

第三,民间借出款。根据第5章分析结果,源于农业社会的熟人互助逻辑对农村家庭闲置资金投向选择有一定影响。当物质资本和人力资本相对匮乏的农村家庭有大笔临时性资金需要时,"亲友互助式"民间借贷成为更便利可行的主要融资来源。在家庭金融资产分类中，民间借贷属于非正规的风险金融资产，往往没有完备的借贷手续，基本不约定资金使用权出让的利息补偿，但在真实的日常人情往来中，借出资金家庭可以通过货币或非货币的受赠资源价值来获得"隐性"财产性利息收入，有利于促进借出家庭消费水平的提高；同时，民间借出款通常为"帮困扶贫"的互助型借贷，当借出家庭日后发生不确定性流动性约束时，也同样能得到反哺型借入机会，弥补其面临的生活性或生产性资金缺口，将有助于保证农村家庭收入及消费水平不受影响。因此，借出款虽然是农村家庭非正规渠道的风险金融资产选择，但在正规风险金融资产产品供给短缺、资产行为选择市场化程度较低的现实农村金融市场环境下（王寅，2009），仍然是农村家庭掌控能力范围之内并且风险可控的金融理财方式，充分体现了家庭总效用最大化的经济理性，同样会通过隐性的资产财富"总量效应"和"价格效应"直接或间接影响家庭消费。在农村家庭数字信息技术使用和逐渐普及的现实情境下，家庭自身的数字信息渠道为加强社会网络强纽带关系提供了便利，促使其所处社会网络的黏合度增强，提高农村家庭借出款参与程度，进一步促进了上述消费影响效应。然而另一方面，考虑到农村金融服务的数字化转型，提高了部分农村家庭的信贷可获得性，在借出方层面上，降低其借出款概率，有可能对借出款影响农村家庭消费的资产财富效应起到一定的抑制作用。

第四，风险金融资产，即家庭通过参与金融市场配置的股票、债券、理财、基金等非基础性金融资产。传统农村金融市场环境下，受限于城乡收入差距、农村居民家庭风险承受能力较差及其金融需求特质等原因，正规风险金融资产产品供给短缺，资产行为选择的市场化程度相当低。近年来，随着农村地区数字经济新型基础设施建设的推进，农村金融服务的数字化水平逐步提升，数字信息技术驱动下的农村金融发展与金融普惠实践之间的关联性也随之增强。从初始阶段的存取汇兑等金融支付服务互联网化到数字信息技术与非基础性金融服务的多角度深度融合，中国数字普惠金融实践愈加丰富，通过创新和提供有针对性的多样化、多层次的数字信息化金融服务和产品，服务"三农"，推动乡村振兴战略。相较于传统金融服务，数字信息化的农村金融服务兼具数字信息技术和金融普惠双重属性，进一步拓展了普惠金融的深度和广度。因而，在其他资源禀赋既定的情况下，农村家庭数字信息技术水平的提高显著增加了正规金融资产产品和服务的信息对称程度，有可能使得前一期的部分潜在金融需求转变为下一期实际获得的金融服务，对农村家庭参与金融市场及风险资产选择具有积极效应。同时，考虑到数字金融供给的信息化新渠道有着更低的交易成本，家庭可通过金融市场进行理财产品、投资、基金等风险资产配置，增加其获得的金融资产服务总量，为有多样化金融资产需求的农村家庭提供必要的增加红利收入的有效途径。因此，无论是从农村家庭层面还是从金融机构层面来看，数字化视角下非基础性风险金融资产选择对农村家庭消费具有显性的财富"总量效应"和"价格效应"，进而影响家庭生命周期期望效用。

## 7.3　本章小结

以 Modigliani(1954)和 Friedman(1957)为代表，许多文献从理论层面和实证层面讨论并检验了农村家庭资产选择行为对消费的影响问题。在已有文献中，尽管不同研究者在研究方法、所用数据、样本地区等方面存在较大差别，但基本结论都认为资产财富显著促进了农村家庭消费。就我国农村地区实际情况来看，农村家庭是乡村社会最基本的"细胞"核心单位，也是各种乡村组织的起点，实现农村家庭消费增长必然成为各级政府部门核心工作目标之一。如何在城乡差距、地区差异和农村内部分化等现实背景下，解决农村居民资产财富增长缓慢和消费不足等突出问题，有效增强农村金融促进家庭消费的力度，是当前亟待解决的重要问题。与此同时，考虑如何在数字信息技术应用于金融服务供给创新的现实情况下，提高正规金融服务的可得性，促进农村家庭金融市场参与及资产选择行为、提高家庭福利水平，更具有金融普惠意义。因此，必须立足于我国农村金融市场的现实环境和农村家庭基本特征，首先从理论上阐释家庭金融资产选择行为如何影响消费，并对其中的一般作用机制进行经济学解释，为设计有针对性的农村金融政策和创新正规金融资产产品提供理论基础；其次将数字信息渠道及相关成本因素纳入农村家庭金融资产选择决策，考察家庭不同金融资产对消费效用的具体影响机制。为

此,本章围绕数字化视角下农村家庭金融资产选择行为影响消费这一问题,进行了较为深入的理论分析,得到基本结论如下:

第一,生命周期和持久收入假说分析的重要前提条件是:理性消费者、无借贷约束和有资产储蓄。这与我国农村家庭特征基本保持一致,但应加入金融市场不完善的现实条件,尤其是农村地区普遍存在的信贷约束问题,这在已有文献中已经得到理论和实证调查数据的印证。因而对基本假设进行修正并将现实金融市场条件纳入理论分析框架,可以将LCH-PIH理论模型应用于农村家庭金融资产选择行为影响消费的理论分析之中。

第二,附加约束的农村家庭跨期金融资产选择—消费决策的一般均衡模型表明,在实际预算和借贷限制的不同约束条件下,农村家庭会根据内外部经济环境变化进行调整并做出相应的生产投资和消费决策。家庭持有的金融资产和外部借入资金都有助于平抑农村家庭临时性资金缺口、提高家庭消费水平,但是两者的影响机理存在一定差异,影响程度取决于资产组合收益率、借贷利率和借贷条件之间的相互关系。

第三,分析传统金融模式下农村家庭金融资产选择行为对消费的影响时,可以以农户经济理论和农村家庭资产组合研究为基础,从理论上深入分析农村家庭进行金融资产选择后,在面临临时性资金缺口时将不同金融资产转化为生产或消费的过程。具体而言,农村家庭金融资产选择行为通过资产财富水平和实际利率水平的变动直接或间接影响其消费决策,实现家庭效用最大化经济目标。无论是无风险金融资产还是风险金融资产都对农村家庭消费有影响,所不同的是,影响渠道和程度存在差异。

第四,将数字信息渠道及相关成本纳入农村家庭跨期金融资产选择—消费决策模型,考察数字信息渠道与家庭金融资产选择成本以及消费效用之间的逻辑关系,从农村家庭持有和使用不同金融资产过程入手,进一步解释和阐明数字化视角下农村家庭金融资产通过"总量效应"和"价格效应"促进家庭消费。具体而言,家庭通过金融信息化渠道获得种类更多的基础型金融服务,降低了金融交易成本,提升了储蓄存款对农村家庭消费的两种财富效应;现金对家庭总体消费水平具有显性的资产财富"总量效应",在数字金融供给方式下,原先没有利息收入的手持现金可以选择"随用随取"的金融理财产品进行存储，以数字化形式持有的现金对农村家庭消费又具有一定"价格效应"；家庭自身的数字信息渠道增强了其所处社会网络的黏合度，提高了农村家庭借出款参与程度，进一步促进了上述消费影响效应，然而由于农村金融服务的数字化转型提高了部分家庭的信贷可得性，降低了借出款概率，会对借出款影响农村家庭消费的资产财富效应起到一定的抑制作用；农村家庭数字信息技术水平的提高显著增加了金融信息对称程度，对家庭参与金融市场及风险资产选择具有积极效应，同时金融供给的信息化新渠道交易成本更低，农村家庭可以通过金融市场进行理财产品、投资、基金等风险资产配置，增加其获得的金融资产服务总量和红利收入，进而实现非基础性风险金融资产对家庭消费影响的促进效应。

# 第8章 数字化视角下农村家庭金融资产选择对消费影响的实证分析

## 8.1 引 言

本研究的第4章、第5章着重分析了传统金融模式下农村家庭金融资产选择行为的特点,如收入、文化程度、年龄、风险态度、信贷约束、社会网络等因素与家庭金融资产选择之间的关系,从理论和实证两个层面解释了我国农村家庭无风险金融资产持有率高、正规风险金融资产参与率极低的现实问题。进而,第6章从数字金融视角来解释农村家庭金融市场参与及资产选择的问题,在构建网络渠道作用下家庭主体金融资产选择理论模型的基础上,实证检验农村家庭数字信息技术水平对其参与金融市场及资产选择的积极效应,并比较数字信息渠道与社会网络渠道的影响差异。与此相对应,居民消费不足已成为中国农村经济持续发展的重要影响因素,如何有效刺激农村居民消费需求、释放内需,有必要从资产财富角度分析农村家庭的消费储蓄行为。因而,上一章基于生命周期—持久收入理论阐明了家庭资产财富影响农村家庭消费决策的一般机制,并构建了附加约束的农村家庭跨期金融资产选择—消费决策的一般均衡模型,解释和说明农村家庭金融资产选择行为影响消费水平的作用机制;同时充分考虑我国数字农村推进发展的现实背景,将数字信息渠道及相关成本纳入上述扩展模型,考察农村家庭不同金融资产对其消费的具体影响机制。在此基础上,本章将在传统的家庭收入资产影响消费的框架中,细分出金融资产,定量估计数字化视角下农村家庭金融资产选择对消费的影响,并比较不同金融资产的影响差异。

近年来,国内外学者在考察家庭金融资产选择行为的经济影响方面已取得了系列研究成果,以 Mehra(2001)、Paiella(2009)、Bostic(2009)、Carroll 等(2011)、林霞等(2010)、高梦涛等(2011)、袁志刚(2011)、张大永等(2012)、胡永刚等(2012)、陈斌开(2012)、张屹山等(2015)、宋明月等(2015)研究为代表,都证实了资产财富促进了农村家庭消费,但不同类型资产对居民消费的作用机制并非一致,因而表现出较明显差异,需要进行细分研究。在我国农村金融市场上,农村家庭金融资产以手持现金和储蓄存款为主,家庭的金融市场参与率较低,尤其是参与各类正规风险金融市场的比例极低,尽管总体上金融资产仍然对提高农村家庭消费起到了重要作用;而与此同时,农村居民参与民间借贷的比率显著高于全国水平(尹志超等,2015;卢建新,2015)。尹志超等(2014)的研究表明,金融可得性的提高不仅缓解了家庭信贷约束,也降低了即期收入对消费的局限性,并通过金融市场参与的财富效应促进居民消费、改善家庭消费结构,由此得到推论,家庭消费受到金融市场发展水平的显著影响。

在具体评价农村家庭金融资产选择行为的经济影响时,分析金融资产配置对农村家庭收入结构的效应,成为一些研究的关注重点。张屹山等(2015)认为,尽管金融资产对农村家庭消费有显著正向影响,但这还不足以完全描述家庭金融资产的效应,农村居民财产性收入占比长期处于较低水平且增速缓慢,其中利息收入是主要来源,不利于进一步提升农村居民消费。目前,我国金融市场仍不够成熟完善,农村家庭金融资产配置尚存较大优化空间,随着利率市场化改革的持续推进和资本市场的不断发展,投资权益类资产比例的增加将有助于促进和优化家庭财产性收入。因此,在农村家庭收入来源趋于多元化且收入结构逐步优化的现实背景下,分析金融资产选择对农村家庭收入结构的影响显得尤为重要,有助于促进农村家庭总收入的有效增长,并为后续研究留下具有可行性探索的空间。

综合已有相关研究,在理论和实证模型选择、数据使用处理和具体分析方法等方面,具有以下特征:第一,通过构建理论模型,基于经济学理论解释和阐明金融资产对家庭消费的影响,以此作为实证分析的基础(Hall,1978;Campbell 等,2002)。第二,在数据采用方面,主要分为宏观数据和微观数据两大类,前者通常以时间序列数据或面板数据为研究基础进行估算(骆祚炎,2007;Sousa,2010;田青,2011;Peltonen 等,2012;等等),后者一般以家庭户调查的截面数据或面板数据为研究基础进行估算(Campbell 等,2007;Bostic 等,2009;解垩,2012;卢建新,2015;等等)。值得注意的是,近年来不少研究指出,采用宏观数据分析较难准确识别是否是由家庭金融资产变化所带来的消费变动,因而更倾向于使用能反映较丰富信息的微观家庭调查数据进行分析。第三,在具体研究方法上,随着主流经济学逐渐强调微观计量方法的运用,越来越多的研究从微观视角构建家庭资产对消费影响的实证模型。遵循 Hall(1978)分析思路构建分步扩展的家庭消费函数,并引入工具变量进行两阶段估计,控制模型中不可观察变量缺失所造成的内生性问题及可能的估计偏误(尹志超等,2015)。

然而有必要指出的是,已有文献对于城市家庭消费的关注多甚于对农村家庭消费的关注,并且很少同时考虑信贷约束下不同金融资产对农村家庭总消费、生存型消费、发展型消费和享受型消费的影响程度及差异,这一点具有重要的现实意义。在我国农村地区,农村金融市场长期供求失衡,如何更有效地配置金融资源实现跨期优化配置,推进农村家庭金融资产多元化和消费水平提升,是值得关注和思考的问题。因此,有必要识别农村家庭金融资产选择行为对消费总量和消费结构的影响及其差异程度,有助于有针对性地制定和设计农村金融市场政策及相关产品。此外,在充分考虑我国数字信息技术与金融供给紧密结合的现实背景下,在前面一章分析农村家庭持有和使用不同金融资产过程的基础上,进一步解释和阐明数字化视角下农村家庭金融资产通过"总量效应"和"价格效应"促进家庭消费。基于上述分析,本章试图在已有文献的研究成果基础上,依据第 7 章的理论分析思路进行实证检验,以促进对这一问题更深入的思考与研讨。

## 8.2　变量选择、模型构建与样本描述

### 8.2.1　变量选择

根据上一章的理论分析结果,农村家庭金融资产选择行为通过资产财富水平(总量效应)和实际利率水平(价格效应)的变动直接或间接

对消费总量及其结构产生影响;数字信息技术进一步提升了传统模式下农村家庭自身原有资源禀赋,家庭通过使用数字信息渠道提高金融认知和信息筛选效率,降低金融资产选择成本,激发其潜在的多元化金融资产配置需求,进而通过"总量效应"和"价格效应"影响家庭财富收入和消费水平,达到生命周期的期望效用水平。在此基础上,为保证模型检验过程和结果的严谨性,本章的实证部分选取了农村家庭的人口特征变量、资产配置特征变量和控制变量三组变量,具体解释和描述性分析如下。

### 1. 人口特征变量

考虑到全文研究目标的需要,本章在设置农村家庭基本特征变量时,结合第 7 章理论分析结论进行了相应的调整,反映农村家庭户主的关键个人信息特征的变量对农村家庭消费决策往往起到主导作用,具体而言,主要解释变量包括农村家庭户主年龄、文化教育程度和性别这三个方面。

### 2. 经济特征变量

根据第 3 章样本描述性分析结果和第 7 章的理论分析可知,消费不仅取决于家庭收入水平,还受到家庭资产财富的影响,因此,本章在检验农村家庭金融资产选择对消费的影响时,不仅考虑金融资产的影响,还同时考察了家庭其他重要财富特征的影响,具体来说,可细化为以下四个解释变量:家庭收入、实物资产、保险与保障、信贷约束。其中,信贷约束变量用来反映家庭所处地区的农村金融市场环境和自身面临的外部借贷约束可能对消费决策产生的影响。根据中国家庭金融调查(CHFS)2017 年问卷,针对农村家庭进行的农业或工商业相关经营项目、购买建造装修房屋、购买车辆等经济活动,首先询问"是否正在申请银行/信用社贷款";如果回答"无"则继续询问未从银行或信用社等金融机构申请贷款资金的原因,问卷的具体问题选项表述如下:"1. 申请过被拒;2. 不知道如何申请;3. 估计申请不会被批准;4. 申请过程麻烦;5. 贷款利息太高;6. 还款期限或方式不符合要求;7. 不认识银行/信用社工作人员;8. 没有抵押或担保人;9. 担心还不起"。本文依据 Feder 等(1990)和 Jappelli(1990)的直接估计方法,将选择选项 1 或 3 的农村家庭界定为受到信贷约束的家庭,同时,在生产经营信贷和其他负债两个方面的这一问题中,只要其中一方面有信贷约束就认为该农村家庭受到正规信贷约束①。其余各经济特征变量所反映的内容与第 4 章、第 5 章的实证部分内容一致，本章亦不再赘述。

### 3. 金融资产特征变量

关于农村家庭金融资产特征变量的处理问题，根据第 4 章、第 5 章和第 6 章实证检验结果以及第 7 章理论分析内容，本章金融资产特征的选取重点考虑两个方面：一是反映农村家庭金融资产总量水平的特征变量，对家庭消费具有"总量效应"的作用，主要包括无风险金融资产和风险金融资产两大类，其中农村家庭无风险金融资产主要由手持现金和储蓄存款组成，风险金融资产主要为民间借出款和股票债券基金等；二是体现农村家庭金融资产带来的财产性收入的特征变量，通过"价格效应"影响家庭消费，主要用存款利息、礼金收入和风险资产收益这三个变量来测度，其中礼金收入是从非家庭成员处获得的货币或非货币的受赠资源价值，可作为借出款的"隐性"财产性利息收入的代理变量。有必要说明的是，金融资产金额在农村家庭面临临时性资金缺口时直接转化为当期消费或生产投资，通过放松家庭资金预算约束，从而跨期影响下期产出、收入及消费，实现资源的最优配置。

### 4. 数字化特征变量

关于农村家庭数字化特征变量的处理问题，根据第 6 章实证检验结果，在具体衡量农村家庭数字信息技术水平时，由于数字金融目前在农村的影响方式主要是通过移动终端，故本文使用农村家庭"是否拥有智能手机"和"是否使用过互联网"这两个哑变量。数字信息技术除了在农村家庭层面产生影响作用外，也对金融机构的供给行为产生影响，采用"北京大学数字普惠金融指数"这一数字金融合成指数，反映数字化趋势下农村家庭金融资产对消费的影响作用。

### 5. 地区环境特征变量

关于农村家庭金融资产影响消费的问题，从家庭金融资产配置渠道

---

① 2017 年中国家庭金融调查(CHFS)问卷中，关于信贷约束的问题与以前年份的问卷有所不同。2011 年和 2013 年问卷中，针对农村家庭进行农业或工商业相关经营项目、购买建造装修房屋、购买车辆等活动，首先询问"有无银行贷款"。如果回答"无"则继续询问"为什么没有贷款"，问题选项为：1. 不需要；2. 需要但没有申请过；3. 申请过被拒绝；4. 以前有贷款现已还清。因此，针对不同年份的数据，本文采用的信贷约束界定选项也做了相应调整。

和农村金融市场产品供给特征来看,还可能受到地区经济发展水平和正规金融约束的共同影响。为了较为准确地考察农村家庭金融资产选择行为对消费的影响情况,本章在构建计量模型时,通过三个变量分别反映样本家庭户所处地区的经济金融等环境特征情况,其中:区域变量用于反映地区自然禀赋和区位条件对农村家庭消费所产生的可能影响,以虚拟变量表示;地区经济水平和数字金融变量,反映了农村家庭面临的外部基础经济条件和金融市场基本特征,由这些地区差异因素所产生的微观家庭层面的生产投资机会、资金配置状况也不同,进而对农村家庭消费产生影响。

　　基于以上分析,用于实证检验数字化视角下农村家庭金融资产选择影响消费的计量模型各变量分类设置及具体取值说明如表 8-1 所示。

表 8-1　数字化视角下农村家庭金融资产选择影响消费模型估计的相关变量说明

| 变量类型 | 变量名称 | 变量代码 | 变量取值说明 |
|---|---|---|---|
| 因变量 C | 总消费 | zxf | 生存型、发展型、享受型三项消费之和的对数 |
| | 生存型消费 | scxf | 衣食住行四类支出的对数 |
| | 发展型消费 | fzxf | 教育、社会网络关系维持、医疗保健三类支出的对数 |
| | 享受型消费 | xsxf | 娱乐、旅游、家庭设备三类支出的对数 |
| 家庭人口特征 $X_1$ | 年龄 | age | 户主年龄(岁) |
| | 文化程度 | edu | 1. 没上过学;2. 小学;3. 初中;4. 高中(中专);5. 大专;6. 大学以上 |
| | 性别 | gen | 男=1,女=2 |
| 家庭经济特征 $X_2$ | 家庭收入 | jjsr | 家庭年净收入的对数 |
| | 实物资产 | swzc | 家庭实物资产的对数 |
| | 保障与保险 | sbyb | 无=0,有=1 |
| | 信贷约束 | xdys | 问卷"不申请贷款原因"选项中,选项 1 或 3 界定为受到信贷约束;同时,生产经营信贷和其他负债的其中一方面有信贷约束则界定为受到正规信贷约束。无=0,有=1 |

续 表

| 变量类型 | 变量名称 | 变量代码 | 变量取值说明 |
|---|---|---|---|
| 金融资产特征 $X_3$ | 金融资产 | jrzc | 家庭金融资产的对数 |
| | 无风险金融资产 | wfxzc | 无风险金融资产(现金+存款)的对数 |
| | 风险金融资产 I | jck | 借出款的对数 |
| | 风险金融资产 II | fxzc | 股票基金理财债券等金融资产的对数 |
| | 金融资产总收益 | zsy | 金融资产总收益对数 |
| | 存款利息 | cklx | 存款利息的对数 |
| | 借出款收益 | jcsy | (礼金收入+借出款利息)的对数 |
| | 风险资产收益 | fxsy | 股票基金理财债券等资产收益的对数 |
| 数字化特征 $X_4$ | 智能手机 | znsj | 是否使用:否=0,是=1 |
| | 互联网 | net | 是否使用过:否=0,是=1 |
| 地区环境特征 $X_5$ | 区域变量 | area | 西部=0,中部=1,东部=2 |
| | 地区经济水平 | pgdp | 人均地区生产总值的对数 |
| | 数字金融 | index | 普惠金融指数 |

### 8.2.2 模型设定

根据第 4 章、第 5 章和第 6 章的理论和实证分析,同时结合第 7 章的理论分析结论,对那些有金融资产选择能力的农村家庭来说,如果能够通过农村金融市场合理选择和配置其金融资产,则可以缓解家庭临时性流动约束,提高收入水平和家庭总消费效用,而数字信息技术进一步促进农村家庭金融资产通过"总量效应"和"价格效应"影响家庭消费。因此,对有资产选择能力并已进行实际决策的农村家庭而言,为了更严格地验证上述理论推导和分析结果,本章构建了相应的计量经济模型进行实证检验,具体来看,这里对被解释变量农村家庭消费的考察将分为三种情况:生存型消费、发展型消费和享受型消费,可以较为全面地反映农村家庭消费特征。遵循已有经典文献的建模做法（Campbell 等，2007；Bostic 等，2009），在传统的家庭收入资产影响消费的框架中细分出金融资产，实证检验对家庭消费的影响。用于实证分析的基本模型形式如下：

$$\ln C = F(X_1, X_2, X_3, X_4, X_5) \tag{8-1}$$

式中，$C$ 表示农村家庭消费支出；$X_1$ 为农村家庭人口特征变量；$X_2$ 表示家庭经济特征变量；$X_3$ 表示家庭金融资产特征变量；$X_4$ 是数字化特征变量；$X_5$ 是地区环境特征变量。依据家庭消费分类，可具体扩展为：

$$\ln C_n = \alpha + \beta_1 X_1 + \beta_2 X_2 + \beta_3 X_3 + \beta_4 X_4 + \beta_5 X_5 \tag{8-2}$$

式中，$C_n$ 分别表示农村家庭总消费、生存型消费、发展型消费和享受型消费。

以上公式中，各自变量和因变量的定义、赋值、单位和分类情况详见表 8-1。结合模型因变量取值特征，并沿用既有同类文献的研究思路，本章将采用 2017 年中国家庭金融调查（CHFS）的样本截面数据进行回归分析，检验数字化视角下农村家庭金融资产选择行为对消费的影响。

### 8.2.3　样本描述

本章计量经济模型分析所使用的样本数据与第 6 章来源一致，具体情况已在第 3 章调查样本描述性分析中详细说明，样本地区经济水平的数据来源于各省统计年鉴，此处亦不赘述。表 8-2 列出了模型各个变量的描述性统计结果。

**表 8-2　数字化视角下农村家庭金融资产选择影响消费模型相关变量的描述性统计结果**

|  | 均　值 | 标准差 | 最小值 | 最大值 |
|---|---|---|---|---|
| zxf | 10.17 | 0.86 | 6.60 | 13.82 |
| scxf | 9.65 | 1.09 | 0 | 13.57 |
| fzxf | 8.64 | 1.58 | 0 | 13.59 |
| xsxf | 3.76 | 4.25 | 0 | 14.52 |
| age | 56.94 | 12.22 | 18 | 117 |

| | 均　值 | 标准差 | 最小值 | 最大值 |
|---|---|---|---|---|
| edu | 2.48 | 0.91 | 1 | 6 |
| gen | 1.10 | 0.30 | 1 | 2 |
| jjsr | 8.83 | 2.70 | 0 | 15.30 |
| swzc | 10.39 | 3.22 | 0 | 16.81 |
| sbyb | 0.97 | 0.160 | 0 | 1 |
| xdys | 0.17 | 0.26 | 0 | 1 |
| jrzc | 7.60 | 3.13 | 0 | 15.07 |
| wfxzc | 7.43 | 3.09 | 0 | 14.91 |
| jck | 1.21 | 3.22 | 0 | 14.92 |
| fxzc | 0.19 | 1.31 | 0 | 14.22 |
| zsy | 3.75 | 3.76 | 0 | 12.61 |
| cklx | 0.65 | 1.97 | 0 | 10.81 |
| jcsy | 3.37 | 3.75 | 0 | 12.61 |
| fxsy | 0.09 | 0.478 | 0 | 11.92 |
| znsj | 0.43 | 0.50 | 0 | 1 |
| net | 0.23 | 0.42 | 0 | 1 |
| area | 1.15 | 0.79 | 0 | 2 |
| pgdp | 10.78 | 0.35 | 10.18 | 11.73 |
| index | 272.38 | 19.83 | 240.2 | 336.65 |

注:由 CHFS2017 年数据整理得到。

根据 2017 年 CHFS 农村家庭金融调查结果,农村家庭消费变量中,总消费变量对数的平均值为 10.17,生存型消费、发展型消费和享受型消费这三类变量对数的平均值分别为 9.65、8.64 和 3.76,表明样本农村家庭平均消费水平总体中等偏上,但其中存在少数高资产财富家庭的消费提升了全部样本家庭平均消费水平的因素。与此同时,享受型消费显著低于生存型消费和发展型消费的平均水平,但享受型消费支出变量的最大值高于其他两类消费支出最大值。这与享受型消费本身的价值属性相关,一般数额较大;同时也和农村地区家庭收入财富差距较大有关①,资产财富较高的家庭通常消费能力更强,倾向于购买更多样更好品质的商品和服务以满足家庭成员的消费需求。农村家庭金融资产特征变量中,家庭总金融资产变量对数的平均值为 7.60,低于实物资产变量对数的平均值,这表明农村家庭资产构成中金融资产占比较低而实物资产占比则较高;无风险金融资产变量对数的平均值为 7.43,民间借出款变量对数的平均值为 1.21,风险金融资产变量对数的平均值仅为 0.19,这表明由现金和银行存款构成的无风险资产在农村家庭金融资产结构中占有重要比重,而农村家庭金融市场参与程度仍然较低;存款利息变量对数的平均值为0.65,借出款收益变量对数的平均值为 3.37,风险资产收益对数的平均值为 0.09。此外,反映农村家庭人口特征、经济特征、数字化特征、地区环境特征中的部分变量和变量的定义及赋值与第 6 章所用相同,因而不再重复描述前面两章已分析过的变量。

## 8.3　实证结果及分析

基于上一章的理论分析和计量模型 8 - 2,本章借助统计软件 Stata 15.1 对数字化视角下农村家庭金融资产选择行为影响消费进行了回归分析,下面将分别对上述模型估计结果进行进一步解释。

### 8.3.1　数字化视角下农村家庭金融资产选择对总消费的影响

#### 1. 基础回归模型

为了详细检验数字化视角下农村家庭金融资产选择对消费的影响并验证其稳健性,实证回归模型采取逐一添加并细分影响变量的方法。考虑到变量设置中可能存在的相关共同趋势,为克服多重共线性问题对模型回归所产生的实际后果,因此首先需进行多重共线性检验。诊断结果

---

① 根据中国家庭金融调查(CHFS)数据计算,我国农村家庭资产财富分布极不均衡,最富裕的 10%家庭拥有的家庭财富占比为 54%。

显示,表8-3中的各模型 VIF 均值都小于3,能够说明各变量之间不存在共线性问题。需要说明的是,其中"地区人均生产总值"与"普惠金融指数"这两个变量的 VIF 大于3小于10,存在一定微弱程度的多重共线性,但考虑到这两个变量分别代表了地区经济发展水平和地区数字金融发展水平,且多重共线性问题并不显著,因此本章仍需将其加入模型回归分析。表8-3列出了具体回归估计结果,在模型(1)中对家庭总金融资产进行基础回归,模型(2)将金融资产细分为三类进行回归,模型(3)加入金融资产总收益变量进行回归,模型(4)再对金融资产总收益进行分类回归。考虑到模型估计可能存在异方差问题,因此各模型基础回归后,模型(2)、(4)、(6)、(8)采用聚类稳健标准误检验进一步进行异方差修正。逐步加入和细分影响变量后,可以看出回归结果依然稳定,具有很好的一致性,表明上述模型估计结果具有较强的可靠性。

(1)农村家庭金融资产特征。

金融资产总额变量的影响显著为正,表明有闲置资金的农村家庭通过金融资产的配置和选择,为平抑家庭临时性资金缺口提供了支持,对家庭总消费具有十分重要的作用。这一估计结果与各项金融资产特征变量影响一致,也符合第7章的理论分析判断。其中,无风险金融资产变量的影响显著为正,尤其对有临时性资金需求并且可能面临正规信贷约束的农村家庭来说,无风险金融资产具有流动性强、变现能力优的特点,无论是用于消费支出还是生产经营性支出,都有助于提高家庭生产经营能力和人力资本水平,优化家庭既有资产资源配置效率,实现家庭效用最大化。借出款变量的影响显著为正,表明农村家庭将自有闲置资金使用权通过民间非正规渠道出让给他人,有利于增加借出家庭总消费。农村家庭是否借出闲置资金以及借出多少金额资金是经过理性考虑的结果,社会网络降低了非正规金融资产的不确定性和风险程度,因此借出款是其可控范围之内的低风险或实际无风险的金融资产选择方式,是家庭消费的资金储备来源。股票基金理财债券等风险金融资产变量的影响显著为正,表明随着数字普惠金融实践愈加丰富,创新出种类丰富、更高层次的金融服务和产品,农村家庭可通过金融市场配置理财产品、股票、基金等风险资产,增加其获得的金融资产服务总量,对家庭消费具有显性的财富总量效应。

表 8 - 3 数字化视角下农村家庭金融资产选择影响总消费的模型回归结果(一)

| 变量 | 模型Ⅰ | | 模型Ⅱ | | 模型Ⅲ | | 模型Ⅳ | |
|---|---|---|---|---|---|---|---|---|
| | (1) | (2) | (3) | (4) | (5) | (6) | (7) | (8) |
| age | -0.015*** (0.001) | -0.015*** (0.001) | -0.015*** (0.001) | -0.015*** (0.001) | -0.016*** (0.001) | -0.016*** (0.001) | -0.016*** (0.001) | -0.016*** (0.001) |
| edu | 0.061*** (0.008) | 0.061*** (0.008) | 0.059*** (0.008) | 0.059*** (0.008) | 0.060*** (0.008) | 0.060*** (0.008) | 0.058*** (0.008) | 0.058*** (0.008) |
| gen | -0.094*** (0.023) | -0.094*** (0.025) | -0.099*** (0.023) | -0.099*** (0.025) | -0.099*** (0.023) | -0.099*** (0.025) | -0.105*** (0.023) | -0.105*** (0.025) |
| jjsr | 0.016*** (0.003) | 0.016*** (0.003) | 0.015*** (0.003) | 0.015*** (0.003) | 0.015*** (0.003) | 0.015*** (0.003) | 0.014*** (0.003) | 0.014*** (0.003) |
| swzc | 0.029*** (0.002) | 0.029*** (0.002) | 0.028*** (0.002) | 0.028*** (0.002) | 0.029*** (0.002) | 0.029*** (0.002) | 0.028*** (0.002) | 0.028*** (0.002) |
| sbyb | 0.109*** (0.042) | 0.109*** (0.046) | 0.113*** (0.042) | 0.113*** (0.046) | 0.099** (0.042) | 0.099** (0.042) | 0.104** (0.042) | 0.104** (0.046) |
| xdys | -0.148*** (0.026) | -0.148*** (0.025) | -0.148*** (0.026) | -0.148*** (0.025) | -0.146*** (0.026) | -0.146*** (0.026) | -0.144*** (0.025) | -0.144*** (0.025) |
| jrzc | 0.041*** (0.002) | 0.041*** (0.002) | | | 0.038*** (0.002) | 0.038*** (0.002) | | |
| wfxzc | | | 0.032*** (0.002) | 0.032*** (0.003) | | | 0.033*** (0.003) | 0.033*** (0.003) |

续 表

| 变量 | 模型 I | | 模型 II | | 模型 III | | 模型 IV | |
|---|---|---|---|---|---|---|---|---|
| | (1) | (2) | (3) | (4) | (5) | (6) | (7) | (8) |
| jck | | | 0.022*** (0.002) | 0.022*** (0.002) | | | 0.021*** (0.002) | 0.021*** (0.002) |
| fxzc | | | 0.032*** (0.005) | 0.032*** (0.005) | | | 0.028*** (0.007) | 0.028*** (0.007) |
| zsy | | | | | 0.014*** (0.002) | 0.014*** (0.002) | | |
| cklx | | | | | | | −0.005 (0.004) | −0.005 (0.004) |
| jcsy | | | | | | | 0.014*** (0.002) | 0.014*** (0.002) |
| fxsy | | | | | | | 0.011 (0.012) | 0.011 (0.010) |
| znsj | 0.241*** (0.018) | 0.241*** (0.018) | 0.235*** (0.018) | 0.235*** (0.017) | 0.243*** (0.018) | 0.243*** (0.018) | 0.237*** (0.018) | 0.237*** (0.017) |
| net | 0.211*** (0.020) | 0.211*** (0.019) | 0.184*** (0.020) | 0.184*** (0.019) | 0.201*** (0.020) | 0.201*** (0.020) | 0.176*** (0.020) | 0.176*** (0.019) |
| area | −0.070*** (0.011) | −0.070*** (0.011) | −0.070*** (0.011) | −0.070*** (0.011) | −0.070*** (0.011) | −0.070*** (0.011) | −0.070** (0.011) | −0.070** (0.011) |

续 表

| 变 量 | 模型 I | | 模型 II | | 模型 III | | 模型 IV | |
|---|---|---|---|---|---|---|---|---|
| | (1) | (2) | (3) | (4) | (5) | (6) | (7) | (8) |
| pgdp | 0.109** (0.047) | 0.109** (0.049) | 0.125** (0.047) | 0.125** (0.048) | 0.106** (0.047) | 0.106** (0.047) | 0.122** (0.047) | 0.122** (0.048) |
| index | 0.004*** (0.001) | 0.004*** (0.001) | 0.004*** (0.001) | 0.004*** (0.001) | 0.004*** (0.001) | 0.004*** (0.001) | 0.004*** (0.001) | 0.004*** (0.001) |
| 常数项 | 7.757*** (0.336) | 7.757*** (0.341) | 7.757*** (0.335) | 7.757*** (0.340) | 7.847*** (0.336) | 7.847*** (0.336) | 7.811*** (0.334) | 7.811*** (0.340) |
| N | 12 119 | 12 119 | 12 119 | 12 119 | 12 119 | 12 119 | 12 119 | 12 119 |
| F 值 | 352.03 | 346.35 | 313.55 | 312.74 | 332.34 | 327.48 | 266.41 | 266.71 |
| Prob>F | 0.00 | 0.00 | 0.00 | 0.00 | 0.00 | 0.00 | 0.00 | 0.00 |
| Adj $R^2$ | 0.28 | 0.28 | 0.28 | 0.28 | 0.28 | 0.28 | 0.29 | 0.29 |

注：*** ，** 和 * 分别表示在 1%、5% 和 10% 水平显著。

金融资产总收益变量的影响显著为正,表明农村家庭通过金融资产配置增加了红利收入,对家庭总消费具有显性的财富价格效应。其中,存款利息变量的影响为负但不显著,虽然农村家庭以储蓄存款形式持有金融资产而获得利息回报,增加了家庭财产性收入,会降低其生产投资和生活消费的预算约束,有利于提高家庭总体消费水平;但根据第7章的理论分析,实际利率对家庭消费的影响可分解为收入效应和替代效应,两种效应的相对规模最终决定是否会增加当期消费。依据第3章描述性统计结果,农村家庭相对于城镇家庭的储蓄意愿更高,即倾向于相对更便宜的消费,因而替代效应大于收入效应并表现为未增加消费。同时,又由于农村家庭财产性收入的占比长期处于较低水平且增幅极为缓慢,因而对家庭总消费的负向影响作用有所降低。礼金等借出款收益变量的影响显著为正,表明用于维护农村家庭社会网络的人情往来收入对总消费具有显著作用。正如第6章所分析的那样,民间借出款在通常情况下并不约定一定金额的利息补偿,但借出资金家庭从现实人情往来中通常会获得货币或非货币形式的受赠,对家庭的总消费有直接影响。风险金融资产收益变量的影响为正但不显著,虽然农村家庭以股票基金理财债券等形式持有风险金融资产而获得利息回报,增加了家庭财产性收入,对家庭消费具有一定影响,但由于城乡收入差距、农村地区风险金融资产服务供给受限以及农村家庭有限参与金融市场等原因,其影响效应并不显著。

(2)农村家庭数字化特征。

智能手机和互联网两个变量的影响均显著为正,数字信息技术水平越高,农村家庭总体消费水平也越高。从消费信息获取方式和交易的便利性来看,农村家庭通过使用数字信息工具增加了其消费频率。从资源禀赋条件和消费能力来看,农村家庭自身数字技术水平的提高使得信息获取渠道得以拓宽,更容易获取原先难以接触和了解到的相关金融服务信息,而信息传输的便利性进一步增强了这些弱势群体对金融信息的认知水平和筛选能力,激发他们的潜在金融需求,有助于激发其潜在多元化金融资产配置需求,进而对家庭消费具有财富的总量效应。同时,农村家庭自身的数字信息渠道,无论是智能手机的使用还是宽带互联网的使用,都增强了其所处农村社会网络强纽带关系的可能性,提高其借出款参与程度,从现实人情往来中获得的不同形式受赠对家庭的总消费有直接影响。

(3)农村家庭经济特征。

家庭收入变量的影响显著为正,收入水平越高,农村家庭总体消费能力越强。农村居民收入及收入结构也是影响家庭消费的重要因素之一,并且收入水平的提高使得家庭消费也更趋于合理。实物资产变量的影响显著为正,这一结果表明,实物资产作为农村家庭资产结构中的重要组成部分,对家庭总消费起着非常重要的作用。保险与保障变量的影响显著为正,表明保险保障降低了农村家庭在应付突发性或持续性医疗和"老有所养"等问题上的费用支出,因而间接增加了家庭日常性消费支出。信贷约束变量的影响显著为负,外部借贷约束显然不利于增加农村家庭总消费,这与第 4 章和第 7 章的理论和实证分析是一致的。

(4)农村家庭基本特征。

年龄变量对消费的影响作用显著为负,通常户主较年轻的农村家庭表现出较为多样化、多层次的消费习惯。文化程度变量的影响显著为正,户主受教育程度较高一般对应于较高的人力资本,消费意识也较强且消费观念更超前。性别变量的影响显著为负,通常男性户主的风险承受能力更强,而女性户主更具有"勤俭持家"的消费习惯,会相应地抑制家庭总消费支出。

(5)地区环境特征。

地区虚拟变量的影响显著为负,区位因素降低了农村家庭消费,可能的原因是,相对于西部地区农村家庭,东部和中部的农村家庭生产经营创业机会更多、投资需求旺盛,因此相对抑制了家庭消费。地区经济水平变量的影响显著为正,经济发达的农村地区家庭收入和财富积累一般也较多,消费能力更强,与经验事实相符。数字金融变量的影响显著为正,数字信息化的农村金融服务进一步拓展了普惠金融的深度和广度,为农村家庭平滑生产生活支出实现增收、提高家庭消费效用提供有利条件。

**2. 进一步讨论**

为进一步验证数字信息技术提升是否会增强农村家庭金融资产对家庭消费的"总量效应"和"价格效应",在基准回归中加入家庭金融资产总量、金融资产收益与数字化特征的交互项,估计结果如表 8 - 4 所示(限于表格篇幅,以下仅汇报稳健标准误的回归结果)。同样,考虑到模型所选取的资产财富水平、数字金融发展水平、地区经济水平(人均国内生产总值)等变量之间可能存在的相关共同趋势,为克服多重共线性问题对模型回归产生的不合理结果,因此在各模型回归前进行了多重共线性检验。诊断结果显示,VIF 值均小于 2,能够说明各变量之间不存在共线性问题。

表8-4 数字化视角下农村家庭金融资产选择影响总消费的模型回归结果(二)

| 变 量 | 总量效应 | | | 价格效应 | | |
|---|---|---|---|---|---|---|
| | (1) | (2) | (3) | (4) | (5) | (6) |
| jrzc * znsj | 0.0445 *** (0.002) | | | | | |
| jrzc * net | | 0.0443 *** (0.002) | | | | |
| jrzc * index | | | 0.0002 *** (9.32e—06) | | | |
| zsy* znsj | | | | 0.0486 *** (0.002) | | |
| zsy* net | | | | | 0.0545 *** (0.003) | |
| zsy* index | | | | | | 0.0001 * (6.92e—06) |

注:*** 、** 和 * 分别表示在1%、5%和10%水平显著。表中估计结果包含了表 8-3 中所有控制变量,根据本章研究目标需要,仅列出关注变量社会网络交互项的估计结果。

对比上述交互项为关键变量的模型估计结果和表8-3模型回归结果,核心解释变量和其他关键变量的影响方向、统计显著性均无较大变化,说明上述模型估计结果具有很好的一致性,结论有较强的可靠性。表8-4模型(1)、(2)、(4)、(5)结果显示,金融资产总量、金融资产收益分别与两类数字化特征变量交互项系数显著为正,即随着农村家庭自身的数字信息化水平的提高,金融资产对家庭消费的正向总量效应和价格效应会逐步增强。进而,为探讨数字金融发展趋势下农村家庭金融资产是否对其消费具有促进效应,在表 8-4 的模型(3)、(6)中,加入金融资产总量、金融资产收益分别与数字金融指数变量的交互项,结果显示交互项系数显著为正,但边际效应较小。这表明在金融供给层面上,随着农村数字普惠金融的发展,金融资产服务渠道趋于多元化,使得农村家庭参与金融市场获得正规金融资产服务的可得性提高,是增加红利收入的有效途径,金融资产及其收益对家庭消费的正向效应也会趋于增强。

## 8.3.2 数字化视角下农村家庭金融资产选择对不同类型消费的影响

为了进一步检验数字化视角下农村家庭金融资产选择对不同类型消费的影响并验证其稳健性,实证回归模型采取逐一添加并细分影响变量的方法。同样,考虑到变量设置中可能存在的相关共同趋势,为克服多重共线性问题对模型回归产生的不合理结果,在模型回归前首先进行多重共线性诊断。诊断结果显示,表 8-5 中的各模型 VIF 均值都小于 3,能够说明各变量之间不存在共线性问题。表 8-5 列出了模型 8-2 具体回归估计结果(此处仅汇报稳健误结果),在模型(1)、(3)、(5)中对家庭总金融资产和金融资产总收益变量进行回归,模型(2)、(4)、(6)对三类金融资产及其收益进行分类回归。逐步加入和细分影响变量后,可以看出回归结果依然稳定,具有很好的一致性,表明上述模型估计结果具有较强的可靠性。

表 8-5 数字化视角下农村家庭金融资产选择影响不同类型消费的模型回归结果(一)

| 变 量 | 生存型消费 | | 发展型消费 | | 享受型消费 | |
|---|---|---|---|---|---|---|
| | (1) | (2) | (3) | (4) | (5) | (6) |
| age | −0.016***<br>(0.001) | −0.016***<br>(0.001) | −0.023***<br>(0.001) | −0.023***<br>(0.001) | −0.027***<br>(0.003) | −0.026***<br>(0.003) |
| edu | 0.064***<br>(0.010) | 0.062***<br>(0.010) | 0.082***<br>(0.016) | 0.080***<br>(0.016) | 0.299***<br>(0.044) | 0.285***<br>(0.044) |
| gen | −0.173***<br>(0.035) | −0.179***<br>(0.036) | −0.128**<br>(0.054) | −0.135**<br>(0.054) | 0.081<br>(0.117) | 0.070<br>(0.116) |

| 变量 | 生存型消费 | | 发展型消费 | | 享受型消费 | |
|---|---|---|---|---|---|---|
| | (1) | (2) | (3) | (4) | (5) | (6) |
| jjsr | 0.025 *** (0.004) | 0.024 *** (0.004) | 0.025 *** (0.005) | 0.025 *** (0.005) | 0.092 *** (0.014) | 0.084 *** (0.014) |
| swzc | 0.034 *** (0.003) | 0.033 *** (0.003) | 0.037 *** (0.005) | 0.037 *** (0.005) | 0.082 *** (0.011) | 0.081 *** (0.011) |
| sbyb | 0.186 ** (0.079) | 0.192 ** (0.079) | 0.452 *** (0.121) | 0.457 ** (0.121) | 0.011 (0.222) | 0.041 (0.221) |
| xdys | −0.112 *** (0.028) | −0.111 *** (0.028) | −0.341 *** (0.048) | −0.336 *** (0.048) | −0.051 (0.134) | −0.063 (0.133) |
| jrzc | 0.066 *** (0.004) | | 0.034 *** (0.005) | | 0.213 *** (0.013) | |
| wfxzc | | 0.060 *** (0.004) | | 0.033 *** (0.006) | | 0.162 *** (0.013) |
| jck | | 0.024 *** (0.002) | | 0.018 *** (0.003) | | 0.123 *** (0.012) |
| fxzc | | 0.021 *** (0.008) | | 0.036 ** (0.011) | | 0.093 ** (0.038) |
| zsy | 0.005 ** (0.002) | | 0.046 *** (0.004) | | 0.066 *** (0.010) | |
| cklx | | −0.011 ** (0.004) | | 0.0002 (0.006) | | 0.086 *** (0.020) |
| jcsy | | 0.006 *** (0.002) | | 0.049 *** (0.004) | | 0.048 *** (0.010) |
| fxsy | | 0.014 (0.013) | | −0.005 (0.015) | | 0.076 (0.060) |
| znsj | 0.274 *** (0.022) | 0.270 *** (0.022) | 0.283 *** (0.032) | 0.278 *** (0.032) | 0.875 *** (0.098) | 0.836 *** (0.098) |
| net | 0.185 *** (0.022) | 0.162 *** (0.022) | 0.226 *** (0.032) | 0.204 *** (0.032) | 1.280 *** (0.114) | 1.163 *** (0.116) |
| area | −0.063 ** * (0.013) | −0.063 ** (0.013) | −0.090 *** (0.021) | −0.089 *** (0.021) | −0.106 * (0.056) | −0.105 * (0.056) |

续 表

| 变 量 | 生存型消费 | | 发展型消费 | | 享受型消费 | |
|---|---|---|---|---|---|---|
| | （1） | （2） | （3） | （4） | （5） | （6） |
| pgdp | 0.121**<br>(0.062) | 0.135**<br>(0.062) | 0.084<br>(0.095) | 0.099<br>(0.095) | 0.090<br>(0.255) | 0.148<br>(0.254) |
| index | 0.005***<br>(0.001) | 0.004***<br>(0.001) | −0.002<br>(0.002) | −0.003<br>(0.002) | 0.001<br>(0.005) | 0.000<br>(0.005) |
| 常数项 | 6.697***<br>(0.435) | 6.659***<br>(0.435) | 8.002***<br>(0.664) | 7.929***<br>(0.662) | −1.029<br>(1.787) | −0.904<br>(1.781) |
| N | 12 119 | 12 119 | 12 119 | 12 119 | 12 119 | 12 119 |
| F 值 | 243.78 | 198.33 | 126.02 | 107.11 | 179.82 | 151.32 |
| Prob＞F | 0.00 | 0.00 | 0.00 | 0.00 | 0.00 | 0.00 |
| Adj R² | 0.26 | 0.26 | 0.15 | 0.15 | 0.17 | 0.17 |

注：***、** 和 * 分别表示在 1%、5% 和 10% 水平显著。限于表格篇幅，并根据研究目标需要，表中仅列出实证回归模型逐一添加各个维度影响变量中两个步骤的回归估计结果。

首先，金融资产总额变量对生存型、发展型和享受型三类消费的影响均显著为正，表明有闲置资金的农村家庭配置和选择金融资产，无论是出于平抑家庭临时性资金缺口的现实消费需要，还是通过家庭资本积累以实现更高层次消费需求的发展目的，都具有十分重要的作用。其中，无风险金融资产变量的影响显著为正。农村家庭消费具有其自身特点，许多生活消费品可以自给自足，有勤俭持家的传统，同时家庭消费功能服从经济功能，会受农村社会消费意识和地方习俗的影响和制约，有操办红白喜事的习惯，对临时性资金的需求比较大，家庭持有无风险金融资产可以平滑并提高衣食住行等生存型消费水平，也可以满足维持社会关系以及教育医疗等发展型消费需求。同时，随着乡村振兴战略的全面实施，农村家庭日益增长的享受型消费行为同样需要无风险金融资产储备的支持，尤其对那些有购买家庭设备、旅游娱乐等需求的农村家庭来说，通常所需资金额度比较大，家庭无风险金融资产显然有助于平抑资金缺口，提高家庭消费效用。借出款变量的影响显著为正，且享受型消费的系数最大。农村家庭借出自有闲置资金，一方面以这种非正规但风险可控的金融资产选择方式来储备家庭资金财富，另一方面使其自身免于将来不确定性资金缺口的约束,得到反哺型借入资金的支持,这种双重保障作用机制显然会正向影响家庭消费尤其是所需资金额度较大的享受型消费。股票基金理财等风险金融资产变量的影响显著为正,表明数字普惠金融实践所创新出的种类丰富、更高层次的金融服务和产品,为农村家庭参与金融市场选择风险资产以实现更多红利收入提供了有效途径,是满足家庭不同层次消费需求的储备资金,具有显性的财富总量效应。

金融资产总收益变量对生存型、发展型和享受型这三类消费的影响作用显著为正,表明农村家庭通过金融资产配置增加了财产性收入,对家庭不同层次消费需求都具有显性的财富价格效应。但是,不同种类资产收益变量的影响呈现差异。第一类存款利息变量对生存型消费的影响显著为负,这一结果表明,虽然储蓄存款利息的收入效应有助于农村家庭选择更多数量组合和品质较高的衣食住行类非耐用消费品,提升日常生活的消费品质,但相对更便宜消费的替代效应的作用超过了收入效应的作用,因而未增加家庭基本生存类消费,符合第 7 章的理论分析结果;受限于农村家庭财产性收入占比较低且增幅极为缓慢这一现实条件,导致利息收入对家庭发展型消费的正向影响作用不明显。存款利息变量对享受型消费的影响显著为正,储蓄存款的真实利率增加了家庭财产性收入,且实际利率对家庭消费影响的收入效应大于替代效应,当以储蓄存款支付家庭大件耐用品及娱乐旅游等消费项目时,存款利息也具有同步性支付功能。第二类礼金等借出款收益变量对生存型、发展型和享受型三类消费的影响均显著为正,这一结果说明农村家庭受赠收入对消费具有明显促进作用。正如本文前面章节所分析的那样,作为维系农村地区亲缘、血缘关系情感的有效途径之一,礼金收入可看作是互助型资金调剂的"隐性"利息补偿,在现实日常生活中,有助于直接用于不同层次消费商品和服务的购买,有着积极的消费影响效应。第三类风险金融资产收益变量对三类消费的影响均不显著,一般情况下,单独的农村家庭都会有计划地决定不同层次商品服务消费的存货范围和购买置换时间,而股票基金理财等风险金融资产虽然可以获得较高收益回报,对家庭消费具有一定影响作用,但却由于农村家庭有限参与金融市场以及风险资产收益的不确定性等原因,因而其影响效应并不显著。这也与风险金融资产收益对总消费的不显著正向影响是同步一致的。

其次,智能手机和互联网两个变量分别对生存型、发展型和享受型三类消费的影响均显著为正,表明较高水平的数字信息技术有助于促进农村家庭不同层次消费需求水平。农村家庭通过使用数字信息工具,能够较为便利地获取多样化的消费信息,并通过快捷的数字化支付交易方式,增加家庭消费频率,提升家庭消费层次;农村家庭数字技术水平的提高也提升了其自身原有的资源禀赋条件,新型信息获取渠道(如宽带互联网、智能手机等移动客户端)大大降低了搜索相关金融服务信息的成本,提高了这些弱势群体对金融信息获取的准确度和筛选效率,有助于激发其潜在多元化金融资产配置需求,对家庭不同类型消费具有财富的总量效应;此外,数字信息渠道联络的便利性有助于加强农村"熟人"社会的网络紧密程度,促使农村家庭参与民间借出,从现实人情往来中获得的不同形式受赠对家庭消费有直接影响。

第三,家庭收入变量、实物资产变量分别对生存型、发展型和享受型这三类消费呈现显著正向影响作用。家庭收入和资产财富水平越高,越有能力购置电器、家具、汽车等家庭设备,家庭成员从耐用品消费中获得的满足程度越高;家庭收入和资产财富水平越高,也越有能力支付教育、健康、旅游等要素积累的发展型消费和休闲娱乐的服务性消费,有利于提高农村家庭消费层次、改善其消费结构,这与事实经验一致。保险与保障变量的影响显著为正,且对发展型消费的回归估计系数是最大的,这意味着,保险保障缓解了农村家庭"因病致贫"和"老有所依"等普遍存在的重大现实问题的支出压力,因而会优先增加家庭教育、健康等要素积累的发展型消费。信贷约束变量的影响显著为负,当农村家庭面临借贷约束时,不利于家庭各类消费决策的实施,这与对总消费的显著负向影响保持一致。

第四,年龄变量对三种类型消费的影响显著为负,年长的户主更具有"勤俭持家"的消费习惯,而年轻一代户主趋向于更高层次、多样化的消费,如倾向于购置现代化家电和交通工具等耐用消费品,倾向于购买旅游娱乐等服务,享受城市化品质的生活。文化程度变量对三类消费的影响均显著为正,且对享受型消费的回归估计系数最大,这一估计结果的含义是,户主文化程度越高,对生活品质和非基础性消费需求的追求相应更高。性别变量对生存型和发展型消费的影响显著为负,但正向影响享受型消费,这可能是因为通常男性户主更注重人力资本投入和社会网络关系的维持,期望获得较高投入回报率,会相应地增加这些消费支出。

最后,地区虚拟变量的影响显著为负,这主要是因为东部和中部的农村家庭生产经营创业和投资需求更多,家庭消费相对受到抑制。地区经济水平变量的影响为正,但仅对生存型消费呈统计显著性且系数最大。经济发达地区的农村家庭有较高能力支付和满足家庭成员衣食住行等方面的非耐用品消费需求,同时由于生产经营创业机会和投资需求相对较多,投资回报较大,更有实力购买自动化程度高的耐用消费品和娱乐旅游等非基础性消费服务,享受现代科技发展带来的高生活品质。数字金融变量仅对生存型消费的影响显著为正,表明数字农村建设扩大了金融普惠的覆盖面,为农村家庭增收、提高家庭基础性消费水平提供有利条件,但金融普惠深度有待实践的持续推进,以实现对农村家庭非基础性、更高层次消费的影响效应。

进一步地,为验证数字信息技术提升是否会增强农村家庭金融资产对家庭不同类型消费的"总量效应"和"价格效应",在基准回归中加入家庭金融资产总量、金融资产收益与数字化特征的交互项,估计结果如表8-6所示(限于表格篇幅,以下仅汇报稳健标准误的回归结果)。考虑到变量设置中可能存在的相关共同趋势,为克服多重共线性问题对模型回归产生的不合理结果,因此在模型回归前首先进行多重共线性诊断。诊断结果显示,表8-6中的各模型 VIF 值均小于2,能够说明各变量之间不存在共线性问题。

表8-6 数字化视角下农村家庭金融资产选择影响不同类型消费的模型回归结果(二)

| 类型 | 变 量 | 总量效应 | | | 价格效应 | | |
|---|---|---|---|---|---|---|---|
| | | (1) | (2) | (3) | (4) | (5) | (6) |
| 生存型消费 | jrzc * znsj | 0.052 5*** (0.002) | | | | | |
| | jrzc * net | | 0.048 3*** (0.002) | | | | |
| | jrzc * index | | | 0.000 3*** (0.000) | | | |
| | zsy* znsj | | | | 0.048 0*** (0.003) | | |

续　表

| 类型 | 变量 | 总量效应 | | | 价格效应 | | |
|------|------|------|------|------|------|------|------|
| | | (1) | (2) | (3) | (4) | (5) | (6) |
| 生存型消费 | zsy* net | | | | | 0.053 2***<br>(0.003) | |
| | zsy* index | | | | | | 0.000 1***<br>(8.74e—06) |
| 发展型消费 | jrzc * znsj | 0.045 5***<br>(0.003) | | | | | |
| | jrzc * net | | 0.048 2***<br>(0.003) | | | | |
| | jrzc * index | | | 0.000 2***<br>(0.000) | | | |
| | zsy* znsj | | | | 0.071 2***<br>(0.004) | | |
| | zsy* net | | | | | 0.070 7***<br>(0.004) | |
| | zsy* index | | | | | | 0.000 2***<br>(0.000) |
| 享受型消费 | jrzc * znsj | 0.231 2***<br>(0.009) | | | | | |
| | jrzc * net | | 0.249 5***<br>(0.010) | | | | |
| | jrzc * index | | | 0.001 0***<br>(0.000) | | | |
| | zsy* znsj | | | | 0.242 8***<br>(0.013) | | |
| | zsy* net | | | | | 0.297 3***<br>(0.016) | |
| | zsy* index | | | | | | 0.000 4***<br>(0.000) |

注: ***、** 和 * 分别表示在 1%、5% 和 10% 水平显著。表中估计结果包含表 8 - 5 中所有控制变量,根据本章研究目标需要,仅列出关注变量社会网络交互项的估计结果。

对比上述交互项为关键变量的模型估计结果和表8-5模型回归结果,可以看出回归结果依然稳定,核心解释变量和其他关键解释变量的影响方向、统计显著性均基本保持一致,说明表8-6模型估计结果较为可靠。表8-6列出了数字化视角下农村家庭金融资产分别对其生存型、发展型和享受型三类消费的财富"总量效应"和"价格效应"估计结果,模型(1)、(2)、(4)、(5)显示,金融资产总量、金融资产收益分别与两类家庭数字化特征变量交互项系数显著为正,这一估计结果的含义是,随着农村家庭自身的数字信息化水平提高,金融资产对家庭不同类型层次消费的正向总量效应和价格效应会不断增强。进而在金融供给层面上,探讨数字金融发展趋势下农村家庭金融资产对其消费的影响效应,在表8-6的模型(3)、(6)中,分别加入金融资产总量、金融资产收益与数字金融指数变量的交互项,结果显示交互项各系数均显著为正,但对各类消费的边际影响效应有限。表明数字乡村建设为农村数字金融发展提供了信息基础设施条件,扩大了普惠金融服务的覆盖面,为农村家庭参与金融市场增加红利收入提供了有效途径,金融资产及其收益对家庭不同类型消费的正向效应也趋于增强,然而尚需持续推进数字金融的普惠深度,以进一步提高对农村家庭不同层次消费的影响效应。

### 8.3.3 数字化视角下农村家庭金融资产选择对消费影响的综合分析

以上具体分析了数字化视角下农村家庭金融资产选择对总消费及不同类型消费的影响,下面将综合上述三个模型估计结果,进行进一步的综合分析。数字化视角下农村家庭金融资产选择影响消费的实证结果如表8-7所示。

表8-7 数字化视角下农村家庭金融资产选择影响消费的实证结果

| 变 量 | 总量效应 | | | | 价格效应 | | | |
|---|---|---|---|---|---|---|---|---|
| | 交互项1 | 无风险资产 | 借出款 | 风险资产 | 交互项2 | 存款利息 | 借出收益 | 风险收益 |
| 总消费 | 正向显著 | 正向显著 | 正向显著 | 正向显著 | 正向显著 | 负向不显著 | 正向显著 | 正向不显著 |

续　表

| 变　量 | 总量效应 | | | | 价格效应 | | | |
|---|---|---|---|---|---|---|---|---|
| | 交互项1 | 无风险资产 | 借出款 | 风险资产 | 交互项2 | 存款利息 | 借出收益 | 风险收益 |
| 生存型消费 | 正向显著 | 正向显著 | 正向显著 | 正向显著 | 正向显著 | 负向显著 | 正向显著 | 正向不显著 |
| 发展型消费 | 正向显著 | 正向显著 | 正向显著 | 正向显著 | 正向显著 | 正向不显著 | 正向显著 | 负向不显著 |
| 享受型消费 | 正向显著 | 正向显著 | 正向显著 | 正向显著 | 正向显著 | 正向显著 | 正向显著 | 正向不显著 |

注:由表 8-3～表 8-6 的模型估计结果整理得到。交互项 1 为金融资产总量与两类家庭数字化特征变量交互项,交互项 1 为金融资产收益与两类家庭数字化特征变量交互项。

　　首先,金融资产总量、金融资产收益分别与两类数字化特征变量交互项系数显著为正,这一结果的直接含义是:随着农村家庭自身的数字信息化水平提高,金融资产对家庭总消费以及不同类型层次消费的正向总量效应和价格效应会逐步增强。无论是智能手机的使用还是宽带互联网的使用,农村家庭通过自身的数字信息渠道获得种类更多的基础性金融资产服务,同时数字金融供给的信息化渠道降低了信息获取成本和交易成本,有助于激发其潜在多元化金融资产配置需求,增加从非传统金融渠道获得的金融资产服务的可能性,通过参与金融市场进行理财产品、投资、基金等风险资产选择以获取较高收益回报,进而实现金融资产对农村家庭消费的财富"总量效应"和"价格效应"。

　　其次,三类金融资产变量分别对总消费和不同类型消费均具有正向显著影响,从各消费模型估计系数来看,无风险金融资产对农村家庭消费的增长效果更加突出。根据 CHFS 数据统计结果可知,在农村家庭金融资产结构中,无风险金融资产占比最高,远大于借出款和股票基金理财等风险金融资产的比重。同时结合回归系数来看,农村家庭三类金融资产均对享受型消费的增长作用更明显,其次为生存型消费。以上结果的含义是:对那些有金融资产需求的农村家庭(这里指既有选择能力又有配置意愿的农村家庭)来说,通过数字信息渠道选择多样化的金融资产组合十分有必要。拓宽金融信息获取渠道,创新数字金融服务产品,提高农村正规金融可得性,有助于家庭金融资产的供给渠道趋于多元化,进而明显影响其消费水平。

第三,存款利息变量对农村家庭总消费和生存型消费均为负向影响,但对发展型和享受型消费则具有一定促进作用,意味着储蓄利息的收入效应虽然为提高日常生活的消费水平提供了资金基础,但由于农村家庭储蓄意愿较高,即倾向于相对更便宜的消费,实际利率对家庭总消费和基本生存类消费影响的替代效应大于收入效应,因而未表现为消费增加。同时,受限于农村家庭财产性收入占比较低且增幅极为缓慢这一现实条件,导致利息收入对家庭发展型消费的正向影响作用并不明显;但存款利息变量对享受型消费呈现显著正向影响,由于实际利率对享受型消费影响的收入效应大于替代效应,这与储蓄存款总额变量对享受型消费的显著正向作用是一致的。结合第7章的理论分析,在当前农村金融服务供给现状下,尽管农村家庭通过储蓄存款可获得一定的利息收入,但未能从根本上对家庭消费产生实质性的收入效应影响。如果能够通过数字信息渠道增加正规金融资产供给,有助于农村家庭参与金融市场、增加资产红利收入,进而提高收入效应对消费的作用。

第四,礼金等借出款收益变量对总消费和不同类型消费的影响均显著为正,表明具有"隐性"利息性质的礼金收入对家庭消费具有明显促进作用,这也与借出款对总消费和不同类型消费的显著正向作用相一致。民间借出款在通常情况下并不约定具体金额的利息补偿,但借出资金家庭从现实人情往来中通常会获得货币或非货币形式的受赠,可看作是互助型资金调剂的"隐性"利息补偿,有助于借出家庭直接用于不同层次消费商品和服务的购买,有着积极的消费影响效应。从长期来看,数字普惠金融程度的提升能在一定程度上提高部分农村家庭的信贷可获得性,降低其民间借入概率;而在借出方层面上,降低农村家庭借出款概率,可选择把闲置资金进行更多元化的金融资产配置,实现家庭财富增值,进而更明显地影响家庭消费。

第五,风险金融资产收益变量的影响均不显著,但对总消费、生存型消费和享受型消费的影响为正,而对发展型消费为负向影响。一般情况下,以股票基金理财债券等形式持有风险金融资产而获得利息回报,对家庭消费具有一定促进效应,但由于农村地区风险金融资产供给渠道受限、农村家庭有限参与金融市场以及风险资产收益的不确定性等原因,其影响效应并不显著。这一结果的含义是：利用互联网信息技术，创新非基础性信息化金融产品和服务，易于产生双向规模效应，对金融机构而言降低了其服务供给的门槛条件，同时从金融需求方面也降低了家庭获得多样化、多层次金融服务的准入要求，进而有助于提升金融资产对农村家庭消费的影响效应。

## 8.4　本章小结

本章基于第 3 章和第 7 章的理论分析，在传统的家庭收入资产影响消费的框架中细分出金融资产，实证研究数字化视角下农村家庭金融资产选择对消费的影响效应。通过构建多元回归模型，运用中国家庭金融调查数据（CHFS, 2017），实证检验了农村家庭金融资产选择对总消费和不同类型消费的影响，并比较其影响差异。根据以上实证分析结果，得到以下基本结论：

第一，随着农村家庭自身的数字信息化水平的提高，金融资产对家庭总消费以及不同类型层次消费的影响效应趋向逐步增强。农村家庭通过自身数字信息渠道（如宽带互联网、智能手机等移动客户端）提高了信息准确度和筛选效率，有助于激发其潜在多元化金融资产配置需求；同时数字金融供给渠道降低了信息获取成本和交易成本，对家庭金融市场参与及资产选择产生积极效应，通过从非传统金融渠道配置理财、投资、基金等风险资产以增加财产性收入，进而实现金融资产对家庭消费的财富总量效应。

第二，农村家庭金融资产总量对促进其消费具有重要作用，其中，无风险金融资产、民间借出款和股票基金理财等风险金融资产对于不同类型消费均有显著促进作用。这一结论相应的政策含义是：为促进农村家庭消费和福利水平的增长，推动农村地区经济持续健康发展，应采取更为有效的政策和措施，一方面为农村家庭增收提供条件，从根本上增强其金融资产选择能力；另一方面，引导和督促金融机构加大对农村金融稳定的微观基础研究，通过与数字信息技术深度融合，创新和设计适合农村家庭特点的数字化金融资产服务产品，为我国农村扩大内需提供政策制定的新思路。

第三,储蓄存款的利息收入显著促进了农村家庭发展型和享受型这两类消费,而对总消费和生存型消费的增长具有一定的负面作用。由于实际利率的收入效应大于替代效应,存款利息变量对享受型消费的影响显著为正,但同时受限于农村家庭财产性收入占比及增幅较低这一现实情况,利息收入对要素积累的发展型消费的正向影响作用不明显。尽管农村家庭通过储蓄存款可获得一定的利息收入,但未能从根本上对家庭总消费和基本生存类消费产生实质性的收入效应影响,因而消费未表现为增加。这表明正规金融资产的利息收入对农村家庭消费的增长作用仍有较大的提升空间,根据这一研究结论,今后应加快农村数字化金融资产产品和服务的创新,以多层次和多元化为目标实现精准服务,促进农村家庭通过数字信息渠道参与金融市场、选择多种形式金融资产的利息收入实现家庭财富增值,将有助于分散风险并进一步优化家庭金融资产结构,实现资源的跨期优化配置。

第四,礼金等借出款收益对农村家庭总消费和不同类型消费均具有明显的增长作用。表明民间借出款虽然多数情况下并不约定具体的利息补偿,但现实人情往来中借出资金家庭获得的受赠具有互助型资金调剂的利息补偿性质,有着积极的消费影响效应。因此,有必要进一步提升数字金融普惠程度,为有金融资产需求的农村家庭参与正规金融市场创造有利条件,通多数字信息渠道进行更多元化的金融资产配置,实现家庭财富增值和消费效用最大化的经济目标,同时增加农村家庭正规借贷机会和信贷比例,促使民间借贷双方降低参与非正规金融市场的概率。

第五,风险金融资产收益对总消费有一定的增长作用,但对不同类型消费的影响呈现差异。通过选择股票基金理财等风险金融资产虽然可获得较高收益回报,对家庭消费具有一定的促进作用,但由于农村家庭有限参与金融市场和风险资产收益的不确定性等原因,其影响效应并不显著。因此,有必要充分利用新型数字信息渠道,创新非基础性信息化金融产品和服务,激发农村消费者潜在的非基础性、更高层次的金融资产配置需求,形成规模效应,进而提升金融资产对农村家庭消费的影响效应。

# 第9章　研究结论与政策含义

根据一般金融资产选择理论,遵循经济理性的农村家庭应该多元化金融资产投资这一基本研究共识,对于有金融资产需求的农村家庭而言,放松农村正规金融资产配置渠道的供给约束是优化农村家庭金融资产选择及提升家庭消费效用的有效途径之一。在受到借贷限制和不确定性预算约束的情况下,农村家庭金融资产选择行为往往和传统理论有所偏差,因此,降低农村家庭在农村金融市场的准入门槛,提高农村正规金融服务可得性,缓解这部分农村家庭的流动性约束,促进农村家庭资源优化和资产财富积累,进而实现家庭福利效用最大化,是农村金融理论研究和政策改进的目标之一。在数字信息技术与金融供给紧密结合的现实背景下,对于农村家庭而言,数字信息技术拓宽了其信息获取渠道,增加了了解更多金融服务信息的机会,提高了金融认知水平,进而影响其金融资产选择行为。基于上述背景,本文借鉴相关理论和已有文献的研究结论,从理论和实证这两个层面展开"数字化视角下农村家庭金融资产选择及其对消费影响"问题的研究。

## 9.1　主要研究结论

基于前述各章研究内容和理论实证分析结果,得到基本结论如下:

第一,农村家庭金融资产具有显著特征,总体水平随经济发展呈逐年增加趋势,但农村居民家庭户均金融资产占家庭总资产比重仍较低,且在农村家庭之间的分布很不均匀。分地区来看,东部和中西部农村家庭金融资产的地区之间差距较为显著,呈现出从东部到西部依次递减的趋势。在构成比例方面,我国农村家庭金融资产成分单一,主要以现金、储蓄存款和民间借出款为主。从配置渠道来看,农村家庭的正规金融资产总量远大于非正规渠道的金融资产总量,但总体上以中低水平为主,非正规金融行为主要表现为参与民间借入市场,农村家庭参与股票、债券、基金等正规金融市场的概率和参与程度总体表现出非常低的水平。从风险程度来看,农村家庭无风险金融资产总量远大于风险金融资产总量,尤其是由正规金融机构提供的风险金融资产的参与率和参与程度均非常低。

第二,本文尝试基于家庭效用理论来解释传统金融模式下农村家庭无风险金融资产行为决策的特定性质,研究结果发现:面对供给受限的现有农村正规信贷市场和正规金融资产配置渠道,以及收入相对较低、风险承受能力较弱、普遍缺少风险投资意识和金融知识等有限自身条件,农村家庭只能以无风险的活期、定期存款和现金等有限形式持有其金融资产;无论是参与选择还是使用无风险金融资产,都是农村家庭在既定内在资源禀赋和外部约束条件下的一种理性选择结果,其行为决策目标是家庭长期效用最大化。收入财富水平较高、风险厌恶、储蓄意愿较高的农村家庭,往往更偏好无风险金融资产;关注经济金融信息、有一定金融认知的农村家庭,会提高其金融资产配置意愿;而信贷约束则使得有金融资产积累的农村家庭倾向于减少持有其无风险金融资产,以弥补家庭生产经营所需资金和平滑消费,从而获得更高水平的跨期收入;此外,金融服务可得性的提高会增加家庭金融资产选择的便利性。

第三,在传统农村金融市场正规风险资产供给渠道受限的情况下,农村家庭风险金融资产主要表现为民间借出款。本文尝试构建风险金融资产选择的数理模型,从社会网络视角来解释农村家庭风险金融资产选择行为问题。研究结果发现:以血缘和地缘为纽带的社会网络可以起到信息甄别的作用,有助于降低资金借出和借入家庭之间的借贷信息不对称,显著影响了借出款决策者风险偏好,表现出更弱的不确定性规避,使得借出款成为农村家庭在既定约束条件下做出的最优风险金融资产选择。通过量化农村家庭社会网络特征,实证结果进一步证明了这一结论。基于家庭社会网络的民间借出款配置机制为有闲置资金的农村家庭提供了较为安全的风险金融资产渠道,通过借出资金这一民间利他行为,可获得其所处社会网络中无形声誉和社会影响力的直接提升,还可以间接获得有形的物质利益,即从借入家庭的回报如礼金收入中获得实际收益,或在未来面临可能的预算约束或不确定事件时得到反哺援助；同时也增加了网络内部的信贷供给，缓解了借入家庭流动性约束和面临的信贷约束问题。此外，社会网络对中低收入家庭民间借出款参与率和参与程度的影响作用较大且显著，而随着农村家庭收入增加、正规金融发展，社会网络对借出款的作用将逐步减弱。

第四，本文尝试构建网络渠道作用下家庭金融资产选择的基本理论模型，从数字化视角来解释农村家庭金融市场参与及资产选择的问题。研究结果发现：数字信息技术有助于拓宽农村家庭的信息渠道，降低金融信息获取成本和交易成本，是对传统金融模式下农村正规金融资产渠道供给受限的有益补充，对农村家庭金融市场参与及资产选择产生积极效应；在金融供给层面上，数字普惠金融的发展有助于大幅降低金融机构供给成本，增加农村家庭多样化、多层次金融资产服务的可得性，促进其风险金融资产配置。通过量化农村家庭数字信息技术特征，实证结果进一步验证了以上推论。农村家庭自身数字信息技术水平越高，越有助于提高正规金融资产产品和服务的信息对称程度，从而激发其潜在多元化的金融资产配置需求和参与金融市场；家庭自身的数字信息渠道也提供了其加强社会网络强纽带关系的便利，提高农村家庭借出款参与程度，其本身与家庭社会网络渠道形成互补效应；同时区域数字普惠金融的发展能显著增加农村家庭金融资产服务可选项，进而提升其参与金融市场配置资产的可能性，但对基于其自身资源禀赋基础和强纽带社会网络关系的借出款参与度影响不显著；此外，金融素养会加大"数字鸿沟"，农村家庭金融素养水平越高，数字信息技术对其金融市场参与及资产选择的影响越显著。

第五，以生命周期—持久收入理论为基础，结合跨期消费决策模型，综合运用农村家庭经济理论和家庭金融资产组合理论，并将数字信息渠道及相关成本纳入分析框架，可以从理论上阐释数字化视角下农村家庭金融资产选择行为影响消费的一般机制。一方面，对理论模型基本假设进行修正后，附加约束的农村家庭跨期金融资产选择—消费决策的一般均衡模型结果表明，在实际预算和借贷限制的不同约束条件下，农村家庭会根据内外部经济环境变化进行调整并做出相应的生产投资和消费决策。家庭持有的金融资产和外部借入资金都有助于平抑农村家庭临时性资金缺口、提高家庭消费水平,但是两者的影响机理存在一定差异,影响程度取决于资产组合收益率、借贷利率和借贷条件之间的相互关系。另一方面,将数字信息渠道及相关成本纳入扩展模型,考察数字信息渠道与家庭金融资产选择成本以及消费效用之间的逻辑关系,阐明数字化视角下农村家庭金融资产选择通过"总量效应"和"价格效应"直接或间接影响其消费决策,实现家庭效用最大化经济目标,但影响渠道和程度存在差异。具体而言,家庭通过金融信息化渠道获得种类更多的基础型金融服务,降低了金融交易成本,提升了储蓄存款对农村家庭消费的两类财富效应;现金对家庭总体消费水平具有显性的资产财富"总量效应",以"随用随取"金融理财产品形式持有的数字化现金对农村家庭消费又具有一定的"价格效应";农村家庭自身的数字信息渠道增强了社会网络的黏合度,提高了其借出款参与程度,进一步促进了上述消费影响效应,然而由于农村金融服务的数字化转型提高了部分家庭的信贷可得性,降低了借出款概率,会对借出款影响农村家庭消费的资产财富效应起到一定抑制作用;农村家庭数字信息技术水平的提高显著增加金融信息对称程度,同时信息化金融供给新渠道交易成本更低,有助于家庭通过金融市场配置风险资产、获得红利收入,进而增加农村家庭的消费效用。

第六,当农村家庭有金融资产需求并完成资金选择决策过程时,金融资产总量对农村家庭总消费增长具有重要影响,其中,无风险金融资产、民间借出款和股票基金理财等风险金融资产对不同类型消费均有显著增长效应。储蓄存款的利息收入对家庭发展型和享受型消费的增长具有正向影响,而对总消费和生存型消费的增长具有一定的负面作用,表明正规金融资产的利息收入对农村家庭消费的增长作用仍有较大的提升空间;礼金等借出款收益对农村家庭总消费和不同类型消费均具有明显的增长作用;风险金融资产收益对总消费有一定的增长促进作用,但对不同类型消费的影响呈现差异,并且由于农村家庭有限参与金融市场和风险资产收益的不确定性等原因,其影响效应并不显著。而随着农村家庭自身的数字信息化水平的提高,金融资产对家庭总消费以及不同类型层次消费的影响效应趋向逐步增强。

## 9.2 政策含义

根据以上基本结论,本研究相应的政策含义如下:

首先,鉴于农村金融创新能力仍然较为落后,正规农村金融资产产品供给有限,在今后的农村金融改革与发展进程中,需采取积极政策措施,引导和督促金融机构加大对农村金融稳定的微观基础研究,在考虑到地区经济综合发展水平的基础上,加强正规金融机构的服务意识,创新和设计适合农村家庭特点的金融资产服务和产品,以多层次和多元化为目标实现精准服务,提高多样化正规金融资产配置渠道的可得性。正规金融机构应利用其本外币理财业务在城区充分开展的优势,逐步在农村推广债券、基金、黄金、人民币理财业务,将部分负债业务转化为中间业务。同时充分考虑到农村家庭人均收入水平普遍不高、风险认知和承担能力相对低下等特质,以及不同地区农村经济金融条件的差异,适当降低理财产品的准入条件,相应调整客户承担的费用,真正承担起农村家庭金融资产配置渠道的角色和功能,为有金融资产需求的农村家庭提供必要的增加红利收入的有效途径,进一步分散风险优化家庭金融资产结构,通过多种形式金融资产的利息收入实现家庭财富增值。

其次,基于农村地区"熟人"社会网络的特定作用,设计和打造农村金融机构与农村居民家庭之间进行信息传输的特殊渠道,有序推进、完善农村地区金融信息沟通机制,实现正规金融机构低成本获取居民家庭有效信息,有助于提高农村家庭接触正规借贷服务的机会及信贷可获得性,降低民间借贷双方参与非正规金融市场的概率,逐步从以农村社会网络为基础的"关系型"借贷向以市场机制为主的"契约型"借贷转型,为有需求的农村家庭更多参与正规金融市场进行金融资产选择提供支持。

第三,充分考虑农村家庭自身信息技术水平及其潜在、多元化的金融需求,加强正规金融机构的服务意识,并致力于缓解金融排斥,提高多样化正规金融资产渠道的可得性,创新符合农村家庭资源禀赋特征的金融服务产品,为有金融资产需求的农村家庭提供必要的增加红利收入的有效途径,实现其效用最大化目标;同时,充分利用数字信息技术的优势,通过数字金融手段实现普惠金融高效率发展,为不同群体尤其是收入水平或受教育程度较低的弱势群体设计更具针对性的金融产品,提高金融普惠服务的有效性。

第四,在增加农村地区金融机构网点和覆盖面的基础上,构建与农村家庭沟通的有效工作机制,建立健全农村社会个人信用体系,优化农村金融信用环境,从根本上提升农村金融服务于家庭资产选择的能力;同时,在数字金融下乡服务中,农村金融机构应加大金融宣传力度,为农村家庭提供必要的服务信息和金融知识,培养农村居民运用数字信息化渠道和手段的现代金融意识和理财能力,通过提升人力资本增加金融服务产品在农村地区的认知度和使用率,提高农村家庭正规金融资产的参与率和参与程度,是通过数字金融化手段实现金融普惠的关键。

最后,为促进农村家庭消费和福利水平的增长,推动农村地区经济持续健康发展,应采取更为有效的政策和措施,进一步明确和强化各类农村金融机构的支农职能,鼓励农村金融机构合作,避免同质化竞争,建立服务于农村家庭金融资产行为的多层次金融服务体系。与此同时,着力创造农业和非农业生产投资机会,并加强对农村居民的文化教育、技术技能培训等人力资本的投资,为农村家庭增收提供条件,从根本上提升其金融资产选择的能力,并通过选择多样化家庭金融资产实现资源的跨期优化,降低家庭消费对即期收入的敏感程度,寻求"农村家庭财产性收入增加、消费需求扩大"突破口。

# 参考文献

[1] Agnew, J., Balduzziand, P., Sunden, A. Portfolio choice and trading in large 401(k) plan[J]. American Economic Review, 2003, 93(1): 193 - 215.

[2] Barberis, N., M. Huang. Stocks as lotteries: The implication of probability weighting for security prices[J]. American Economic Review,2008, 98(5): 2066 - 2100.

[3] Baydas, M., R.L. Mreyers, N. Aguilera-Alfred. Discrimination against women in formal credit markets: Reality or rhetoric? [J]. World Development, 1994, 22(7): 1073 - 1082.

[4] Berger, S. C., & Gleisner, F. Emergence of financial intermediaries in electronic markets: the case of online p2p lending[J]. Business Research, 2009,2(1): 39 - 65.

[5] Bergstrom, T. A survey of theories of the family[J/OL]. Working paper, http://netec. mcc. ac. uk/WoPEc/data/Papers/wpawuwpla9401001. html.1995.

[6] Bian, Y. Bring strong ties back in: Indirect ties, network bridges and job searches in China[J]. American Sociological Review, 1997, 62(3): 366 - 385.

[7] Blinder, A. S., J. E. Stiglitz. Money, credit constraints and economic activity[J]. American Economic Review, 1983, 73(2):297 - 302.

[8] Bogan, V. Stock Participation and the Internet[J]. Journal of Financial and Quantitative Analysis, 2008, 43(1): 191 - 212.

[9] Bostic R., S. Gabriel, G. Painter. Housing wealth, financial

wealth, and consumption: New evidence from micro data[J]. Regional Science and Urban Economics, 2009, 39(1), 79 – 89.

[10] Brennan, M. J., E. S. Schwartz, R. Lagnado. Strategic asset allocation[J]. Journal of Economic Dynamics and Control, 1997, 21(8): 1377 – 1403.

[11] Browning, M., M. Costas. The effects of male and female labor supply on commodity demands[J]. Econometrica, 1991, 59(4): 925 – 951.

[12] Browning, M., M. Gortz, S., L. Petersen. Housing wealth and consumption: A micro panel study[J]. Economic Journal, 2013, 5: 401 – 428.

[13] Burt, Ronald. Structural holes: the social structural of competition[M]. Cambridge MA: Harvard University Press, 1992.

[14] Campbell, J. Y., L. M. Viceira. Strategic asset allocation: Portfolio choice for long-term investors [M]. Oxford University Press, 2002.

[15] Campbell, J. Y., J. F. Cocco. How do house prices affect consumption? Evidence from micro data [J]. Journal of Monetary Economics, 2007, 54(3): 591 – 621.

[16] Cao, H. H., Wang, T. and Zhang, H.H. Model uncertainty, limited market participation, and asset prices[J]. Review of Financial Studies, 2005, 18(4):1219 – 1251.

[17] Carroll, C. D., M. Otuska, J. Slacalek. How large is the housing and financial wealth effect: A new approach[J]. Journal of Money, Credit and Banking, 2011, 43: 55 – 79.

[18] Casolaro, Luca, Gobbi, G. Information Technology and Productivity Changes in the Italian Banking Industry[J]. Economic Notes, 2007, 36(1): 43 – 76.

[19] Chaia, A., Dalal A., Goland, T., Gonzalez, M.J. Half the world is unbanked. Financial Access Initiative Farming Note, 2009.

[20] Chen, Z. Q., F. Wolly. A Cournot-Nash model of family decision making[J]. The Economic Journal, 2001, 111(11):722 – 748.

[21] Chiappori, P. A. Collective labor supply and welfare[J]. Journal of Political Economy, 1992, 100(3):437 – 467.

[22] Chiappori, P. A., Fortin, B., Lacroix, G. Marriage market, divorce legislation and household labor supply[J]. Journal of Political Economy, 2002, 110(1): 37 – 72.

[23] Cocco J. F., F. J. Gomes, P.J. Maenhout. Consumption and portfolio choice over the life cycle[J]. The Review of Financial Studies, 2005, 18(2): 491 – 533.

[24] Coval, J. D., T. J. Moskowitz. Home bias at home: Local equity preference in domestic portfolios[J]. Journal of Finance, 1999, 54(54):2045 – 2073.

[25] Davis, M. A., M. G. Palumbo. A primer on the economics and time series econometrics of wealth effects discussion papers[J]. Federal Reserve Board Finance and Economics Discussion Papers, 2001.

[26] Deaton, A. S. Saving and liquidity constraints [J]. Econometrica, 1991, 59(5): 1121 – 1148.

[27] Deaton, A. Understanding Consumption [M]. Oxford University Press, USA, 1992.

[28] Dehejia, R., T. Deleire, E. F. P. Luttmer. Insuring consumption and happiness through religious organization[J]. Journal of Public Economics, 2007, 91(1): 259 – 279.

[29] Emirbayer, M., J. Goodwin. Network analysis, culture and the problem of agency[J]. American Journal of Sociology, 1994, 99(6): 1411 – 1454.

[30] Fafchamps, M., S. Lund. Risk-sharing networks in rural Philippines[J]. Journal of Development Economics, 2003, 71(2): 261 – 287.

[31] Faig, M. Divisible money in an economy with villages[J]. Orebro University School of Business, Working Paper, 2004.

[32] FDC. Mobile Financial Services: Extending the Reach of Financial Services through Mobile Payment Systems[J]. FDC: The

foundation for development cooperation, 2009.

[33] Feder, G., L. J. Lau, J. Y. Lin, X. Luo. The relationship between credit and productivity in Chinese agriculture: A microeconomic model of disequilibrium [J]. American Journal of Agricultural Economics, 1990, 72(4): 1151-1157.

[34] Feldstein, M. Social security, induced retirement and aggregate capital accumulation[J]. Journal of Political Economy, 1974, 82(5):905-926.

[35] Fisher, Ivring. The theory of interest [M]. London: Mcamillan, 1930.

[36] Flavin, M., T. Yamashita. Owner-occupied housing and the composition of the household portfolio[J]. American Economic Review, 2002, 92(1): 345-362.

[37] Friedman, M. A Theory of the Consumption[M]. Princeton University Press, 1957.

[38] Gale, W. G. Federal Lending and the Market for Credit[J]. Joural of Public Economics, 1990, 42(2): 177-193.

[39] Gan, J. Housing wealth and consumption growth: Evidence from a large panel of households[J]. Review of Financial Studies, 2010, 23(6): 2229-2267.

[40] Georgarakos, Dimitris, Michael Haliassos and Giacomo Pasini. Household debt and social tnteractios[J]. Review of Financial Studies, 2014, 27(5): 1404-1433.

[41] Golec J., M. Tamarkin, Bettors love skewness, not risk, at the horse track[J]. Journal of Political Economy, 1998, 106(1):205-255.

[42] Gomes, F., A. Michaelides. Optimal life-cycle asset allocation: Understanding the empirical evidence[J]. Journal of Finance, 2005, 60(2): 869-904.

[43] Granovetter, Mark. The strength of weak ties[J]. American Journal of Sociology, 1973, 78(6): 1360-1380.

[44] Grant, C., T. A. Peltonen. Housing and equity wealth effects of Italian households[J]. European Central Banking Working Paper, 2008, No 857.

[45] Grootaert, C. Social capital, household welfare and poverty in Indonesia[J]. World Bank Policy Research Working Paper, 1999, No 2148.

[46] Guiso, L., Jappelli, T. Household portfolios in Italy, in: Guiso, L., Haliassos, M., Jappelli, T. Household Portfolios[M]. MIT Press, 2001: 251 – 290.

[47] Haliassos, Michael, Carol C. Bertaut. Why do so few hold stocks? [J]. Economic Journal, 1995, 105(432): 1110 – 1129.

[48] Hall, R.E. Stochastic implication of the life cycle-permanent income hypothesis: Theory and evidence [J]. Journal of Political Economy, 1978, 86: 971 – 987.

[49] Hayashi, F. The effect of liquidity constraints on consumption: A cross-sectional analysis[J]. The Quarterly Journal of Economics, 1985, 100 (1): 183 – 206.

[50] Heaton, John, Deborah Lucas. Portfolio choice and asset prices: The importance of entrepreneurial risk[J]. Journal of Finance, 2000, 55(3): 1163 – 1198.

[51] Hong, H., J. D. Kubik, J. C. Stein. Social interaction ad stock market participation[J]. Journal of Finance, 2004, 59(1): 137 – 163.

[52] Huberman, G. Contagious speculation and a cure for cancer: A nonevent that made stock prices soar[J]. Journal of Finance, 2001, 56(1):387 – 396.

[53] Iqbal, M. Substitution of labour, capital and energy in the manufacturing sector of Pakistan[J]. Empirical Economics, 1986, 11 (2):81 – 95.

[54] Jappelli,T. Who id credit constrained in the U. S. economy? [J]. The Quarterly Journal of Economics, 1990, 105(1): 219 – 234.

[55] Jappelli, T. Testing for liquidity constraints in Euler equations with complementary data sources[J]. Review of Economics and Statistics, 1998, 80(2): 251 – 262.

[56] Jones, Damon, Aprajit Mahajan. Time-Inconsistency and savings: Experimental evidence from low-income tax files[J]. Center for Financial Security Working Paper, 2011.

[57] Kast, Felipe, Stephan Meier, Dina Pomeranz. Under-Savers anonymous: Evidence on self-help groups and peer pressure as a savings commitment device[J]. NEBR Working Paper, 2012.

[58] Knight, J., L. Yueh. The role of social capital in the labour market in China[J]. Economics of Transition, 2008, 16(3):389 – 414.

[59] Kochar, A. An empirical investigation of rationing constraints in rural credit markets in India[J]. Journal of Development Economics, 1997, 53(2): 339 – 371.

[60] Kon, Y., D. J. Storey. A theory of discouraged borrowers[J]. Small Business Economics, 2003, 21(2): 37 – 49.

[61] Koo. H.K. Consumption and portfolio selection with labor income: A continuous time approach[J]. Mathematical Finance, 1998, 8(1): 49 – 65.

[62] Liang P, Guo S. Social interaction, internet access and stock market participation: an empirical study in China [J]. Journal of Comparative Economics, 2015, 43(4):883 – 901.

[63] Lin Nan. Social resources and instrument action, in social structure and network analysis[M]. Edited by Marsden, Peter, Nan Lin, Beverly Hills. CA: Sage Publication, Inc., 1982.

[64] Lundberg, S., Pollak, R. A. Separate spheres bargaining and the marriage market[J]. Journal of Political Economy, 1993, 101(2): 988 – 1011.

[65] Markowitz, H. Portfolio selection[J]. Journal of Finance, 1952, 7(1): 77 – 91.

[66] Mcpeak, J. Confronting the risk of asset loss[J]. Journal of Development Economics, 2006, 81:415 – 437.

[67] Mehra, Y.P. The wealth effect in empirical life-cycle aggregate consumption equations [J]. Federal Reserve Bank of Richmond Economic Quarterly, 2001, 87(2): 124－147.

[68] Merton, R. C. Lifetime portfolio selection under uncertainty: The continuous-time case [J]. Review of Economics and Statistics, 1969, 51(3): 247－257.

[69] Mitchell, J. The concept and use of social networks. In J. Mitchell (Eds), Social networks in urban situations [M]. Manchester University Press, 1969.

[70] Modigliani F., Brumberg R. Utility analysis and the consumption function: An interpretation of cross-section data [C]. Kurihara K. Post-Keynesian Economics. New Brunswich: Rutgers University, 1954: 358－436.

[71] Munk, C., C. Sorensen. Dynamic asset allocation with stochastic income and interest rates[J]. Journal of Financial Economics, 2010, 96(3): 433－462.

[72] Munyegera, G. K., Matsumoto, T. Ict for Financial Inclusion: Mobile Money and the Financial Behavior of Rural Households in Uganda[J]. Grips Discussion Papers, 2015(15).

[73] Paiella M. The stock market, housing and consumer spending: a survey of the evidence on wealth effects [J]. Journal of Economic Surveys, 2009, 23(5): 947－973.

[74] Paxson, C. Borrowing constraints and portfolio choice [J]. The Quarterly Journal of Economics, 1990, 105(2): 535－543.

[75] Peltonen, T.A., Sousa, R.M., Vansteenkiste, I.S. Wealth effects in emerging market economies[J]. International Review of Economics and Finance, 2012, 24: 155－166.

[76] Pigou A.C. The classical stationary state[J]. The Economic Journal, 1943, 53: 343－351.

[77] Pollak, R. A. A transaction cost approach to families and households[J]. Journal of Economic Literature, 1985, 23: 581－608.

[78] Popkin, S.L. The rational peasant: the political economy of rural society in Vietnam[J]. Foreign Affairs, 1979: 41.

[79] Poterba, J. M. Stock market wealth and consumption [J]. Journal of Economic Perspectives, 2000, 14(2):99 – 118.

[80] Putnam, R. D. Making democracy work. Civic Traditions in Modern Italy[M]. Princeton University Press, 1993.

[81] Richard Duncombe, Richard Boateng. Mobile Phones and Financial Services in Developing Countries: a review of concepts, methods, issues, evidence and future research directions [J]. Third World Quarterly, 2009, 30(7).

[82] Romer, C. D. The great crash and the onset of the Great Depression[J]. Quarterly Journal of Economics, 1990, 105(3):597 – 624.

[83] Rosenzweig, M. R. Risk, private information and the family[J]. American Economic Review, 1988, 78(4): 245 – 250.

[84] Rosenzweig, M. R., H. P. Binswanger. Wealth, weather risk and the composition and profitability of agricultural investments[J]. The Economic Journal, 1993, 104: 56 – 78.

[85] Rowland P.F. Traction costs and international portfolio diversification[J]. Journal of International Economics, 1999,49(1):145 – 170.

[86] Samuelson, P. Social indifference curves [J]. Quarterly Journal of Economics, 1956, 70: 1 – 22.

[87] Samuelson, P. A. Lifetime portfolio selection by dynamic stochastic programming[J]. Review of Economics and Statistics, 1969, 51(3): 239 – 246.

[88] Schultz, T. W. Economics: Agriculture and economic development[J]. (Book Reviews: Economic crisis in world agriculture) Science, 1965: 148.

[89] Schultz, T. Paul. Testing the neoclassical model of family labor supply and fertility[J]. Journal of Human Resources, 1990, 25: 599 – 634.

[90] Singh, I., L. Squire, J. Strauss. A survey of agricultural

household models: Recent findings and policy implications[J]. Molecular Microbiology, 1986, 47(2): 539 – 547.

[91] Sousa, R. M. Wealth effects on consumption: Evidence from the Euro area[J]. Banks and Bank Systems, 2010, 5(2): 78 – 87.

[92] Stiglitz, J. E., A. Weiss. Credit rationing in market with imperfect information[J]. American Economic Review, 1981, 71(3): 393 – 410.

[93] Tanaka, H., K. Nakano. Public participation or social grooming: A quantitative content analysis of a local social network site[J]. International Journal of Cyber Society & Education, 2010, 3(2).

[94] Van Nieuwerburgh, L. Velldkamp. Information immobility and the home bias puzzle[J]. The Journal of Finance, 2009, 64(3):1187 – 1215.

[95] Walden, M. L. Where did we indulge: Consumer spending during the asset boom? [J]. Monthly Labor Review, 2013, 136(4): 24 – 40.

[96] Weber, R., G. Taube. On the fast track to EU accession Macroeconomic effects and policy challenges for Estonia[J]. Social Science Electronic Publishing, IMF Working Paper No. 99/156, 1999: 11.

[97] Wellman, B., S. D. Berkowitz. Social structure: a network approach[M]. Cambridge University Press, 1988.

[98] Xia T, Wang Z, Li K. Financial literacy overconfidence and stock market participation[J]. Social Indicators Research, 2014, 119(3):1 – 13.

[99] Zeldes, S. P. Consumption and liquidity constraints: An empirical investigation[J]. Journal of Political Economy, 1989, 97(2): 305 – 346.

[100] 普拉纳布·巴德汉,克里斯托弗·尤迪.发展经济学[M].北京:大学出版社,2002.

[101] 加里·贝克尔.家庭论[M].北京:商务印书馆,1998.

[102] 贝多广.普惠金融:理念、实践与发展前景[J].金融博览, 2016(7):60 – 61.

[103] 边燕杰.城市居民社会资本的来源及作用:网络观点与调查发现[J].中国社会科学,2004(3):136-146.

[104] 柴曼莹.中国居民金融资产增长因素贡献率测算[J].华南理工大学学报(社会科学版),2003(1):63-67.

[105] 曹扬.社会网络与家庭金融资产选择[J].南方金融,2015(11):38-46.

[106] 陈斌开.收入分配与中国居民消费——理论和基于中国的实证研究[J].南开经济研究,2012(1):33-49.

[107] 陈彦斌.中国城乡财富分布的比较分析[J].金融研究,2008(12):87-100.

[108] 陈莹,武志伟,顾鹏.家庭生命周期与背景风险对家庭资产配置的影响[J].吉林大学社会科学学报,2014(5):73-80.

[109] 陈治国,李成友,李红.农户信贷配给程度及其对家庭金融资产的影响[J].经济经纬,2016(5):43-47.

[110] 程恩江,刘西川.小额信贷缓解农户正规信贷配给了吗?——来自三个非政府小额信贷项目区的经验证据[J].金融研究,2010(12):190-206.

[111] 程郁,韩俊,罗丹.供给配给与需求压抑交互影响下的正规信贷约束:来自1874户农户金融需求行为考察[J].世界经济,2009(5):74-82.

[112] 丛正,王华.农户金融需求行为及其影响因素的实证研究——以沈阳周边农村调研数据为例[J].沈阳工业大学学报(社会科学版),2015(6):547-552.

[113] 崔海燕.数字普惠金融对中国农村居民消费的影响研究[J].经济研究参考,2017(64):54-60.

[114] 邓伟志,徐新.家庭社会学导论[M].上海:上海大学出版社,2006.

[115] 董晓林,于文平,朱敏杰.不同信息渠道下城乡家庭金融市场参与及资产选择行为研究[J].财贸研究,2017(4):33-42.

[116] 杜春越,韩立岩.家庭资产配置的国际比较研究[J].国际金融研究,2013(6):44-55.

[117] 杜晓山.小额信贷与普惠金融体系[J].中国金融,2010(10):

14 - 15.

[118] 杜云素,钟涨宝,李飞.城乡一体化进程中农民家庭集中居住意愿研究[J].农业经济问题,2013(11):71 - 77.

[119] 杜正胜.传统家族试论.刘增贵主编.家族与社会[M].北京:中国大百科全书出版社,2005:1 - 87.

[120] 傅秋子,黄益平.数字金融对农村金融需求的异质性影响:来自中国家庭金融调查与北京大学数字普惠金融指数的证据[J].金融研究,2018(11):68 - 84.

[121] 费孝通.乡土中国生育制度[M].北京:北京大学出版社,1998.

[122] 甘犁,徐立新,姚洋.村庄治理、融资和消费保险:来自8省49村的经验证据[J].中国农村观察,2007(2):2 - 13.

[123] 甘犁,刘国恩,马双.基本医疗保险对促进家庭消费的影响[J].经济研究,2010(S1):30 - 38.

[124] 高梦涛,毕岚岚.微观视角下农村居民消费增长实证研究[M].北京:人民出版社,2011.

[125] 苟琴,黄益平,刘晓光.银行信贷配置真的存在所有制歧视吗?[J].管理世界,2014,(1):16 - 26.

[126] 郭峰,熊瑞祥.地方金融机构与地区经济增长——来自城商行设立的准自然实验[J].经济学(季刊),2018,17(1):221 - 246.

[127] 郭士祺,梁平汉.社会互动、信息渠道与家庭股市参与——基于2011年中国家庭金融调查的实证研究[J].经济研究,2014(S1):116 - 131.

[128] 郭云南,张琳弋,姚洋.宗族网络、融资与农民自主创业[J].金融研究,2013(9):136 - 149.

[129] 何德旭,饶明.我国农村金融市场供求失衡的成因分析:金融排斥性视角[J].经济社会体制比较,2008(2):108 - 114.

[130] 何婧,李庆海.数字金融使用与农户创业行为[J].中国农村经济,2019(1):112 - 126.

[131] 何兴强,史卫,周开国.背景风险与居民风险金融资产投资[J].经济研究,2009(12):119 - 130.

[132] 胡永刚,郭长林.股票财富、信号传递与中国城镇居民消费[J].经济研究,2012(3):115 - 126.

[133] 黄勇.浅析农户社会资本对非正规信贷行为的影响[J].金融理论与实践,2009(6):76-78.

[134] 黄载曦.家庭金融投资组合[M].成都:西南财经大学出版社,2002.

[135] 纪志耿.效用函数修正视角下的农户借贷行为[J].社会科学期刊,2008(5):110-113.

[136] 江春,周宁东.中国农村金融改革和发展的理论反思与实证检验——基于企业家精神的视角[J].财贸经济,2012(1):64-70.

[137] 焦瑾璞,黄亭亭,汪天都.中国普惠金融发展进程及实证研究[J].上海金融,2015(4):12-22.

[138] 约翰·梅纳德·凯恩斯.就业、利息和货币通论(重译本)[M].高鸿业,译.北京:商务印书馆,1999年4月1日中译本.

[139] 孔荣,Calum G. Turvey,霍学喜.信任、内疚与农户借贷选择的实证分析——基于甘肃、河南、陕西三省的问卷调查[J].中国农村经济,2009(11):50-59.

[140] 雷晓燕,周月刚.中国家庭的资产组合选择:健康状况与风险偏好[J].金融研究,2010(1):31-45.

[141] 李建军,田光宁.我国居民金融资产结构及其变化趋势分析[J].金融论坛,2001,6(11):2-8.

[142] 李锐,朱喜.农户金融抑制及其福利损失的计量分析[J].经济研究,2007(2):130-138.

[143] 李实,魏众,丁赛.中国居民财产分布不均等及其原因的经验分析[J].经济研究,2005(6):4-15.

[144] 李树,陈刚."关系"能否带来幸福?——来自中国农村的经验证据[J].中国农村经济,2012(8):66-78.

[145] 李涛.社会互动、信任和股市参与[J].经济研究,2006(1):34-45.

[146] 李涛.社会互动与投资选择[J].经济研究,2006(8):45-57.

[147] 李涛,陈斌开.家庭固定资产、财富效应与居民消费:来自中国城镇家庭的经验证据[J].经济研究,2014(3):62-75.

[148] 李向阳.信息通信技术、金融发展与农村经济增长——基于县

域面板数据的经验证据[J].社会科学家,2015(6):68-72.

[149] 连耀山.互联网环境下普惠金融发展研究——以中国邮政储蓄银行金融实践为例[J].中国农业资源与区划,2015,36(3):86-90+148.

[150] 梁运文,霍震,刘凯.中国城乡居民财产分布的实证研究[J].经济研究,2010(10):33-47.

[151] 廖理,张金宝.城市家庭的经济条件、理财意识和投资借贷行为——来自全国24个城市的消费金融调查[J].经济研究,2011(S1):17-29.

[152] 林坚,周菲,黄斯涵.不确定状态下农户预防性储蓄行为研究[J].农业技术经济,2010(3):4-13.

[153] 林霞,姜洋.居民财产具有财富效应吗?——来自京、津、沪、渝面板数据的验证[J].中央财经大学学报,2010(10):75-80.

[154] 刘军.法村社会支持网络的整体结构研究块模型及其应用[J].社会,2006,26(3):69-80.

[155] 刘澜飚,沈鑫,郭步超.互联网金融发展及其对传统金融模式的影响探讨[J].经济学动态,2013(8):73-83.

[156] 刘莉亚,胡乃红,李基礼,柳永明,骆玉鼎.农户融资现状及其成因分析——基于中国东部、中部、西部千社万户的调查[J].中国农村观察,2009(3):2-10.

[157] 刘林平.企业的社会资本:概念反思和测量途径[J].社会学研究,2006(2):204-216.

[158] 刘西川,杨奇明,陈立辉.农户信贷市场的正规部门与非正规部门:替代还是互补?[J].经济研究,2014(11):145-158.

[159] 刘艳,范静,许彩丽.农户信贷配给程度与贷款定价变动的关系分析[J].农村经济,2014(10):72-76.

[160] 刘兆博,马树才.基于微观面板数据的中国农民预防性储蓄研究[J].世界经济,2007(2):40-49.

[161] 卢建新.农村家庭资产与消费:来自微观调查数据的证据[J].农业技术经济,2015(1):84-92.

[162] 鲁钊阳,廖杉杉.P2P网络借贷对农产品电商发展的影响研究[J].财贸经济,2016(3):95-108.

[163] 骆祚炎.城镇居民金融资产与不动产财富效应的比较分析[J].

数量经济技术经济研究,2007(11):56-65.

[164] 马光荣,杨恩艳.社会网络、非正规金融与创业[J].经济研究,2011(3):83-94.

[165] 马双,臧文斌,甘犁.新型农村合作医疗保险对农村居民食物消费的影响分析[J].经济学(季刊),2010(1):249-270.

[166] 马小勇,白永秀.中国农户的收入风险应对机制与消费波动:来自陕西的经验证据[J].经济学(季刊),2009(4):1221-1238.

[167] 彭慧蓉.农村居民的家庭理财行为与意愿研究——基于中部3省的调查数据[J].求实,2012(12):103-106.

[168] 彭继红.信贷配给与农户贷款[J].江汉论坛,2005(8):23-25.

[169] 齐红倩,李志创.中国普惠金融发展水平测度与评价——基于不同目标群体的微观实证研究[J].数量经济技术经济研究,2019(5):101-117.

[170] 秦建群,秦建国,吕忠伟.农户信贷渠道选择行为:中国农村的实证研究[J].财贸经济,2011(9):55-62.

[171] 冉光和,田庆刚.家庭资产对农户借贷行为影响的实证研究——基于重庆市1046户农户的调查数据[J].农村经济,2015(12):62-67.

[172] 冉净斐.农村社会保障制度与消费需求增长的关系研究[J].南方经济,2004(2):74-76.

[173] 邵汉华,王凯月.普惠金融的减贫效应及作用机制——基于跨国面板数据的实证分析[J].金融经济学研究,2017(6):65-74.

[174] 史代敏,宋艳.居民家庭金融资产选择的实证研究[J].统计研究,2005(10):43-49.

[175] 司士阳.需求导向的我国多元化农村金融体系构建研究[J].福建金融,2013(6):38-42.

[176] 宋明月,臧旭恒.基于微观数据的我国城乡房产财富效应检验[J].统计观察,2015(4):116-120.

[177] 苏岚岚,何学松,孔荣.金融知识对农民农地抵押贷款需求的影响——基于农民分化、农地确权颁证的调节效应分析[J].中国农村经济,2017(11):75-89.

[178] 孙克任,谢俊士.居民储蓄、储蓄分流与金融资产发展[J].经济

体制改革,2006(1):89-93.

[179] 田岗.我国农村居民高储蓄行为的实证分析——一个包含流动性约束的预防性储蓄模型及检验[J].南开经济研究,2004(4):67-74.

[180] 田杰,刘勇,刘蓉.信息通信技术、金融包容与农村经济增长[J].中南财经政法大学学报,2014(2):112-118.

[181] 田霖.互联网金融视域下的金融素养研究[J].金融理论与实践,2014(12):12-15.

[182] 田青.资产变动对居民消费的财富效应分析[J].宏观经济研究,2011(5):57-63.

[183] 王聪,柴时军,田存志.家庭社会网络与股市参与[J].世界经济,2015(5):105-124.

[184] 王定祥,田庆刚,李伶俐,王小华.贫困型农户信贷需求与信贷行为实证研究[J].金融研究,2011(5):124-138.

[185] 王家庭.现代家庭金融[M].北京:中国金融出版社,2000.

[186] 王铭铭.社区的历程——溪村汉人家庭的个案研究[M].天津:天津人民出版社,1997.

[187] 王睿.我国商业银行供应链金融业务现状及发展策略[J].现代金融,2016(3):5-6.

[188] 王曙光,杨北京.农村金融与互联网金融的"联姻":影响、创新、挑战与趋势[J].农村金融研究,2017(8):19-24.

[189] 王晓青.社会网络、民间借出款与农村家庭金融资产选择——基于中国家庭金融调查数据的实证分析[J].财贸研究,2017(5):47-54.

[190] 王性玉,胡亚敏,王开阳.自我信贷配给家庭非正规借贷的增收效应——基于河南农户的分位数回归分析[J].经济管理,2016(4):130-137.

[191] 王寅.农村居民资产行为选择的实证分析[J].唯实,2009(1):51-54.

[192] 汪伟.投资理性、居民金融资产选择与储蓄大搬家[J].当代经济科学,2008(2):33-38.

[193] 魏先华,张越艳,吴卫星,肖帅.社会保障的改善对我国居民家庭消费——投资选择的影响研究[J].数学的实践与认识,2013(2):29-39.

[194] 吴国华.进一步完善中国农村普惠金融体系[J].经济社会体制比较,2013(4):32-45.

[195] 吴卫星,齐天翔.流动性、生命周期与投资组合相异性——中国投资者行为调查实证分析[J].经济研究,2007(2):97-110.

[196] 吴卫星,易尽然,郑建明.中国居民家庭投资结构:基于生命周期、财富和住房的实证分析[J].经济研究,2010(S1):72-82.

[197] 吴卫星,沈涛,董俊华,牛堃.投资期限与居民家庭股票市场参与——基于微观调查数据的实证分析[J].国际金融研究,2014(12):68-76.

[198] 吴卫星,丘艳春,张琳琬.中国居民家庭投资组合有效性:基于夏普率的研究[J].世界经济,2015(1):154-172.

[199] 吴晓求.互联网金融:成长的逻辑[J].财贸经济,2015(2):5-15.

[200] 吴言林,程丽丽.市场发育、农民经济理性与农村经济发展[J].审计与经济研究,2010(6):99-104.

[201] 夏妍.中国数字普惠金融发展对缩小城乡收入差距的影响研究[D].云南财经大学,2018.

[202] 夏妍.互联网经济对我国居民消费形态的影响探析[J].中外企业家,2018(28):93.

[203] 肖忠意,陈志英,李思明.亲子利他性与中国农村家庭资产选择[J].云南财经大学学报,2016(3):3-10.

[204] 谢平.中国金融资产结构分析[J].经济研究,1992(11):30-37.

[205] 谢平,邹传伟,刘海二.互联网金融的理论基础[J].金融研究,2015(8):1-12.

[206] 谢绚丽,沈艳,张皓星,郭峰.数字金融能促进创业吗?——来自中国的证据[J].经济学(季刊),2018(7):1557-1580.

[207] 谢雪梅,高艳苗.用户移动支付行为习惯成因研究[J].北京邮电大学学报(社会科学版),2013(5):33-37.

[208] 解垩.房产和金融资产对家庭消费的影响:中国的微观证据[J].财贸研究,2012(4):73-82.

[209] 徐伟,章元,万广华.社会网络与贫困脆弱性——基于中国农村数据的实证分析[J].学海,2011(4):122-128.

[210] 许承明,张建军.利率市场化影响农业信贷配置效率研究[J].金融研究,2012(10):111－124.

[211] 薛斐.基于情绪的投资者行为研究[D].复旦大学,2005.

[212] 薛桂霞,刘怀宇.家庭理性:一个分析农户经济行为模式的框架[J].农业经济,2013(4):58－61.

[213] 严太华,刘志明.信贷需求、借贷行为与农户社会网络的关联度[J].改革,2015(9):151－159.

[214] 杨京英,杨红军.中国家庭的信息化水平[J].中国统计,2007(8):20－21.

[215] 杨华.陌生的熟人:理解21世纪乡土中国[M].桂林:广西师范大学出版社,2021.

[216] 杨汝岱,陈斌开,朱诗娥.基于社会网络视角的农户民间借贷行为研究[J].经济研究,2011(11):116－129.

[217] 易纲.中国金融资产结构分析及政策含义[J].经济研究,1996(12):26－33.

[218] 易行健,王俊海,易君健.预防性储蓄动机强度的时序变化与地区差异——基于中国农户的实证研究[J].经济研究,2008(2):119－131.

[219] 易行健,张波,杨汝岱,杨碧云.家庭社会网络与农户储蓄行为:基于中国农村的实证研究[J].管理世界,2012(5):43－51.

[220] 易行健,周利.数字普惠金融发展是否影响了居民消费——来自中国家庭的微观证据[J].金融研究,2018(11):47－67.

[221] 尹志超,宋全云,吴雨.金融知识、投资经验与家庭资产选择[J].经济研究,2014(4):62－75.

[222] 尹志超,吴雨,甘犁.金融可得性、金融市场参与和家庭资产选择[J].经济研究,2015(3):87－99.

[223] 尤小文.农户:一个概念的探讨[J].中国农村观察,1999,(5):17－20.

[224] 袁志刚.中国居民消费前沿问题研究[M].上海:复旦大学出版社,2011.

[225] 臧旭恒.居民资产与消费选择行为分析[M].上海:上海三联书店,上海人民出版社,2001:75－83.

[226] 曾康霖.基金的兴起能否取代商业银行[J].财贸经济,2002(7):37-42.

[227] 湛泳,徐乐."互联网＋"下的包容性金融与家庭创业决策[J].财经研究,2017(9):62-75＋145.

[228] 张大永,曹红.家庭财富与消费:基于微观调查数据的分析[J].经济研究(消费金融专辑),2012(S2):53-65.

[229] 张栋浩,尹志超.金融普惠、风险应对与农村家庭贫困脆弱性[J].中国农村经济,2018(4):54-73.

[230] 张红伟.我国居民金融资产结构的变动及其效应[J].经济理论与经济管理,2001(10):19-22.

[231] 张珂珂,吴猛猛.我国农村居民家庭金融资产现状与影响因素的实证分析[J].金融发展研究,2013(7):58-63.

[232] 张李义,涂奔.互联网金融对中国城乡居民消费的差异化影响——从消费金融的功能性视角出发[J].财贸研究,2017(8):70-83.

[233] 张龙耀,李超伟,王睿.金融知识与农户数字金融行为响应——来自四省农户调查的微观证据[J].中国农村经济,2021(5):83-101.

[234] 张宁宁."新常态"下农村金融制度创新:关键问题与路径选择[J].农业经济问题,2016(6):69-74.

[235] 张爽,陆铭,章元.社会资本的作用随市场化进程减弱还是加强?——来自中国农村贫困的实证研究[J].经济学季刊,2007(2):539-560.

[236] 张屹山,华淑蕊,赵文胜.中国居民家庭收入结构、金融资产配置与消费[J].华东经济管理,2015(3):6-10.

[237] 章元,陆铭.社会网络是否有助于提高农民工的工资水平?[J].管理世界,2009(3):45-54.

[238] 赵振宗.正规金融、非正规金融对家户福利的影响——来自中国农村的证据[J].经济评论,2011(4):89-95.

[239] 郑丽水.对完善农村金融支付体系建设的思考[J].福建金融,2013(1):58-60.

[240] 郑世忠,乔娟.农户借贷行为的影响因素分析[J].中国农业经济评论,2007(3):304-315.

［241］郑志来.互联网金融对我国商业银行的影响路径——基于"互联网＋"对零售业的影响视角[J].财经科学,2015(5):34－43.

［242］中国银保监会,中国人民银行.2019年中国普惠金融发展报告[R].2019年9月29日.

［243］周建.经济转型期中国农村居民预防性储蓄研究——1978—2003年实证研究[J].财经研究,2005(8):59－67.

［244］周雨晴,何广文.数字普惠金融发展对农户家庭金融资产配置的影响[J].当代经济科学,2020(5):92－105.

［245］朱卫国,李骏,谢晗进.互联网使用与城镇家庭风险金融资产投资——基于金融素养的中介效应[J].投资研究,2020(7):24－39.

［246］朱一鸣,王伟.普惠金融如何实现精准扶贫?[J].财经研究,2017(10):43－54.

［247］邹红,喻开志.家庭金融资产选择:文献述评与研究展望[J].金融理论与实践,2008(9):92－96.